Photoshop CS4

经典图像处理技法100招

创锐设计　编著

科学出版社

内 容 简 介

本书是一本实例型教程，旨在通过大量的操作练习来帮助读者掌握 Photoshop CS4 的实用功能。全书包括 100 个经过精心挑选和设计的实例，从技术层面来讲，涵盖了选区、路径及形状的创建和编辑，绘图工具和修复工具的使用，色彩校正和调整，图层、蒙版与通道的高级应用，滤镜的特效应用等 Photoshop 的核心技巧、技术；从应用角度来讲，覆盖了日常应用 Photoshop 从事设计、制作的多个领域。相信读者通过本书的学习，一定能大幅度提高软件操作技能，更加从容地面对各种实际工作中的挑战。

本书将 100 个招式分为软件的基础技巧、深入的功能运用和必须掌握的辅助技巧三大部分，共 11 个章节。内容包括巧用工具进行图像创作、不可不知的命令实用技巧、掌握选区的变换与应用、图像的个性编辑技巧、图像的绘制与完美修饰、运用图层设置特效、路径和文字的组合与应用、通道与蒙版的高招荟萃、魔法滤镜的特殊应用、利用辅助线和动作进行操作、图像的批量处理和输出等。

为了便于读者参考和学习，随书还配有多媒体学习光盘，内容包括书中所有实例的素材文件和最终效果文件，以及播放时间长达 400 分钟的多媒体教学视频，可以帮助读者更轻松地掌握知识点，实现全面和实用的多媒体教学。

本书案例精美、内容丰富、特色鲜明、通俗易懂，不仅适合 Photoshop 的初学者提高动手操作能力，也适合有一定软件功底的平面设计和其他视觉传达从业人员参考使用，还可作为高等院校相关专业师生的教学辅导用书。

图书在版编目（CIP）数据

Photoshop CS4 图像处理经典技法 100 招/创锐设计编著. 北京：科学出版社，2009

ISBN 978-7-03-026215-8

I. P… II. 创… III. 图形软件，Photoshop CS4 IV. TP391.41

中国版本图书馆 CIP 数据核字（2009）第 228898 号

责任编辑：杨 倩 兰 欣/ 责任校对：杨慧芳
责任印刷：新世纪书局 / 封面设计：锋尚影艺

科学出版社 出版
北京东黄城根北街 16 号
邮政编码：100717
http://www.sciencep.com

中国科学出版集团新世纪书局策划
北京市彩和坊印刷有限公司印刷
中国科学出版集团新世纪书局发行 各地新华书店经销

*

2010 年 4 月 第 一 版 开本：大 16 开
2010 年 4 月第一次印刷 印张：13
印数：1—5 000 字数：316 000

定价：45.00 元（含 1DVD 价格）

（如有印装质量问题，我社负责调换）

前 言

Photoshop 是公认最具权威性的专业图像处理软件，具有功能强大、插件丰富、兼容性好等无数优点，被广泛应用于平面设计、数码影像处理、网页设计、影视动画制作以及三维效果制作等各个领域。掌握 Photoshop 的操作方法，无论是日常自己处理一些图像问题，还是作为一项技能应用于工作岗位，都具有实际意义。

本书是一本实例型教程，旨在通过大量的操作练习来帮助读者掌握 Photoshop CS4 的实用功能。全书包括 100 个经过精心挑选和设计的实例，从技术层面来讲，涵盖了选区、路径及形状的创建和编辑，绘图工具和修复工具的使用，色彩校正和调整，图层、蒙版与通道的高级应用，滤镜的特效应用等 Photoshop 的核心技巧、技术;从应用角度来讲，覆盖了日常应用 Photoshop 从事设计、制作的多个领域。相信读者通过本书的学习，一定能大幅度提高软件操作技能，更加从容地面对各种实际工作中的挑战。

▼内容导读

本书将 100 个招式分为软件的基础技巧、深入的功能运用和必须掌握的辅助技巧三大部分，共 11 个章节。

第 1 章 巧用工具进行图像创作，讲解了 11 个招式，包括图像的查看、工作区的设置、颜色的选取以及工具预设选项的控制等基本编辑技术。

第 2 章 不可不知的命令实用技巧，讲解了 8 个招式，包括快速指定文件大小、调整操作顺序、对图像描边或变形等命令的操作技巧。

第 3 章 掌握选区的变换与应用，讲解了 7 个招式，主要是对选区的创建、选取、羽化以及选区的修剪和增补等技巧的应用进行详解介绍。

第 4 章 图像的个性编辑技巧，讲解了 8 个招式，分别针对局部图像的选取、图像的等比例复制、区域图像的混合、图像的变形应用等技巧进行逐一介绍。

第 5 章 图像的绘制与完美修饰，讲解了 19 个招式，包括画笔工具的设置与应用、缺陷照片的修复以及对图像色调的处理等照片处理方面的操作技巧。

第 6 章 运用图层设置特效，共介绍了 10 个招式，包括各类图层的创建与应用、自动对齐图层、自动混合图层以及图层样式和混合模式的添加技巧。

第 7 章 路径和文字的组合与应用，共 9 个招式，介绍路径的创建、怎样在路径上添加路径文本和文字的复制变形等操作。

第 8 章 通道与蒙版的高招荟萃，讲解了 9 个招式，包括在通道中调整图像颜色、为通道图像添加滤镜以及通道抠图等高级技术。

第 9 章 魔法滤镜的特殊应用，讲解了 10 个招式，包括独立滤镜以及滤镜组中部分滤镜的应用与操作技巧。

第 10 章 利用辅助线和动作进行操作，讲解了 5 个招式，包括参考线、辅助线、标尺的应用，动作的操作与应用技巧。

第 11 章 图像的批量处理和输出，讲解了 4 个招式，包括统一色调的处理、批量图像的转换、文件的导出以及图像优化技巧。

▼本书特色

本书编写时将 Photoshop 中各种常用功能的使用方法都融合至 100 个精心设计的实例中，使读者在具体的实例制作过程中深刻体会如何将软件应用于实际操作，真正做到活学活用。

1. 招式作用一目了然。直白的图解展示简单明了，让人一看就能理解本招式所起的作用；再通过“衍生应用”介绍该招式的应用过程，并将制作后的前后对比图展示在页面的左上角，使读者能直观地对比应用此招式所能得到的图像效果。

2. 操作要点提纲挈领。通过提炼知识要点的方式将操作中需要使用的主要工具和命令罗列出来，并以星级形式对“衍生应用”的操作难度、综合应用度和发散性思维做出评定。

3. 实例鲜明具有代表性。书中选择的操作实例具有很强的启发性，以便读者在学习技法后可举一反三，能够根据自己的理解融会贯通，进行新的创作设计。

4. 全程多媒体视频教学。本书配有 DVD 光盘，光盘内提供了书中所有实例的素材文件、源文件和多媒体视频教程，方便读者学习、参考和借鉴使用。具体使用方法请参考下文的“多媒体光盘使用说明”。

▼作者团队

本书由创锐设计组织编写，参与书中资料收集、稿件编写、实例制作和整稿处理的有马帅、白奎、李俊、倪正、彭彬、但光愿、邓连春、郭怀鹏、宋洁、唐诚、唐小林、叶伟、杨小兰、汪强、胥继、肖莉娟、王静、姜才、金友文、佟虎、万佳原、黄伟伟、钟传酉、李志鸿、杨志安、姜士磊、蒋倩茜、李霁宇、邱乾宽、阳剑波和荀李峰等人。

▼读者服务

如果读者在使用本书时遇到问题，可以通过电子邮件与我们取得联系，邮箱地址为：1149360507@qq.com。此外，也可加本书服务专用 QQ:1149360507 与我们取得联系。由于作者水平有限，疏漏之处在所难免，恳请广大读者批评指正。

编著者

2010 年 2 月

多媒体光盘使用说明

多媒体光盘使用说明

❶ 将本书的配套光盘放入光驱后会自动运行多媒体程序，并进入光盘的主界面，如图1所示。如果光盘没有自动运行，只需在“我的电脑”中双击DVD光驱的盘符进入配套光盘，然后双击“start.exe”文件即可。

❷ 光盘主界面上方的导航菜单中包括“多媒体视频教学”、“浏览光盘”和“使用说明”等项目（见图1）。读者单击“多媒体视频教学”按钮后，在打开的界面中可以找到书中所有的视频文件名；单击以实例名称命名的链接，视频文件将在“视频播放区”中自动播放；单击“浏览光盘”按钮，将浏览光盘中的其他内容。

图1　光盘主界面

目录浏览区和视频播放区

“目录浏览区”放置书中所有的视频教程目录，“视频播放区”是播放视频文件的窗口。“目录浏览区”有以章序号排列的按钮，单击按钮将在下方显示以各实例命名的所有视频文件链接，如图2所示。选择要学习的内容，对应的视频文件将在“视频播放区”中播放。

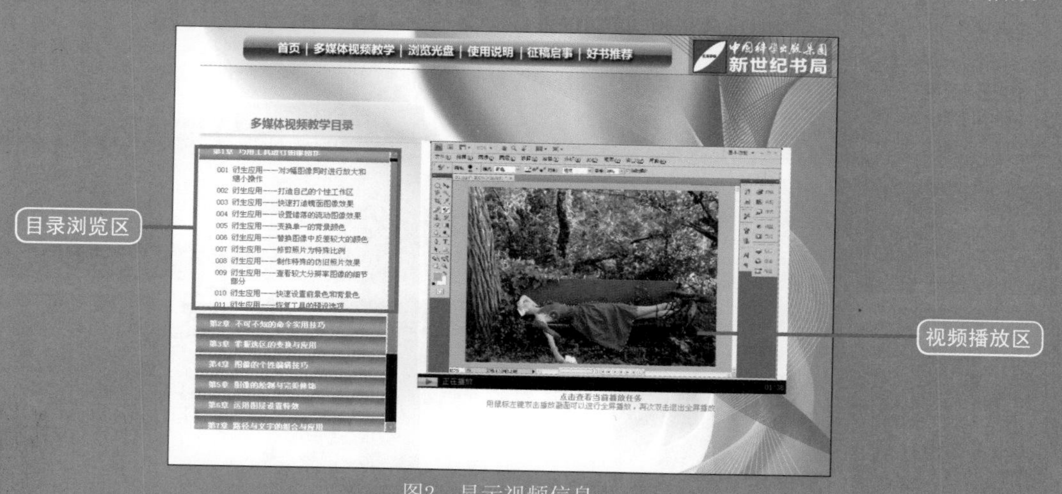

图2　显示视频信息

在视频教程目录中，将光标放在部分标题的视频链接上，文字将变成红色显示，表示单击该链接会通过浏览器对视频进行播放。

第1章 巧用工具进行图像创作 1

第2章 不可不知的命令实用技巧 13

第6章 运用图层设置特效 101

第7章 路径与文字的组合与应用 119

第9章 魔法滤镜的特殊应用 155

学习前的准备

1 本书导读

在学习本书之前，首先介绍阅读本书时需要注意的内容。根据总体布局，本书可分为3个部分——左边栏、右边栏和应用操作栏。

左边栏：左边栏展示应用操作的前后对比图效果，对操作中的知识要点进行归纳，并对操作难度、综合应用、发散性思维进行星级评定。

第1章
巧用工具进行图像创作

008 吸取色彩以统一照片色调

原始文件 随书光盘\素材\01\08\01.jpg
最终文件 随书光盘\源文件\01\08\制作特殊的仿旧照片效果.psd

①运用“吸管工具”在人物的嘴唇部位单击吸取颜色。②新建图层，填充吸取的前景色，将图层混合模式设置为“正片叠底”，“不透明度”设置为50%。③“图层1”所填充的颜色即覆盖在“背景”图层上，从而使照片的色调统一。

知识要点
“渐变映射”命令、设置渐变色
图层混合模式

操作难度	综合应用	发散性思维
★★	★★	★★

右边栏：右边栏提供光盘文件名称，并通过文字和图像对本招式进行详细的讲解，还添加了图标展示图像流程。

应用操作栏：以步骤的形式讲解“衍生应用”的操作过程，每个操作步骤都会配以相应的操作效果，以图标形式顺序排列图像，使操作步骤与效果一目了然。

衍生应用——制作特殊的仿旧照片效果

STEP 01 复制图层并设置渐变

①打开随书光盘\素材\01\08\01.jpg素材图片。
②复制两个“背景”图层，执行“图像>调整>渐变映射”菜单命令，打开“渐变映射”对话框，设置从R77、G73、B66至R240、G223、B240的渐变，单击“确定”按钮。
③在图像上创建并应用渐变映射效果。

STEP 02 更改混合模式后合并图层

①选择“背景 副本2”，将图层混合模式设置为“线性减淡”。
②按Ctrl+E键将“背景 副本2”和“背景 副本”合并为一个图层，显示为“背景副本”。
③将混合模式设置为“正片叠底”，“不透明度”设置为30%。

9

2 位图与矢量图

人的肉眼能识别的自然景观或图像是一种模拟信息，为了使计算机能够正确记录并处理图像，必须先对其进行数字化处理。处理后的图像和图形即称为数字图像和数字图形，简称为图像和图形。计算机中将图像和图形分别存储为位图和矢量图形两种格式，所以位图和矢量图形是现在最为重要的两种印刷图像格式。

1 位图

位图又称为像素图或点阵图像，它由若干细小方块即像素点组成，而多个像素的色彩便组合形成图像。使用位图可以十分容易地模拟出照片式的真实效果。位图图像的大小和质量取决于图像中像素点的多少，一般来说，每平方英寸所含的像素越多，图像也就越清晰，颜色之间的混合也越平滑，但文件也会越大。

位图表现力强，且具有细腻、层次多、细节多等特点，适用于表现各种自然图像。在编辑位图时，编辑的是像素，而不是形状或对象。左上图即是一幅位图图像，此大小情况下的图像清晰，同时也达到了令人满意的图像质量。但是，由于位图具有图像信息的局限性，因而不能任意放大，如果强制放大图像，就会产生如左下图所示的效果。

2 矢量图

矢量图是由一系列计算机指定来描述和记录的一幅图，它可以被分解为一系列的点、线、面等子图。矢量图是用数学的方式来描述一幅图形，其图形元素被称为对象，而每个对象又是自成一体的，在多次移动和改变某一对象的属性后，不会影响图中的其他对象。

矢量图像所记录的不是像素的数量，而是依靠函数路径生成的图形，所以不管如何放大图像，总能保证图像的清晰。右上图即是一幅绘制的矢量图形，在默认大小下，图像保持绝对的清晰，将图像放大至800%再来查看图像，可以看到如右下图所示的效果，此时仍然可以看到清晰的图像效果。

3 像素与分辨率

Photoshop的图像是基于位图格式的，因此在编辑位图过程中针对的是图像的像素，而并非图像或特殊的形状。像素和分辨率是决定图像效果的一个重要因素。

1 像素

像素是构成位图图像的最基本单位，是一种虚拟的单位，只能存在于计算机中。位图在高度和宽度方向上的像素总量称为图像的像素大小。在Photoshop中，每个像素都被分配了一个色值，除透明区域外，其余部分都有像素。改变像素的大小不但会影响屏幕上图像的大小，而且会直接关系图像的品质和打印效果。如下页上图是以100%显示的图像效果，而将图像放大至1200%时，则可以看到如下页下图所示的像素方块。

2 分辨率

分辨率是一个和图像相关的重要概念，是衡量图像细节表现力的一个技术性参数，即图像的清晰度。分辨率的多少也代表了单位长度上的像素多少，像素越多，图像就越清晰。分辨率有很多种，每种分辨率都有各自的功能和特点。

● **图像分辨率**

图像分辨率是每英寸图像所含的点或像素，以像素/英寸（dpi）为单位，如一幅图像的分辨率为72像素/英寸，表示该图像中每英寸包含了72个像素。图像分辨率决定了图像输出的质量，分辨率越高，图像所包含的像素越多。

● **扫描分辨率**

扫描分辨率是指在扫描图像前所设置的分辨率，它将影响生成图像的质量和使用性能，同时决定图像以何种方式显示或打印。如果扫描图像将用1024×768像素的屏幕显示，那么扫描分辨率不必大于一般显示器屏幕的设置分辨率，即不超过120点/英寸。

● **打印分辨率**

又称输出分辨率，是指使用激光打印机等输出设备在输出图像时每英寸所产生的油墨点数。提高打印分辨率不会改善低品质图像的实际打印效果，因此只需使用与图像分辨率成正比的打印机分辨率，就能产生良好的输出效果。

● **显示器分辨率**

计算机显示器的分辨率是指显示器上每单位长度所显示的像素点的数量。显示器分辨率的大小取决于所使用显示器的大小以及像素的设置。

● **数码相机分辨率**

数码相机分辨率的高低决定了所拍摄的图像最终打印输出照片时的大小和效果。数码相机分辨率的高低取决于相机中芯片的像素，芯片像素越多，分辨率越高。

4 常用图像格式优缺点

Photoshop支持多种格式的图像文件，包括了PSD、JPEG、TIFF、GIF、 BMP、PDF等格式。不同的图像格式具有各自的优缺点，下面介绍几种常见图像格式的优缺点。

1 Photoshop（PSD）格式

PSD是Photoshop特有的图像文件格式，支持Photoshop中的所有图像类型。将图像保存为PSD格式时，可以保留包含图层、通道、颜色模式、图层样式以及文字等多种信息。此格式的图像没有经过压缩，占用较大的硬盘空间，但使用此格式可以更快速、方便地更改或重新编辑图像。

2 JPEG格式

JPEG格式是互联网上常用的文件格式之一，它通过有选择地缩减数据来压缩文件大小，是一种图像的有损压缩格式。JPEG图像压缩级别越高，丢失的数据越多，得到的图像质量就越低。JPEG格式支持RGB、CMYK和灰度颜色模式，但不支持Alpha通道。

3 PDF格式

PDF格式是Adobe公司用于Windows、Mac OS、UNIX和DOS系统的一种文件格式，支持JPEG和ZIP压缩。将图像存储为此格式，可以根据其设置压缩和缩减像素采样的操作，以减小PDF文件的大小，且不会造成细节的过多损失。

4 TIFF格式

TIFF格式用于在应用程序和计算机平台间交换文件，采用非压缩方式进行存储，支持Alpha通道的

CMYK、RGB、Lab、索引颜色和灰度图像模式，同时还支持无Alpha通道的位图模式图像。将图像存储为此种格式能最大限度地保留原图像中的信息。

5 BMP格式

BMP格式是DOS和Windows兼容计算机系统的标准Windows图像格式。BMP格式支持RGB、索引颜色、灰度和位图颜色模式，但不支持Alpha通道。将彩色图像存储为BMP格式时，每一个像素所占的位数可以是1位、4位、8位或32位，相对应的颜色数也从黑白一直到真彩色。

6 PNG格式

PNG格式是一种位图文件存储格式，使用PNG格式来存储灰度图像时，图像的深度最多可达到16位；用来存储彩色图像时，图像的深度则可达到48位，并且可存储多达16位的Alpha通道数据。

7 GIF格式

GIF格式可以极大地节省存储空间，常用于保存作为网页数据传输的图像文件格式。此格式不支持Alpha通道，且最多只能处理256种色彩，不能用于存储真彩色的图像文件，但它支持透明背景，可以与网页背景相融合。

8 EPS格式

EPS格式是用于存储矢量图形的文件格式，几乎所有的矢量绘制和页面排版软件都支持此格式。在Photoshop中打开其他应用程序绘制的EPS格式的矢量图表时，Photoshop会自动对文件进行栅格化处理，以将其转换为位图图像。

5 分析图像的颜色模式

在进行图像处理时，图像的色彩模式以建立好的描述和重现色彩的模型为基础，每一种颜色模式都有其各自的特点和适用范围，用户可以根据需求选择颜色模式或进行颜色模式的转换。

1 RGB模式

在自然界中，大多数颜色都可以由红色、绿色和蓝色合成，由于3种颜色的光线在复合光中所占比例的不同，所形成的复合光颜色也就有所不同，我们将这3种颜色定义为三原色。由红色、绿色和蓝色作为合成其他颜色的基色而组成的颜色系统叫RGB颜色系统。RGB颜色的合成原理即是利用颜色相加而得到的，RGB颜色模式是Photoshop中最常用的一种颜色模式。

2 CMYK模式

除红色、绿色和蓝色作为颜色系统的基色外，由青、品红、黄以及黑4种基色组成的颜色系统被称为CMYK颜色系统。在印刷业中，标准的颜色图像模式就是CMYK模式，所以它一般都被应用于印刷的分色处理。与RGB模式不同的是，CMYK模式的颜色合成不是颜色相加，而是颜色相减，由于4种基色在合成时所占的比重和强度不同，所得到的效果也会不同。

3 HSB模式

HSB模式是根据日常生活中人眼的视觉特性而制定的一套色彩模式，也是最接近于人类对色彩辨认的一种思考方式。HSB模式以色相H、饱和度S和亮度B来描述颜色的基本特征。

4 Lab模式

Lab模式是由两个颜色分量a和b以及一个亮度分量L来表示的，其中分量a的取值来自绿色渐变至红色中间的一切颜色，分量b的取值来自蓝色渐变至黄色中间的一切颜色。

5 灰度模式

灰度模式图像只有灰度信息而无彩色信息。在Photoshop中，灰度模式的像素取值通道为0～255，其中0表示灰度最弱的颜色，即黑色；255表示灰度最强的颜色，即白色；其他值则是指黑色至白色的中间过渡的灰度。将彩色图像转换成灰度模式图像时，将扔掉原图像中所有的颜色信息。与位图模式相比，灰度模式能更好地表现高品质的图像效果。

6 位图模式

位图模式的图像只由黑色和白色两种像素组成，每个像素都用“位”来表示。“位”有两种状态，0表示有点，1表示无点。位图模式早期在不能识别颜色和灰度的设备中，如果需要表示灰度，则可以通过点的抖动来模拟。位图模式通常用于文字识别，如果扫描需要使用光学文字识别技识别图像文件，则必须将图像转换为位图模式。

7 双色调模式

双色调模式采用2～4种彩色油墨来创建双色调、三色调和四色调的混合色阶来组成图像。将灰度图像转换为双色调模式时，可以对色调进行编辑，以产生特殊的效果。应用双色调模式的最大特点是可以使用最小的颜色表现最多的颜色层次，能够较好地达到减少印刷成本的目的。

8 索引模式

索引模式最多可以使用256种颜色，当图像被转换为索引颜色模式时，通常会构建一个调色板，用于存储索引图像中的颜色。如果原图像中某一颜色未出现在调色板中，则程序会选取已有颜色中最接近的颜色模拟该颜色。在索引颜色模式下，通过限制调色板中颜色的数目可以达到减小图像文件大小的目的。

9 多通道模式

多通道图像是指8位/像素的图像，用于特殊打印用途。多通道在每个通道中使用256个灰度级，用户可以将一个以通道合成的图像转换成为多通道图像，且原有的通道被转换为专色通道。

10 8位/16位/32位通道模式

在灰度、RGB或CMYK模式下，可以使用16位或32位通道来代替8位通道。默认情况下，8位通道包含256个色阶，而将其增到16位或32位，则可以得到更多的色彩细节，但是此模式的图像不能被印刷。

6 工作界面总览

新版的Photoshop CS4在界面上和以前版本有很大的不同，整个界面为银灰色，在程序启动栏中新增了工具和选项设置按钮，可更加方便、快捷地对图像进行简单操作和排列等；简洁的工作界面看起来更为舒适，操作起来也更能满足设计工作者对软件的高品质追求。下面将详细介绍Photoshop界面。

第1章 巧用工具进行图像创作

需要在Photoshop中对图像进行编辑时，首先应学会使用一些简单的工具来对图像进行不同的操作，如多幅图像的对比查看、选择工作区、移动并复制图像以及图像颜色的选取等。学习并掌握了这些工具后，就可以更方便地对图像进行各种效果的创作。

利用快速启动栏上的“排列文档”按钮可以对同时打开的多个文档进行对比查看；按住Alt键，使用移动工具在图像中拖曳创建的图像选区，能够实现图像的复制操作；魔棒工具可以对图像中大范围的区域进行选取，通过对选取的范围进行编辑，可以实现特殊效果的制作；裁剪工具可以将图像裁剪成任意大小，在需要时还能对图像的透视角度进行调整；吸管工具可将图像中任意位置的颜色设置为前景色或背景色。通过应用这些工具对图像进行编辑，可以使图像变得更为漂亮。

招式示意

快速打造镜面图像效果

设置错落的流动图像效果

变换单一的背景颜色

替换图像中反差较大的颜色

制作特殊的仿旧照片效果

知识要点

打开图像、“排列文档”按钮

“匹配缩放”命令、缩放工具

操作难度	综合应用	发散性思维
★	★★	★

001 对多幅图像进行对比查看

原始文件 随书光盘\素材\01\01\01.jpg、02.jpg、03.jpg

❶打开两张素材图像。❷单击Photoshop启动程序栏中的“排列文档”按钮，在打开的排列文档面板中单击“双联”按钮。❸图像已经以双联的排列形式显示，即可对两幅图像进行对比查看。

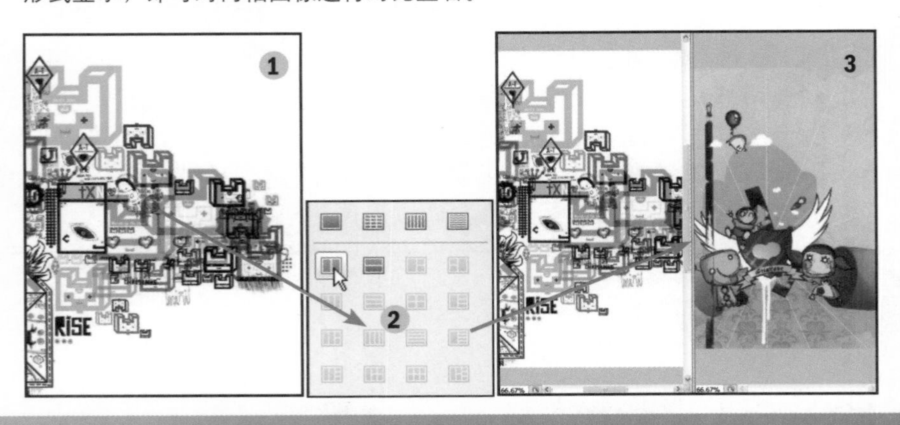

衍生应用——对3幅图像同时进行放大和缩小操作

STEP 01 打开素材

❶打开随书光盘\素材\01\01\01.jpg、02.jpg、03.jpg素材图片。

❷单击Photoshop启动程序栏中的“排列文档”按钮，在打开的排列文档面板中单击“三联”按钮。

STEP 02 排列素材图像

❶在Photoshop中查看所打开的素材图像，图像以三联的形式排列。

❷执行“窗口>排列”菜单命令，在打开的级联菜单中选择“匹配缩放”命令。

❸对3幅图像进行匹配缩放。

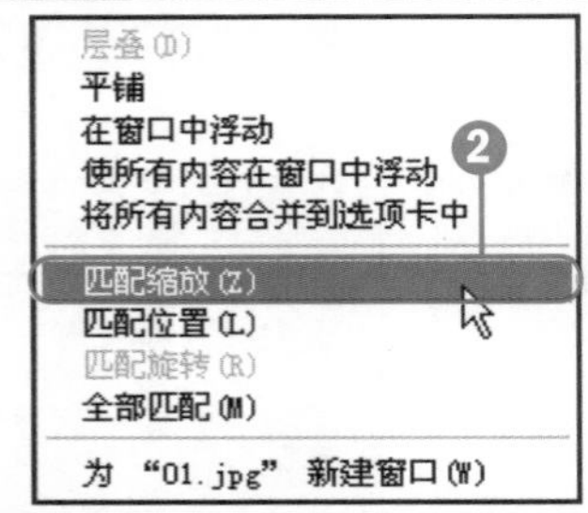

STEP 03 单击缩放素材图像

❶在工具箱中单击“缩放工具”按钮，按住Shift键在素材图像中单击，3幅素材图像即同时进行放大。

❷按住Shift+Alt键在素材图像中单击，3幅素材图像即同时进行缩小。

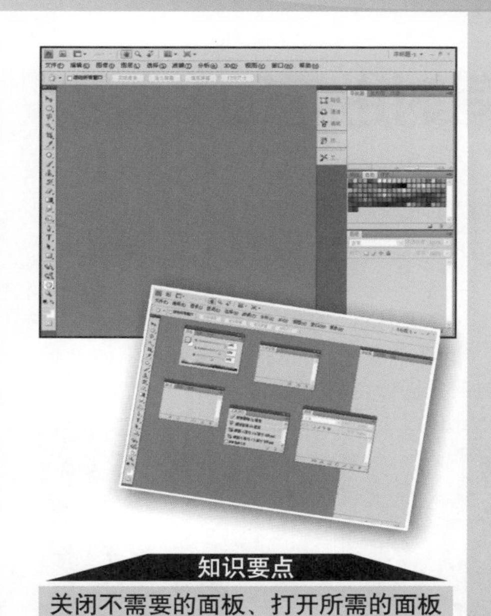

知识要点

关闭不需要的面板、打开所需的面板

执行所需排列

操作难度	综合应用	发散性思维
★	★★	★

002 根据不同应用需求选择工作区

❶打开Photoshop软件。❷执行“窗口>工作区>高级3D”菜单命令，Photoshop工作区中的面板即排列为适用于做3D图像的样子。

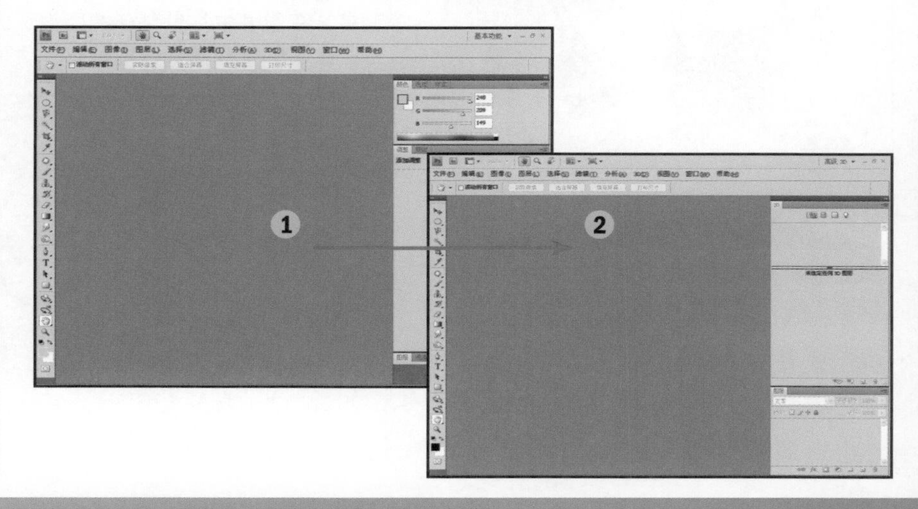

衍生应用——打造自己的个性工作区

STEP 01 关闭面板选择工作界面

❶在Photoshop中单击所需关闭的面板右上方的扩展按钮，在打开的面板菜单中选择“关闭”命令，将Photoshop中不需要显示的面板全部关闭。

❷执行“窗口>工作区>高级3D”菜单命令，打开“导航器”面板组。

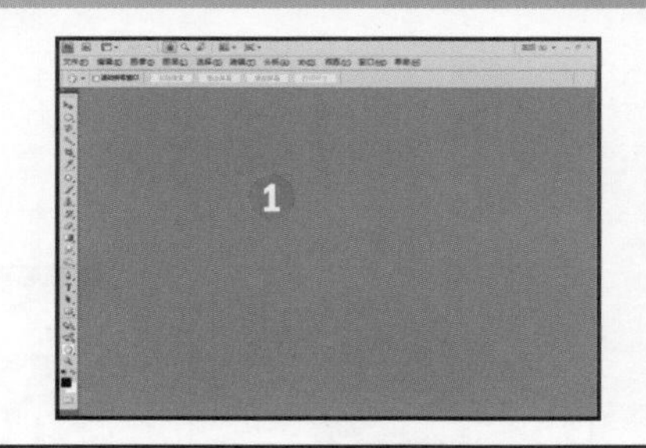

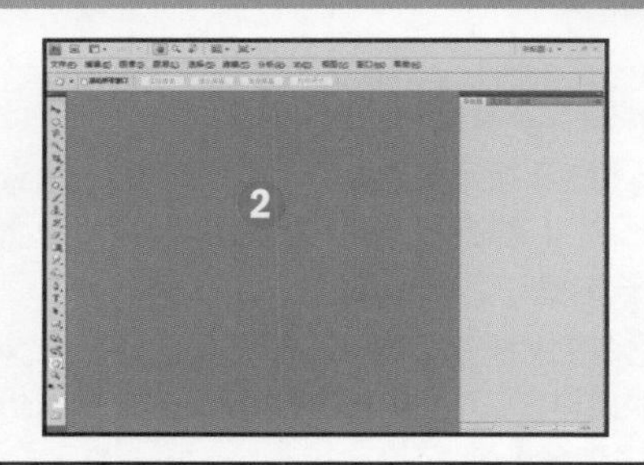

STEP 02 排列面板组

❶使用鼠标左键拖曳“颜色”面板组至“导航器”面板组的下侧，此时“颜色”面板组即显示于“导航器”面板组的下侧。

❷使用同样的方法排列“颜色”面板。

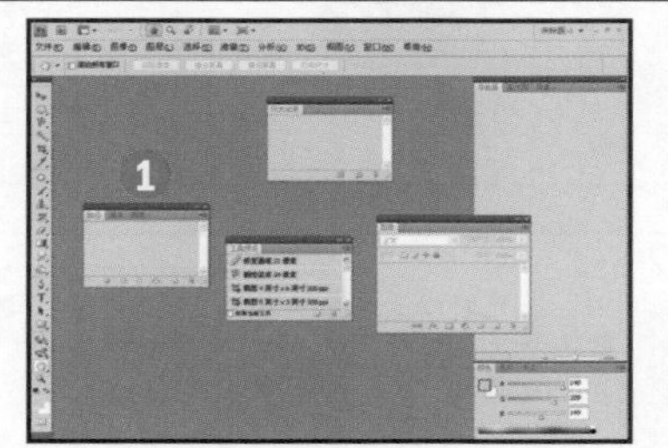

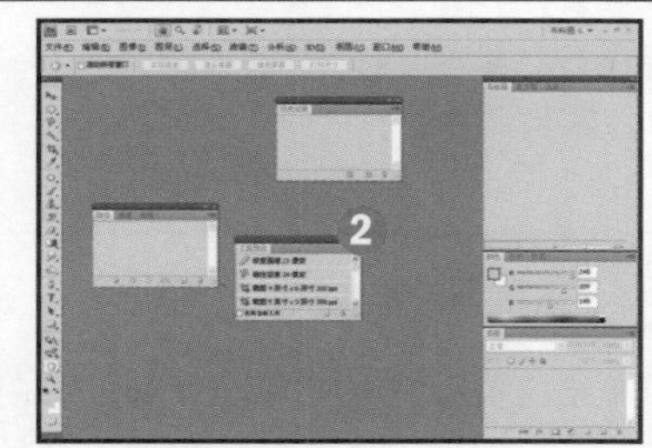

STEP 03 排列面板并存储工作区

❶单击“路径”面板上方，将其缩小为图标，并拖曳“路径”图标至“导航器”面板组的左侧。

❷使用同样的办法将其他面板均缩小为图标，显示于“路径”图标的下侧，然后执行“窗口>工作区>存储工作区”菜单命令存储工作区。

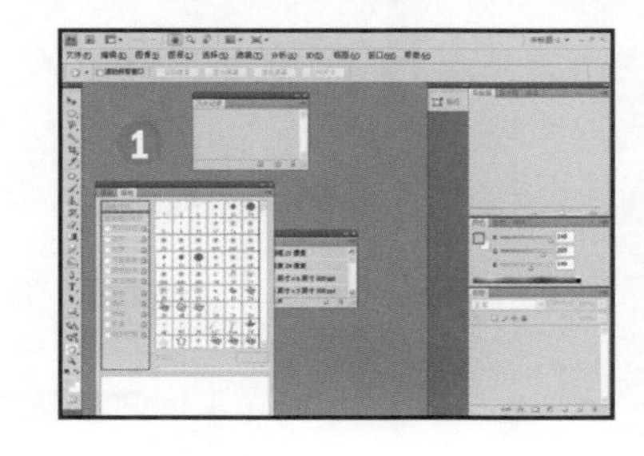

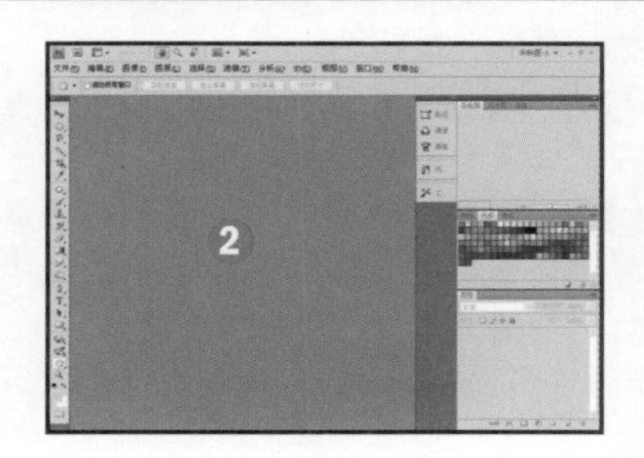

知识要点

磁性套索工具、“垂直翻转”命令

渐变工具、设置背景色

操作难度	综合应用	发散性思维
★	★★	★★

003 移动的同时进行图像复制

原始文件 随书光盘\素材\01\03\01.jpg

最终文件 随书光盘\源文件\01\03\快速打造镜面图像效果.psd

❶运用“钢笔工具”对所需复制的图像创建选区。❷按住Alt键，使用“移动工具”在图像中拖曳创建的图像选区。❸将所需复制的图像拖曳到所需的区域后，释放Alt键和鼠标，即可在移动时对图像进行复制。

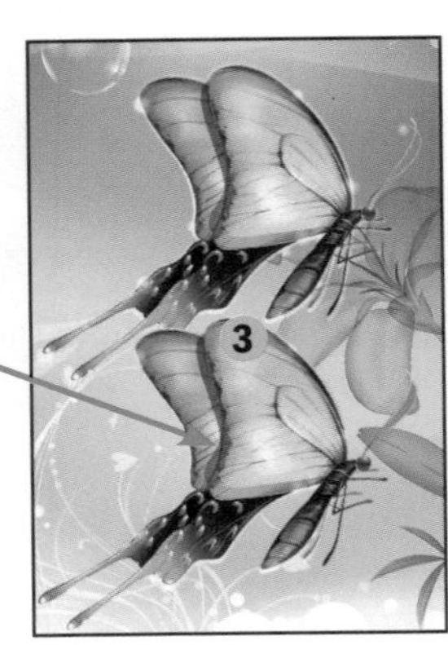

衍生应用——快速打造镜面图像效果

STEP 01 打开素材复制图像

❶打开随书光盘\素材\01\03\01.jpg素材图片，选择“磁性套索工具”，沿着瓶子拖曳，以创建选区。

❷按快捷键Ctrl+J将选区复制一份为“图层1”，再按一次Ctrl+J键复制一份为“图层1副本”。

❸执行“编辑>变换>垂直翻转”菜单命令，翻转图像。

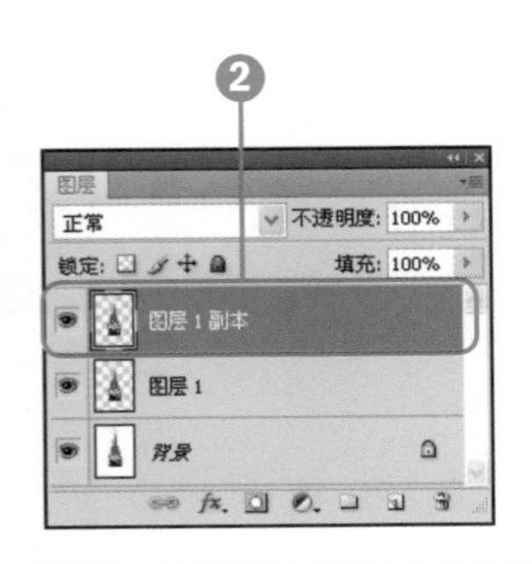

STEP 02 创建渐变效果

❶单击工具箱中的“渐变工具”按钮，在选项栏中选择黑白渐变，单击“线形渐变”按钮。

❷为“图层1副本”添加蒙版并拖曳渐变，设置半透明的倒影图像。

❸继续使用“渐变工具”重新设置渐变颜色，选择“背景”图层，在图像中由上至下拖曳渐变，添加渐变背景。

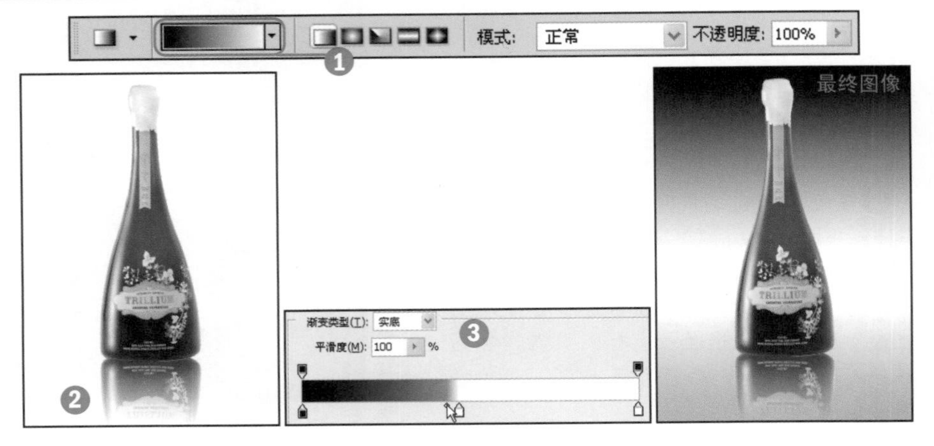

004 多个单列/单行选区的应用

原始文件 随书光盘\素材\01\04\01.jpg
最终文件 随书光盘\源文件\01\04\设置错落的流动图像效果.psd

知识要点
矩形选框工具、单行选框工具
"色阶"命令、"曲线"命令

操作难度	综合应用	发散性思维
★★	★★	★★★

❶按住Shift键，运用"单列选框工具"在图像中单击创建多个单列选区。❷为创建的单列选区进行描边，并把不透明度设置为25%。❸按Ctrl+D键将选区取消，即可为图像创建类似抽丝的效果。

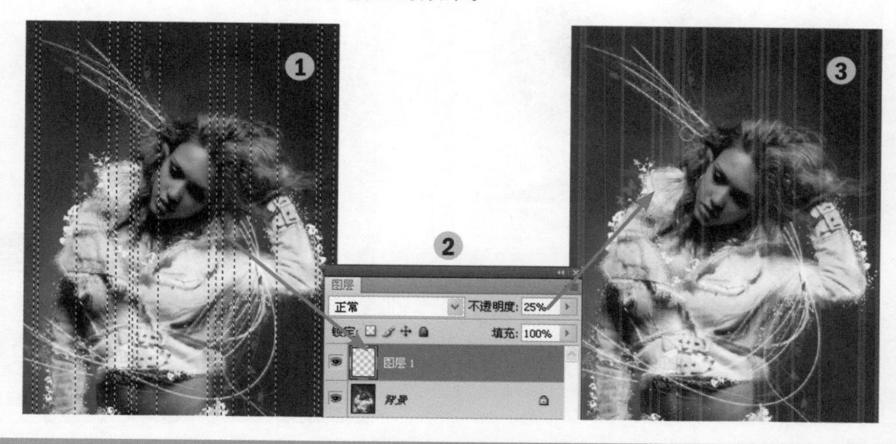

衍生应用——设置错落的流动图像效果

STEP 01 打开素材并创建路径

❶打开随书光盘\素材\01\04\01.jpg素材图片。

❷利用"矩形选框工具"创建并复制选区，生成"图层1"，按Ctrl+L键打开"色阶"对话框，设置色阶调整颜色。

❸使用同样的方法复制选区，按快捷键Ctrl+M打开"曲线"对话框，拖曳曲线，调整颜色。

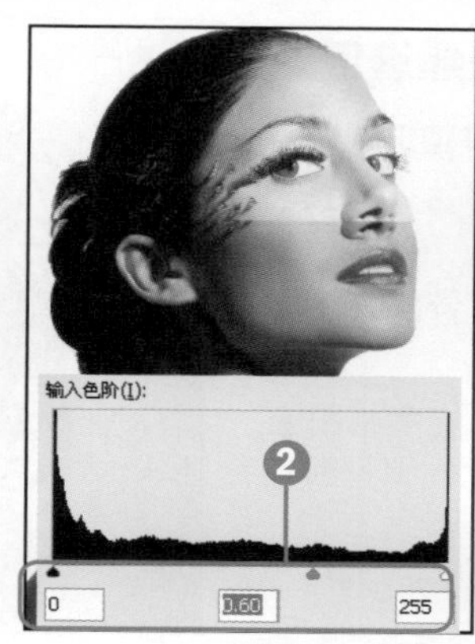

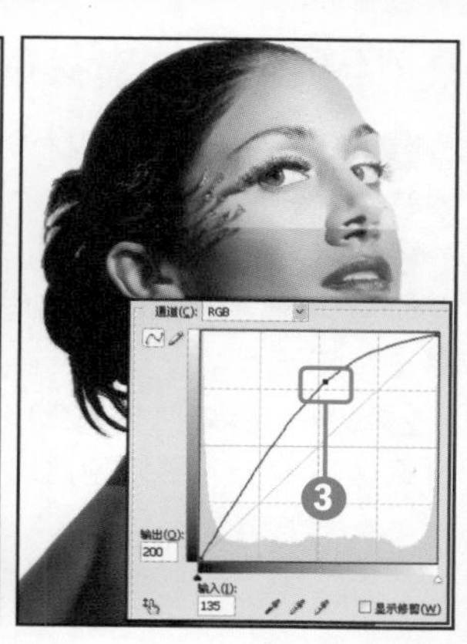

STEP 02 创建重叠效果

❶新建"图层4"，选择"单行选框工具"，按住Ctrl键在图像中多次单击，创建单行选框。

❷按快捷键Alt+Delete将选区填充为黑色，并将不透明度设置为15%。

❸复制"图层4"，分别将"图层4副本"和"图层4副本2"的"不透明度"设置为10%和5%。

知识要点

魔棒工具、“羽化”命令

调整图层顺序

操作难度	综合应用	发散性思维
★	★★	★

005 使用魔棒进行大范围区域的变换

原始文件 随书光盘\素材\01\05\01.jpg、02.jpg

最终文件 随书光盘\源文件\01\05\变换单一的背景颜色.psd

❶运用“魔棒工具”在图像背景区域单击，创建选区。❷按Ctrl+J键将所选区域复制为“图层1”。❸在“图层”面板中将“图层1”的混合模式设置为“叠加”，按Ctrl+D键取消选区。

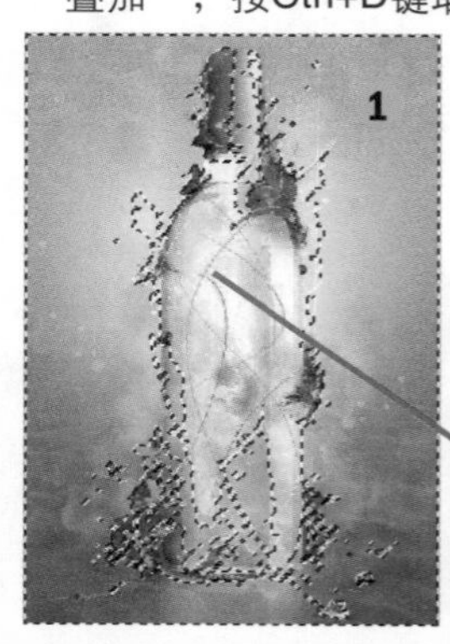

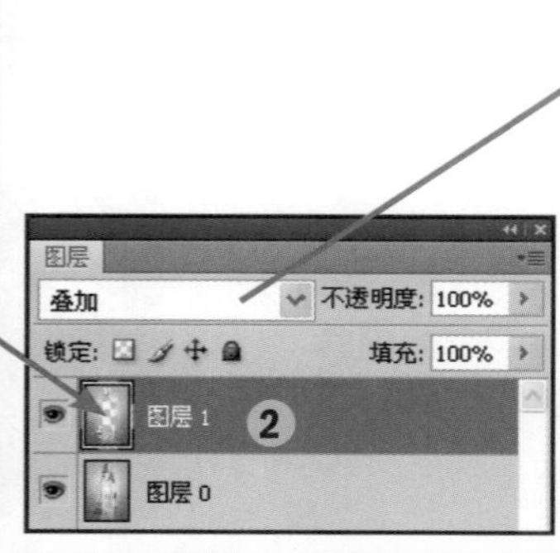

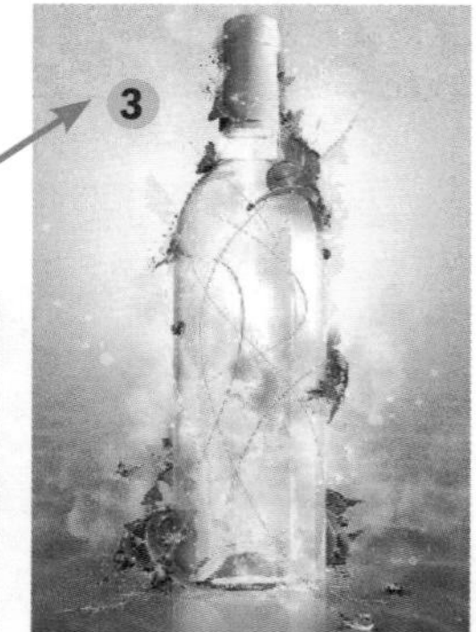

衍生应用——变换单一的背景颜色

STEP 01 打开素材创建选区

❶打开随书光盘\素材\01\05\01.jpg素材图片。

❷选择“魔棒工具”，设置“容差”值为30，在素材图像背景部分连续单击，创建选区。

❸调整“容差”值为20，在素材图像背景区域单击，继续创建选区。

STEP 02 打开素材复制图像

❶按Shift+F6键打开“羽化选区”对话框，设置“羽化半径”为10像素，单击“确定”按钮，羽化选区。

❷双击“背景”图层，将“背景”图层转换为“图层0”，按Delete键将选区内的图像删除。

❸打开随书光盘\素材\01\05\02.jpg素材图片，将其复制到01图像中，生成“图层1”并调整图层顺序。

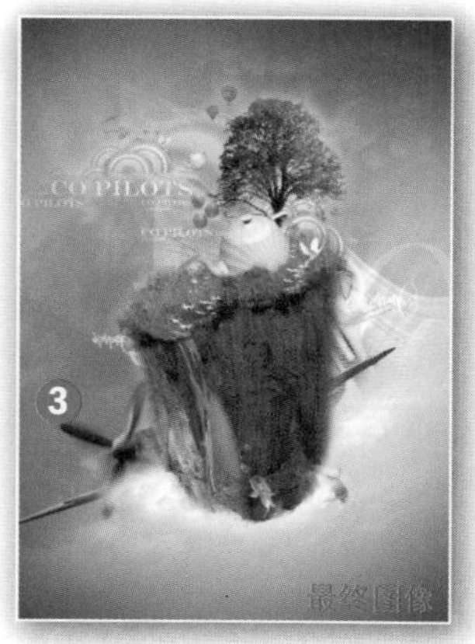

知识要点

磁性套索工具、颜色替换工具

设置前景色、“扩展”命令

操作难度	综合应用	发散性思维
★★	★★★	★★

006 指定吸取图像上的色彩

原始文件 随书光盘\素材\01\06\01.jpg

最终文件 随书光盘\源文件\01\06\替换图像中反差较大的颜色.psd

❶单击工具箱中的前景色色块，打开“拾色器（前景色）”对话框。❷使用“吸管工具”在图像中所需选取色彩的区域中单击。❸此时，在“拾色器（前景色）”对话框中即选定了所吸取的色彩。

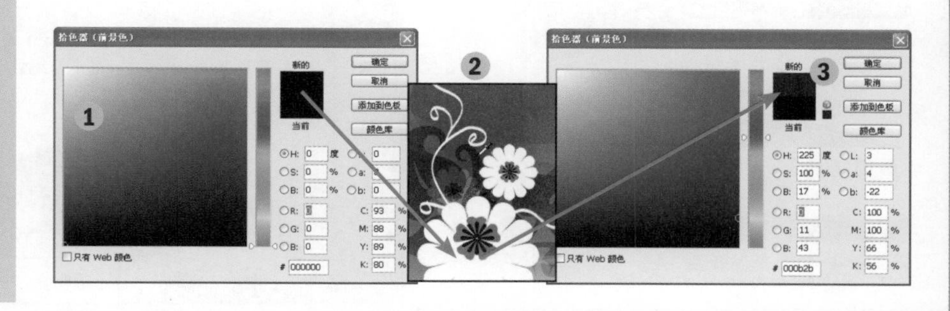

衍生应用——替换图像中反差较大的颜色

STEP 01 打开素材并创建选区

❶打开随书光盘\素材\01\06\01.jpg素材图片。

❷选择“磁性套索工具”，设置羽化值为0px、宽度为10px、对比度为100%、频率为100，沿着衣服边缘拖曳创建选区。

STEP 02 扩展选区并设置颜色

❶执行“选择>修改>扩展”菜单命令，打开“扩展选区”对话框，设置扩展量为1像素，单击“确定”按钮，扩展选区。

❷选择“吸管工具”，在图像中的绿色区域单击，获得颜色为R176、G193、B157。

STEP 03 涂抹选区

❶选择“颜色替换工具”，设置“画笔”为40px，单击“取样：连续”按钮，设置“限制”为“连续”，“容差”为30%，选中“消除锯齿”复选框。

❷使用设置好的颜色替换工具在素材图像中选区的内部进行涂抹。

❸将所有的红色替换为绿色。

知识要点

裁剪工具

操作难度	综合应用	发散性思维
★★	★★	★★

007 设置更自由的裁剪框形状

原始文件 随书光盘\素材\01\07\01.jpg

最终文件 随书光盘\源文件\01\07\修剪照片为特殊比例.psd

❶选择“裁剪工具”，在图像中单击并拖曳，创建所需区域。❷在选项栏中选中“透视”复选框。❸此时在图像中即可通过使用鼠标左键来调节裁剪区域四周的控制点，以改变形状或图像的透视感。

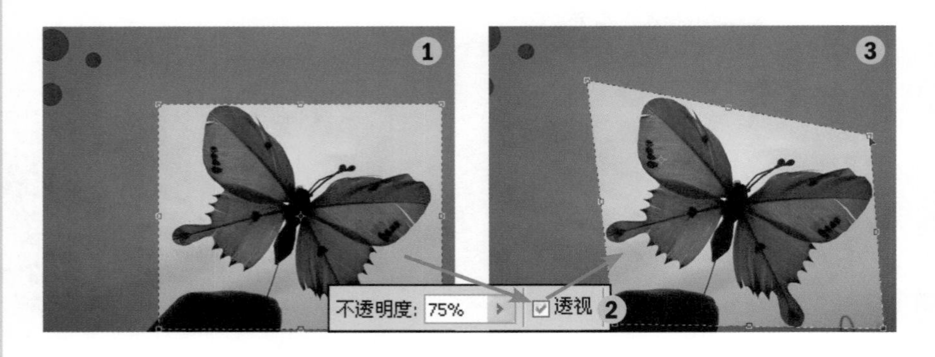

衍生应用——修剪照片为特殊比例

STEP 01 打开素材并创建裁剪框

❶打开随书光盘\素材\01\07\01.jpg素材图片。

❷在工具箱中单击“裁剪工具”按钮，在图像中单击并进行拖曳，将素材图像全部拖曳至区域中。

STEP 02 裁切并调整

❶选中“裁剪工具”选项栏中的“透视”复选框，单击裁切区域右上角的控制点并向下拖曳，拖曳至合适位置后释放鼠标。

❷双击鼠标左键应用所设置的裁切，即可裁切图像。

知识要点

“渐变映射”命令、设置渐变色

图层混合模式

操作难度	综合应用	发散性思维
★★	★★	★★

008 吸取色彩以统一照片色调

原始文件 随书光盘\素材\01\08\01.jpg

最终文件 随书光盘\源文件\01\08\制作特殊的仿旧照片效果.psd

❶运用“吸管工具”在人物的嘴唇部位单击吸取颜色。❷新建图层，填充吸取的前景色，将图层混合模式设置为“正片叠底”，“不透明度”设置为50%。❸“图层1”所填充的颜色即覆盖在“背景”图层上，从而使照片的色调统一。

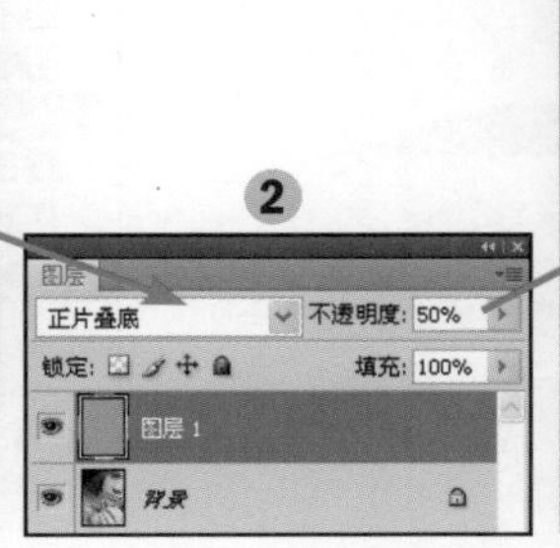

衍生应用——制作特殊的仿旧照片效果

STEP 01 复制图层并设置渐变

❶打开随书光盘\素材\01\08\01.jpg素材图片。

❷复制两个“背景”图层，执行“图像>调整>渐变映射”菜单命令，打开“渐变映射”对话框，设置从R77、G73、B66至R240、G223、B240的渐变，单击“确定”按钮。

❸在图像上创建并应用渐变映射效果。

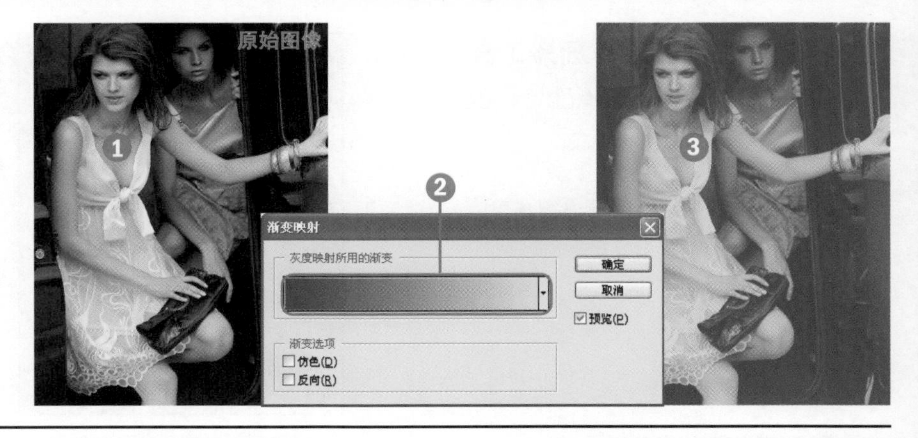

STEP 02 更改混合模式后合并图层

❶选择“背景 副本2”，将图层混合模式设置为“线性减淡”。

❷按Ctrl+E键将“背景 副本2”和“背景 副本”合并为一个图层，显示为“背景副本”。

❸将混合模式设置为“正片叠底”，“不透明度”设置为30%。

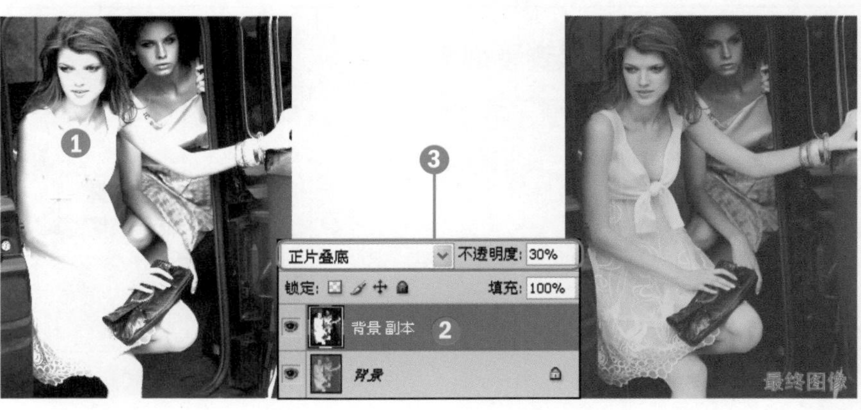

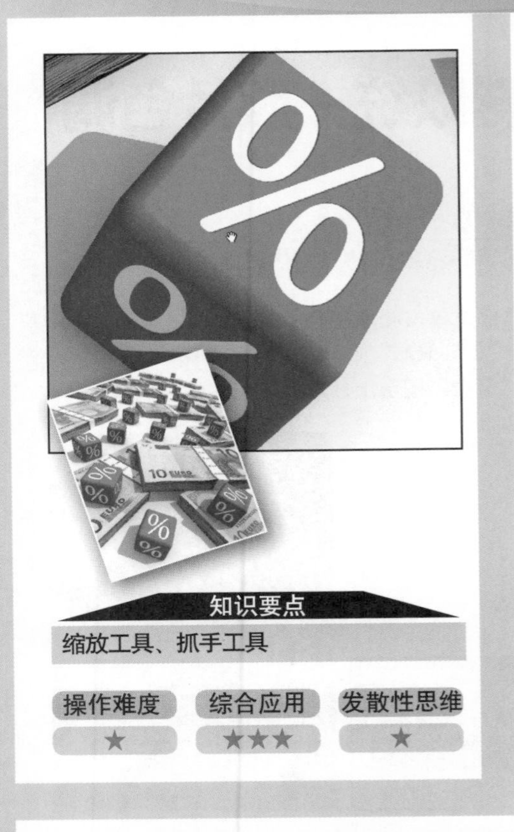

知识要点

缩放工具、抓手工具

操作难度	综合应用	发散性思维
★	★★★	★

009 对图像进行快速定位

原始文件 随书光盘\素材\01\09\01.jpg

①执行“窗口>信息”菜单命令，打开“信息”面板。②将鼠标置于所需定位的图像区域。③在“信息”面板中就会显示图像的RGB值、CMY值等。

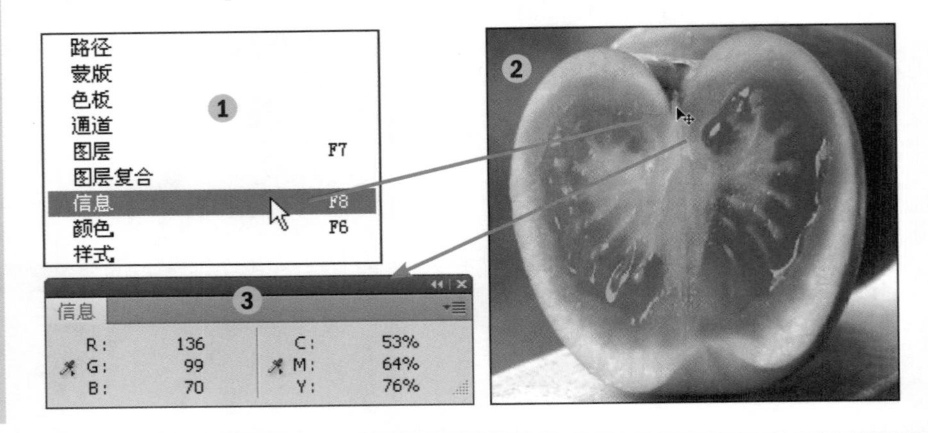

衍生应用——查看较大分辨率图像的细节部分

STEP 01 打开素材并选择工具

①打开随书光盘\素材\01\09\01.jpg素材图片。

②单击工具箱中“缩放工具”按钮，在图像需要查看的区域进行拖曳，将区域图像放大。

STEP 02 放大图像以查看细节

①在工具箱中单击“抓手工具”按钮。

②在素材图像中被放大的区域进行拖曳，即可查看图像的细节部分。

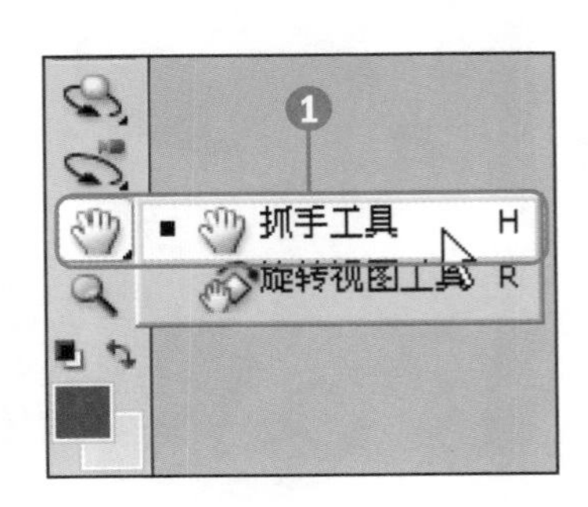

知识要点

前景色和背景色的设置

操作难度	综合应用	发散性思维
★	★★★	★

010 设置背景色并进行前/背景色的变换

最终文件 随书光盘\源文件\01\10\快速设置前景色和背景色.psd

❶在工具箱中单击背景色色块，打开“拾色器（背景色）”对话框并设置颜色。❷在工具箱中单击前/背景色旁边的“切换前景色和背景色”双向箭头。❸前景色和背景色即执行颜色的变换。

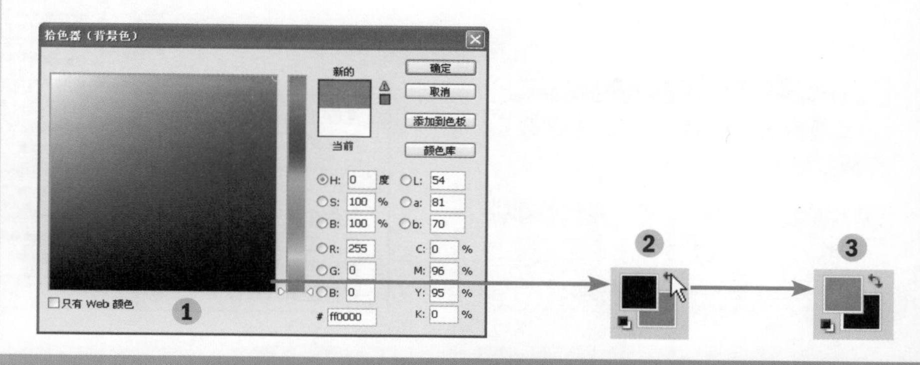

衍生应用——快速设置前景色和背景色

STEP 01 创建文件并创建选区

❶执行“文件>新建”菜单命令，打开“新建”对话框，在“预设”下拉列表中选择“国际标准纸张”选项，在“大小”下拉列表中选择A4，单击“确定”按钮。

❷在工具箱中单击“矩形选框工具”按钮，在画面中创建多个矩形条。

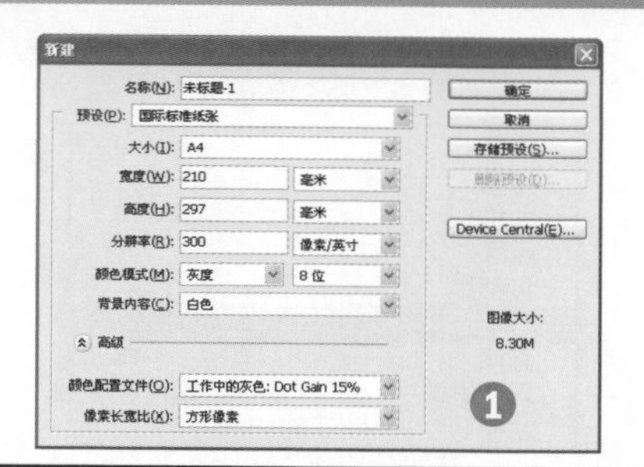

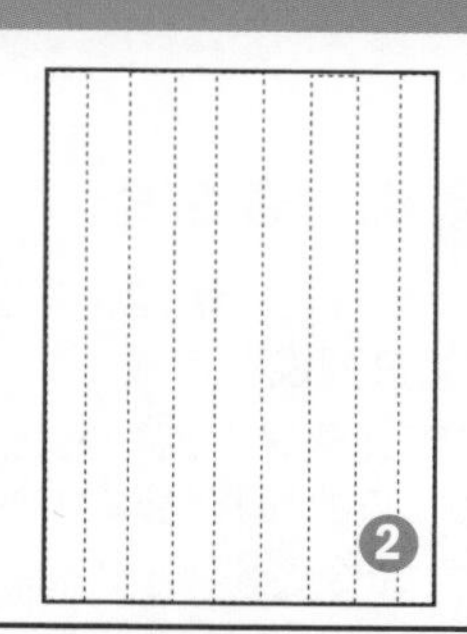

STEP 02 快速设置前／背景色

❶单击工具箱中的前景色色块，即可打开“拾色器（前景色）”对话框。在对话框中设置R255、G0、B0，即红色，单击“确定”按钮。

❷使用同样的办法对背景色进行颜色的设置，设置为R0、G0、B0，即黑色，单击“确定”按钮。

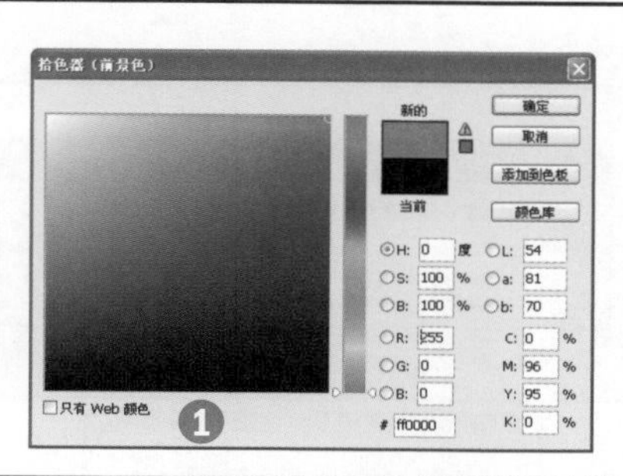

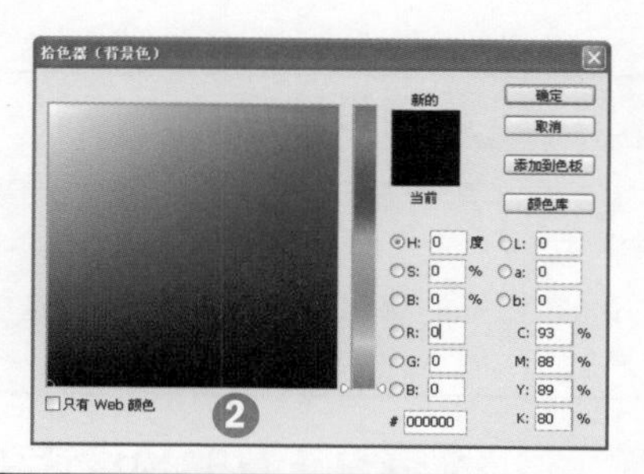

STEP 03 填充前/背景色

❶按Alt+Delete键为选区内填充设置好的前景色。

❷按Shift+Ctrl+I键将选区反选，然后按Ctrl+Delete键即可为反选后的选区填充背景色。

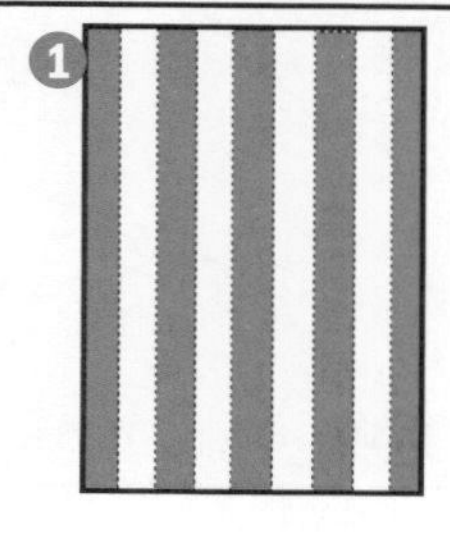

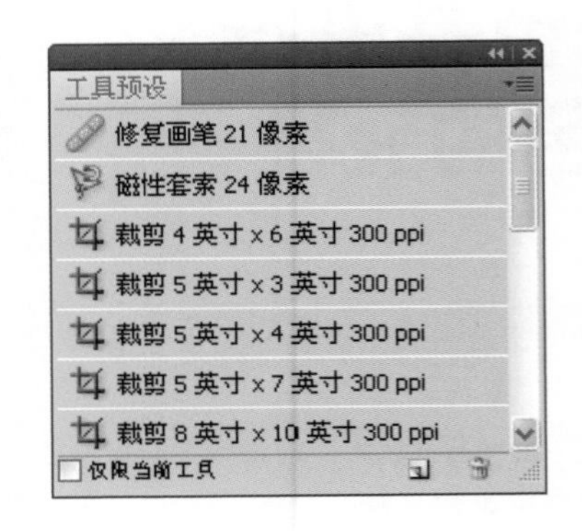

011 对工具的预设选项进行设置

知识要点

“工具预设”面板、“工具预设”面板菜单命令

操作难度	综合应用	发散性思维
★	★★★	★

❶单击“工具预设”面板右上角的扩展按钮，在打开的面板菜单中选择“预设管理器”命令。❷在打开的“预设管理器”窗口中即可对工具的预设选项进行设置。

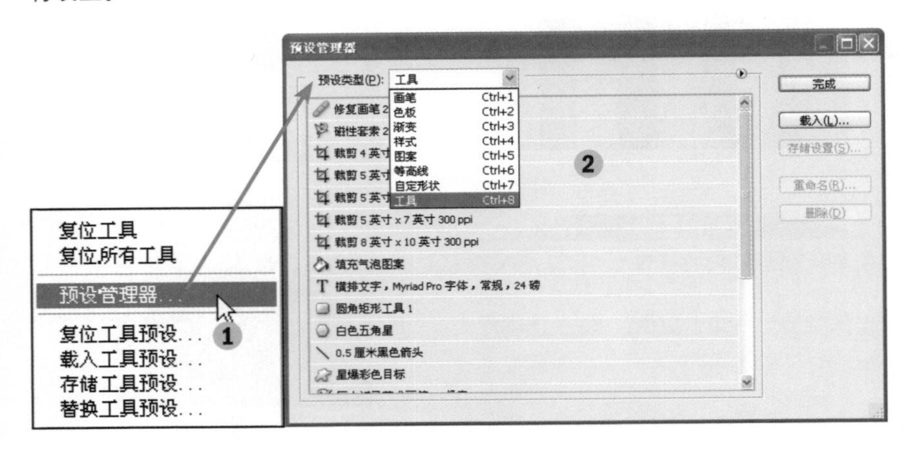

衍生应用——恢复工具的预设选项

STEP 01 执行各命令

❶执行“窗口>工具预设”菜单命令，打开“工具预设”面板。

❷单击“工具预设”面板右上角的扩展按钮，在打开的面板菜单中选择“复位工具预设”命令。

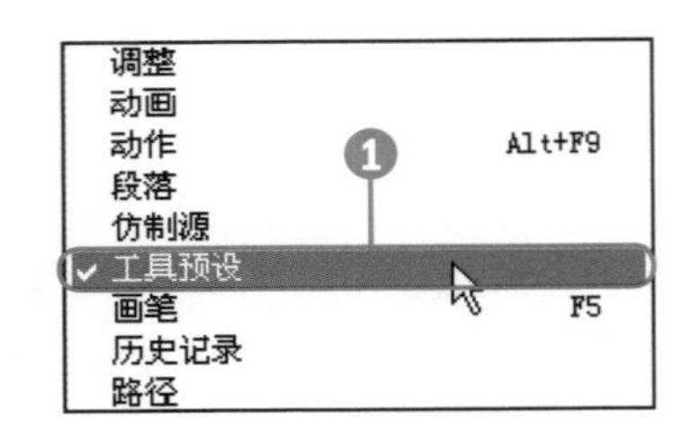

STEP 02 预设选项

❶在打开的警示对话框中单击“确定”按钮。

❷在打开的警示对话框中单击“是”按钮。

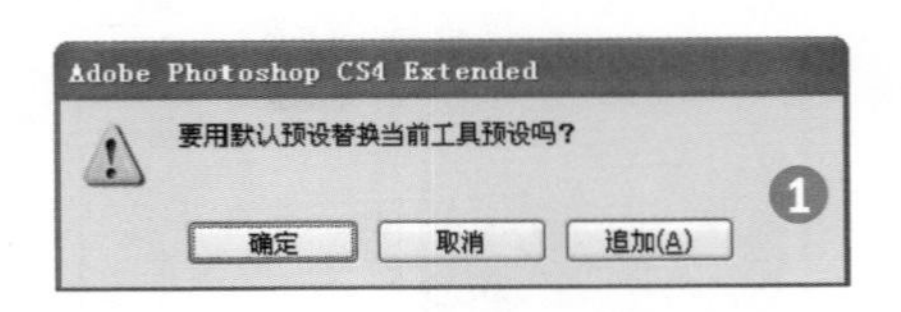

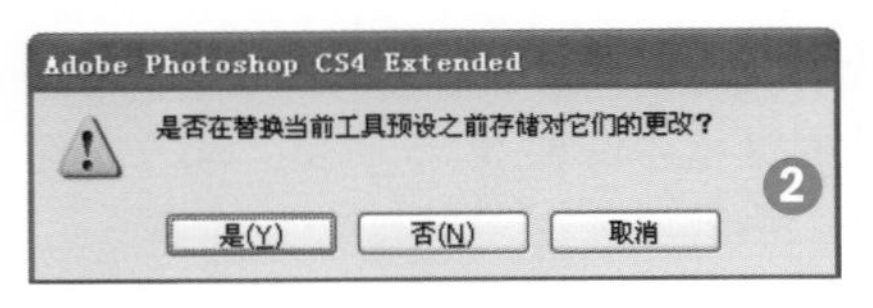

STEP 03 恢复工具的预设选项

❶在第二个警示对话框中单击“是”按钮后，将会打开“存储”对话框，在此对话框中可以存储之前的工具预设选项。

❷在第二个警示对话框中单击“否”按钮后，将恢复工具的预设选项。

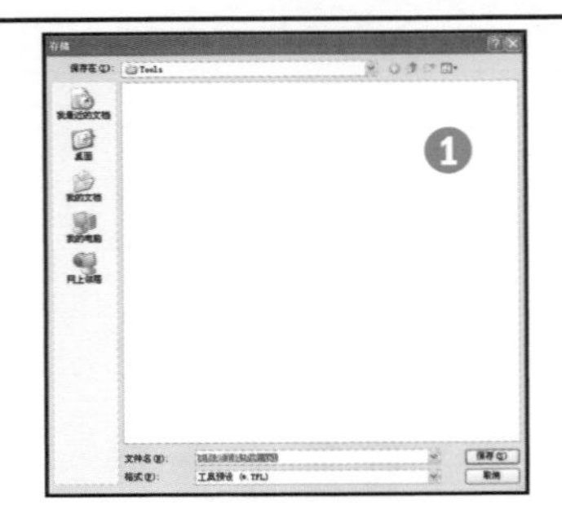

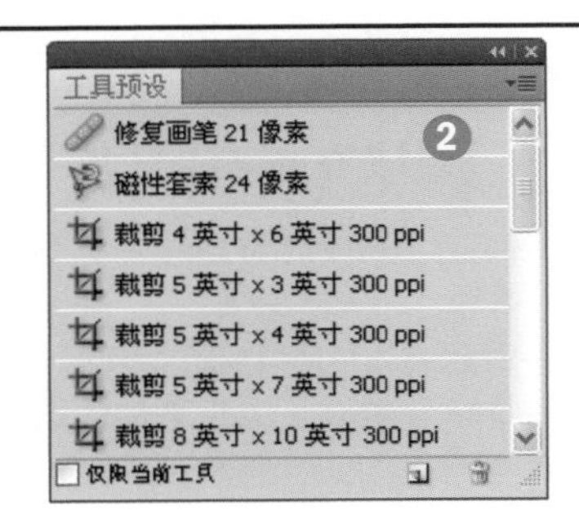

第2章 不可不知的命令实用技巧

菜单命令是编辑图像时必不可少的工具，通过应用菜单栏中的各个命令，可以对图像应用各种不同的效果。

“新建”命令可以创建指定大小的文件，并在需要时设置不同的背景色；“渐隐”命令能够对上一步的操作效果进行显示/隐藏程度的控制；“填充”命令可在图像或选区中填充各种不同的颜色或图案，使图像呈现更为丰富的效果；“描边”命令可对图像、选区或路径进行特殊的描边操作；执行“变形”命令将打开变形框，对变形框中的对象进行任意拖曳可以实现图像的缩放、旋转和变形等操作，“滤镜”命令能够在图像上应用特殊的艺术效果。通过这些命令对图像进行编辑后，可以随意更改图像效果。

招式示意

应用快照对图像进行修改

通过渐隐修补效果打造完美肌肤

应用画笔描边打造特殊光影效果

制作宽屏的效果

打造逼真的裂纹效果

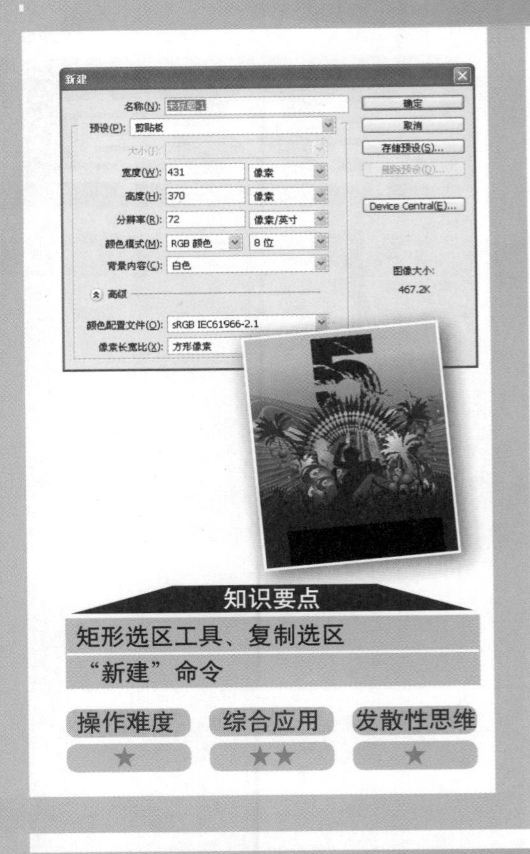

知识要点

矩形选区工具、复制选区

“新建”命令

操作难度 ★

综合应用 ★★

发散性思维 ★

012 快速创建指定大小文件

原始文件 随书光盘\素材\02\12\01.jpg

最终文件 随书光盘\源文件\02\12\从剪贴板新建空白文件.jpg

①执行“文件>新建”菜单命令。②在打开的“新建”对话框中，在“宽度”、“高度”、“分辨率”、“颜色模式”和“背景内容”后的文本框中输入数值，单击“确定”按钮，即可创建指定大小的文件。

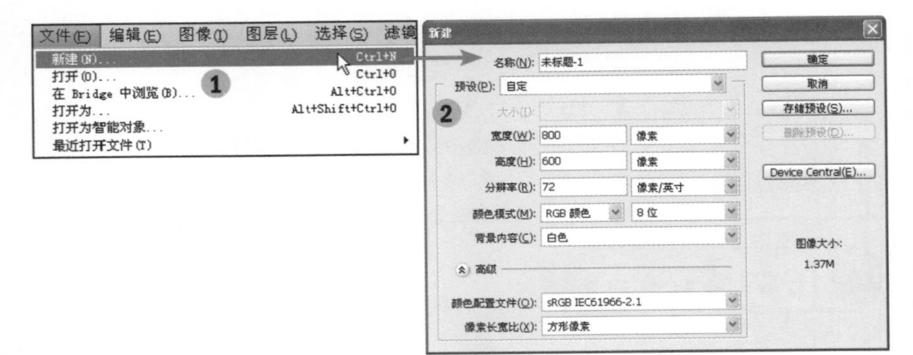

衍生应用——从剪贴板新建空白文件

STEP 01 打开素材并复制选区

①打开随书光盘\素材\02\12\01.jpg素材图片。

②在工具箱中单击“矩形选框工具”按钮，在素材图片中拖曳，创建所需大小的选区后释放鼠标，按Ctrl+C键复制选区。

STEP 02 从剪贴板新建空白文件

①执行“文件>新建”菜单命令。

②在打开的“新建”对话框中可以查看预设后的文本框已经由系统默认选择为“剪贴板”。

③单击“确定”按钮，即可从剪贴板创建空白文件，文件大小即选区大小。

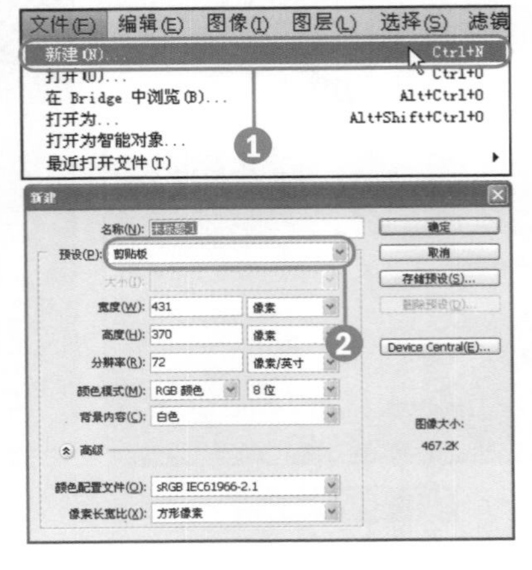

知识要点

"历史记录"面板、"调整"命令

历史记录画笔工具

操作难度 ★★★　综合应用 ★★★　发散性思维 ★★★

013 图层顺序的转换

原始文件 随书光盘\素材\02\13\01.jpg

最终文件 随书光盘\源文件\02\13\应用快照对图像进行修改.psd

❶在"图层"面板中按住要与"图层3"调换的"图层4"并向下拖曳。❷将"图层4"拖曳至"图层3"的下方后释放鼠标，"图层3"和"图层4"进行位置的更换，即图层顺序的转换。

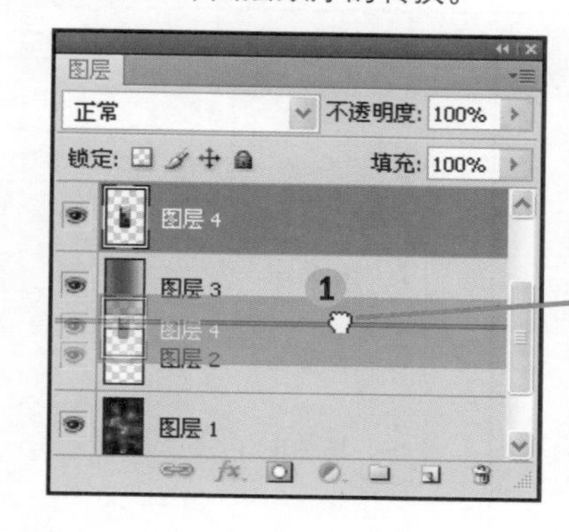

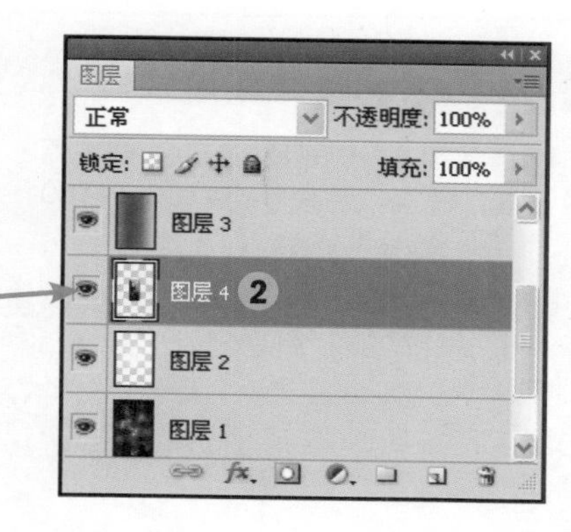

衍生应用——应用快照对图像进行修改

STEP 01 打开素材转换模式并新建快照

❶打开随书光盘\素材\02\13\01.jpg素材图片。

❷执行"图像>模式"菜单命令，在打开的级联菜单中选择"CMYK颜色"命令。

❸单击"历史记录"面板下方的"创建新快照"按钮，创建一个"快照1"。

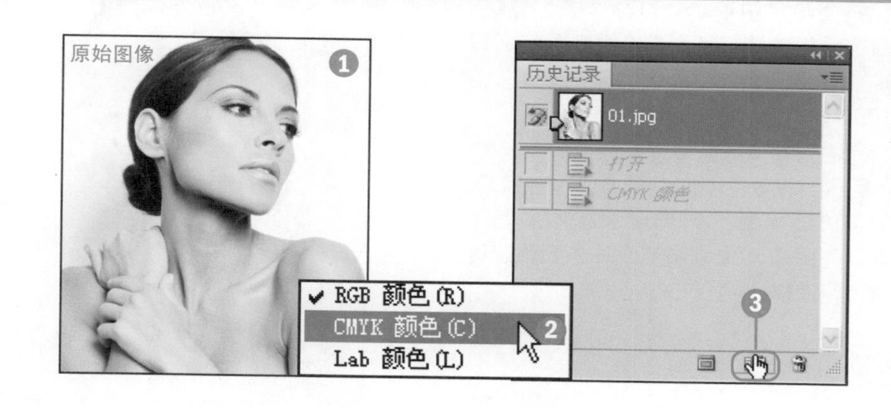

STEP 02 调整快照并新建快照

❶在"历史记录"面板中选择"青色"通道。

❷执行"图像>调整"菜单命令，在打开的级联菜单中选择"亮度/对比度"命令，打开"亮度/对比度"对话框，设置"亮度"为131，"对比度"为-39，单击"确定"按钮。

❸单击"历史记录"面板下方的"创建新快照"按钮，创建一个"快照2"。

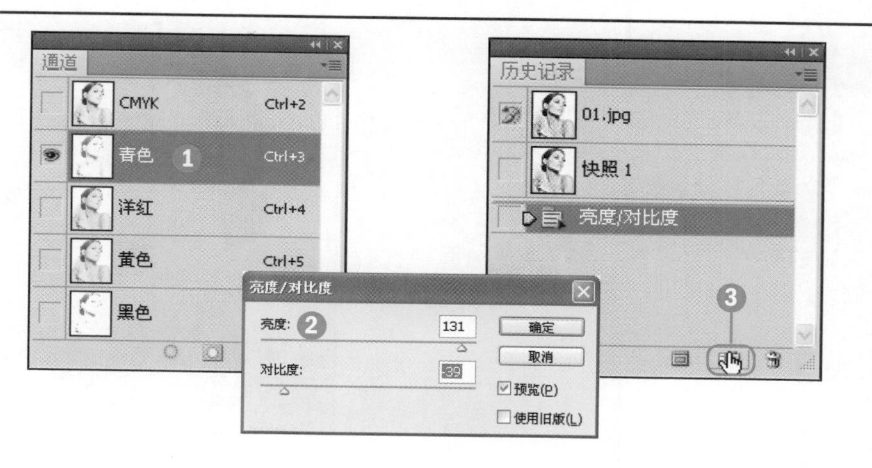

STEP 03 继续调整并新建快照

❶在“历史记录”面板中选择“快照1”。

❷按Ctrl+B快捷键打开“色彩平衡”对话框，设置“色阶”为0、0、+100，单击“确定”按钮。

❸单击“历史记录”面板下方的“创建新快照”按钮，创建一个“快照3”。

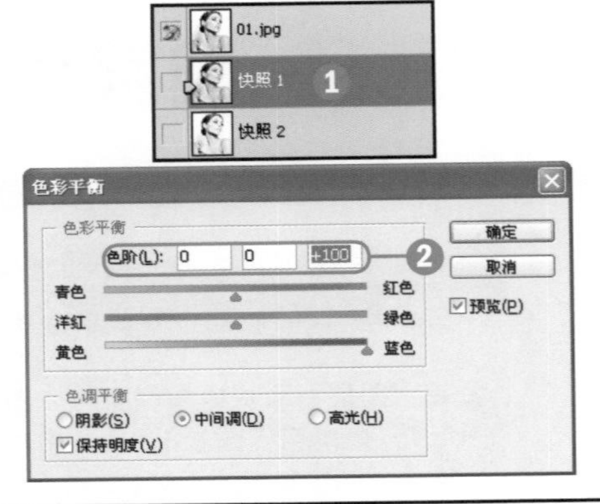

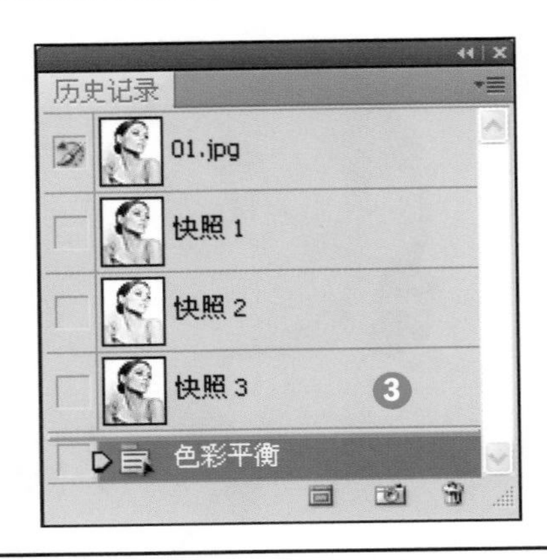

STEP 04 调整并新建快照

❶按快捷键Ctrl+B打开“色彩平衡”对话框，设置“色阶”为+100、-100、0，单击“确定”按钮。

❷单击“历史记录”面板下方的“创建新快照”按钮，创建一个“快照4”。

❸将“设置记录画笔源”置于“快照2”的前方。

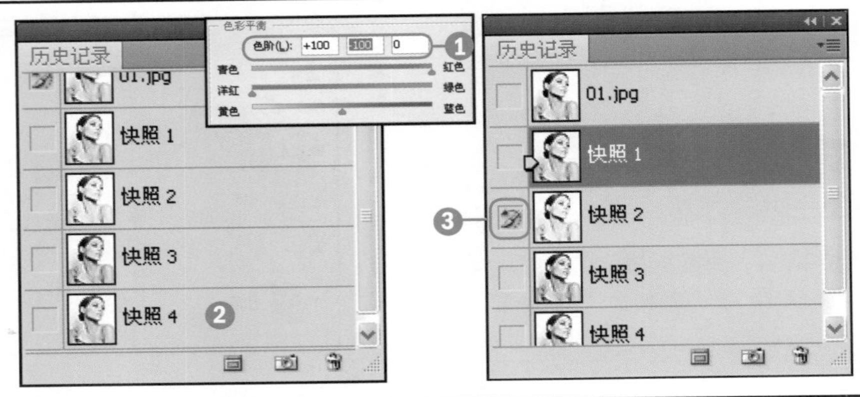

STEP 05 涂抹皮肤及眼影色彩

❶选择“历史记录画笔工具”，在选项栏中选择柔角100像素画笔，设置“不透明度”为50%，“流量”为100%。

❷在人物皮肤区域进行涂抹。

❸将“设置记录画笔源”置于“快照3”的前方，设置“历史记录艺术画笔工具”为柔角30像素画笔，在人物眼皮区域进行涂抹。

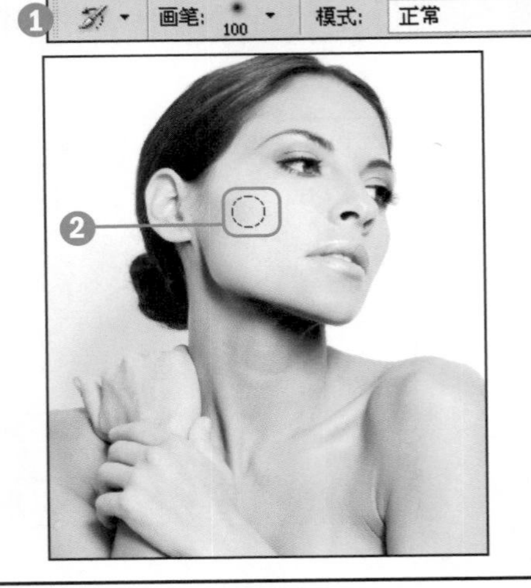

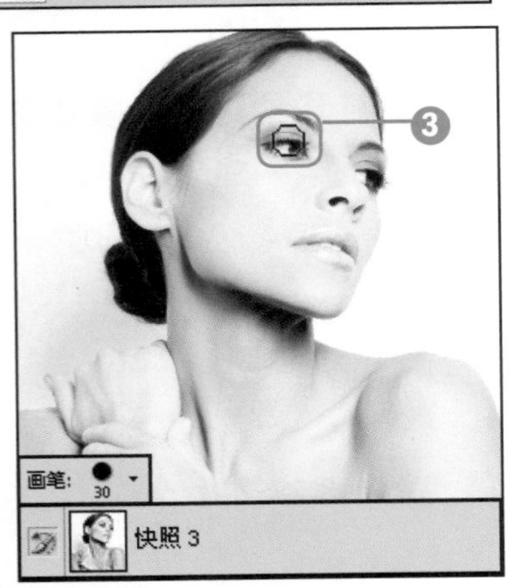

STEP 06 涂抹嘴唇色彩

❶将“设置记录画笔源”置于“快照4”的前方，设置“历史记录艺术画笔工具”为柔角15像素画笔。

❷在人物的嘴唇区域进行涂抹，对人物的唇色进行设置，完成本实例的制作。

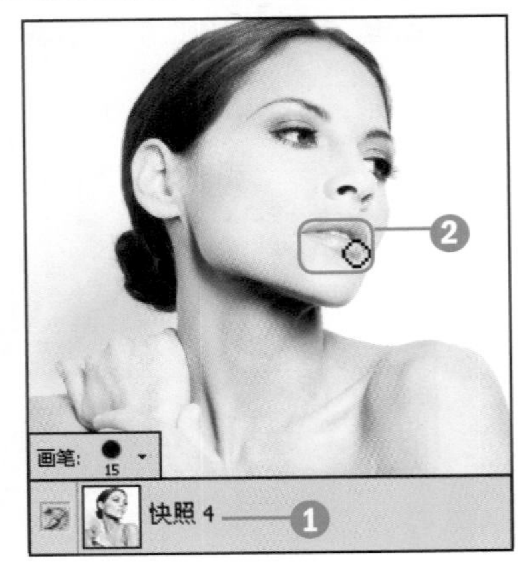

知识要点

"渐隐"命令、"USM锐化"命令

"匹配颜色"命令、"减少杂色"命令

"亮度/对比度"命令

操作难度 ★★　综合应用 ★★　发散性思维 ★★

014 巧用渐隐命令

原始文件 随书光盘\素材\02\14\01.jpg

最终文件 随书光盘\源文件\02\14\通过渐隐修补效果打造完美肌肤.psd

❶在图像中创建选区，执行"滤镜>模糊>动感模糊"菜单命令，在"动感模糊"对话框中设置"角度"为0，"距离"为134像素。❷执行"编辑>渐隐"菜单命令，在"渐隐"对话框中设置"不透明度"为80%，"模式"为"线形光"。

衍生应用——通过渐隐修补效果打造完美肌肤

STEP 01 打开素材并进行复制

❶打开随书光盘\素材\02\14\01.jpg素材图片。

❷按快捷键Ctrl+J将"背景" 图层复制为"图层1"图层。

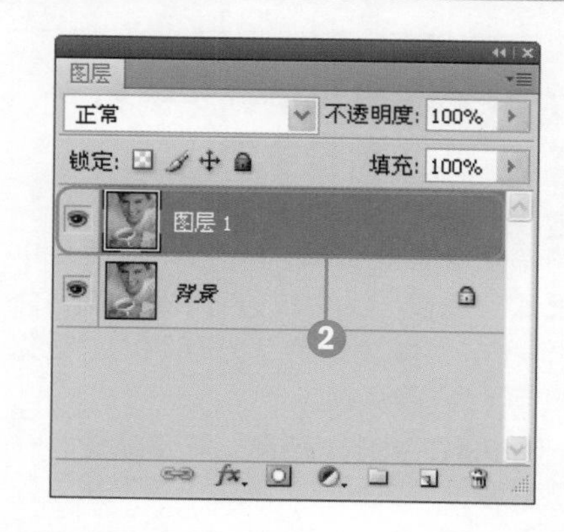

STEP 02 执行调整和渐隐命令

❶执行"图像>调整>匹配颜色"菜单命令。

❷在打开的"匹配颜色"对话框中选中"中和"复选框。

❸执行"编辑>渐隐"菜单命令，在打开的"渐隐"对话框中设置"不透明度"为70%。

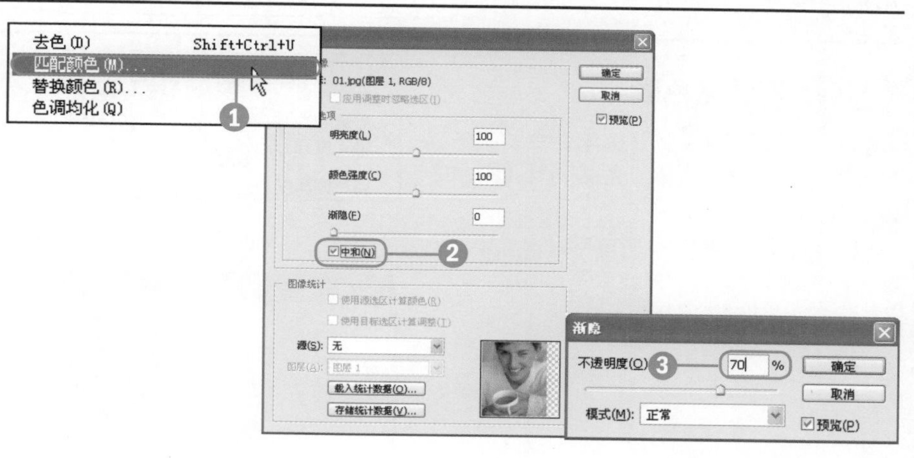

STEP 03 复制图层并设置

❶按Ctrl+J键将“图层1”复制为“图层1副本”，并设置混合模式为“滤色”，“不透明度”为60%。

❷按Ctrl+Shift+Alt+E键盖印图层，得到“图层2”。

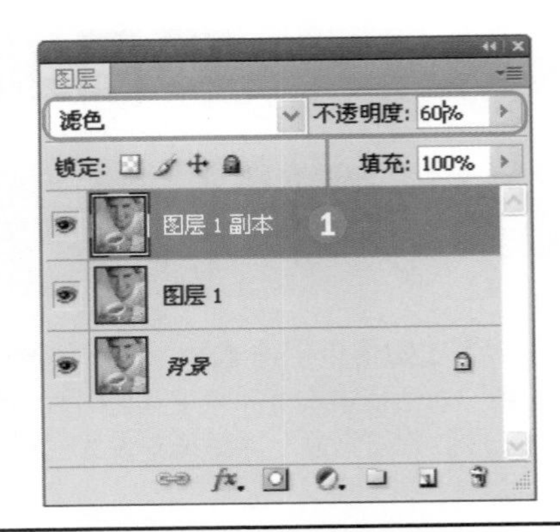

STEP 04 执行滤镜和渐隐命令

❶执行“滤镜>锐化”菜单命令，在打开的级联菜单中选择“USM锐化”命令，在“USM锐化”对话框中设置“数量”为50%，“半径”为1.0像素，“阈值”为80色阶，单击“确定”按钮。

❷执行“编辑>渐隐”菜单命令，在打开的“渐隐”对话框中设置“不透明度”为70%。

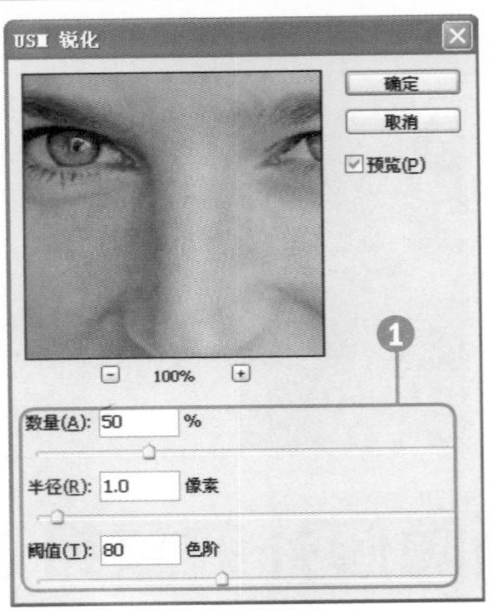

STEP 05 继续执行滤镜和渐隐命令

❶执行“滤镜>杂色>减少杂色”菜单命令，在“减少杂色”对话框中设置“强度”为10，“保留细节”为100%，“减少杂色”为86%，“锐化细节”为17%。

❷执行“编辑>渐隐”菜单命令，在“渐隐”对话框中设置“不透明度”为70%。

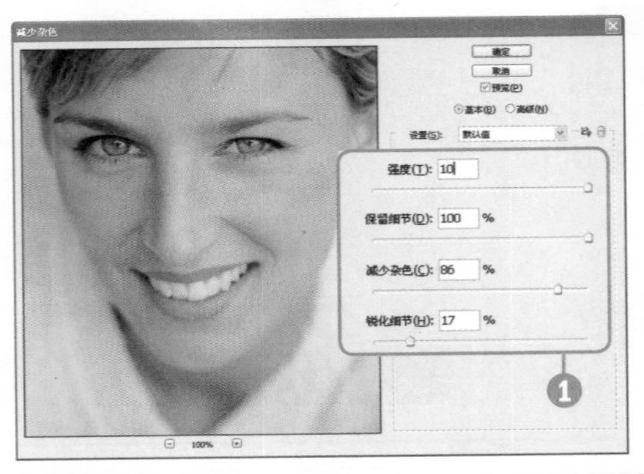

STEP 06 调亮色彩

❶执行“图像>调整”菜单命令，在打开的级联菜单中选择“亮度/对比度”命令。

❷在打开的“亮度/对比度”对话框中设置“亮度”为5，“对比度”为10。

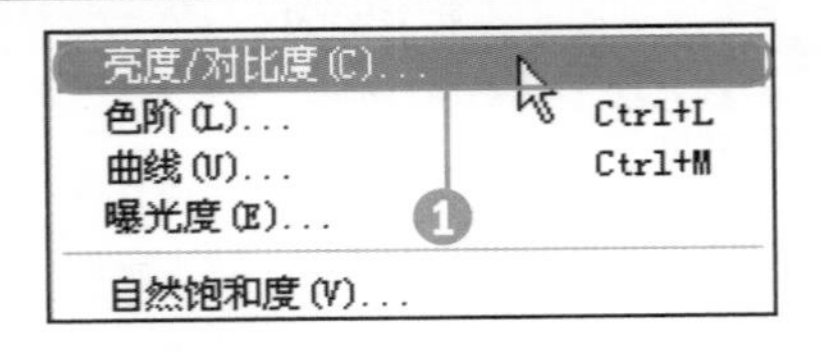

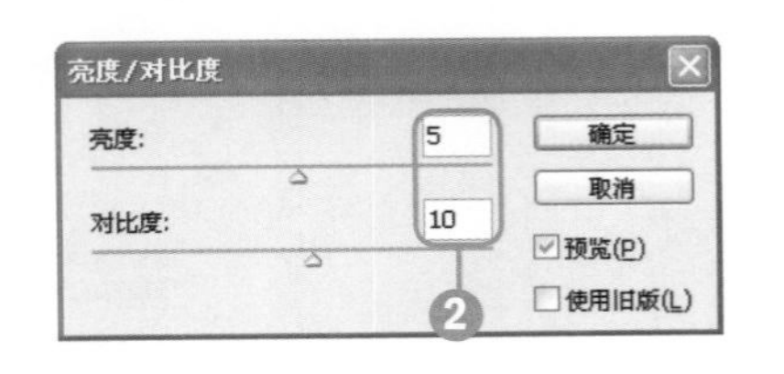

知识要点

油漆桶工具、图层混合模式

操作难度	综合应用	发散性思维
★	★★	★

015 填充的具体方法

原始文件 随书光盘\素材\02\15\01.jpg

最终文件 随书光盘\源文件\02\15\对纯色图像填充花纹图案.psd

❶在所需填充颜色的区域创建选区。❷单击工具箱中的前景色色块，打开“拾色器（前景色）”对话框，设置RGB颜色。❸单击工具箱中的“油漆桶工具”按钮，在选区内单击即可填充前景色。

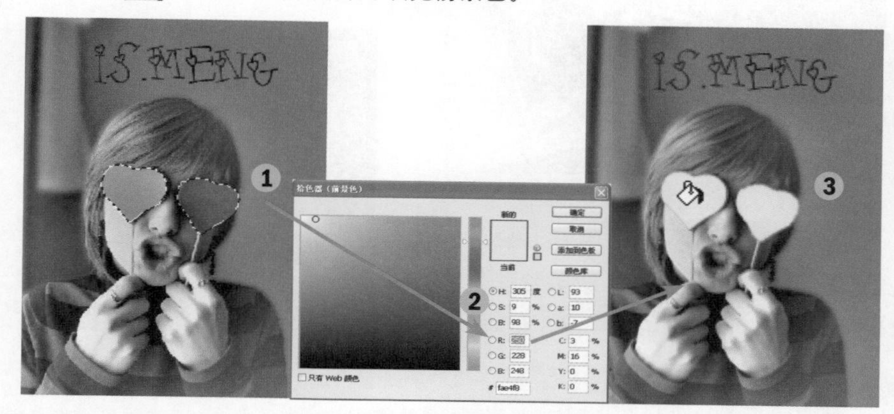

衍生应用——对纯色图像填充花纹图案

STEP 01 打开素材并选择工具

❶打开随书光盘\素材\02\15\01.jpg素材图片。

❷按住工具箱中“渐变工具”按钮，在弹出的隐藏工具选项中选择“油漆桶工具”。

❸按快捷键Ctrl+J将“背景图层”复制为“图层1”。

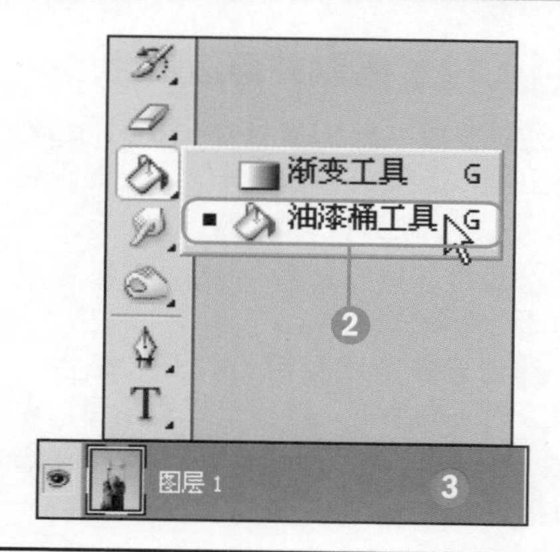

STEP 02 设置工具并改变混合模式

❶在“油漆桶工具”选项栏的下拉列表中选择图案，打开“图案拾色器”，选择纱布图案。

❷使用“油漆桶工具”在背景的蓝天区域多次单击，直至蓝天区域被设置的图案所覆盖。

❸在“图层”面板中将“图层1”的混合模式设置为“叠加”。

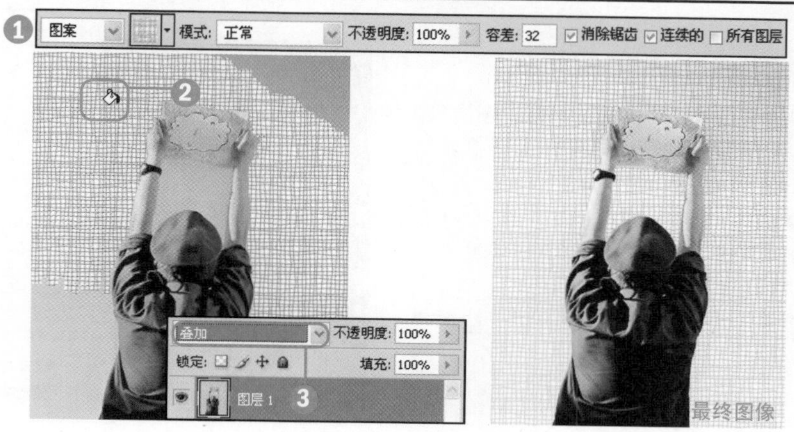

知识要点

钢笔工具、设置画笔工具

“描边路径”命令、设置图层样式

操作难度	综合应用	发散性思维
★	★★	★★★

016 设置个性化的描边效果

原始文件 随书光盘\素材\02\16\01.jpg

最终文件 随书光盘\源文件\02\16\应用画笔描边打造特殊光影效果.psd

①在工具箱中单击“图案图章工具”按钮，在图像的四周创建路径，单击鼠标右键，在打开的快捷菜单中选择“描边路径”命令。②在打开的“描边路径”对话框中选择“图案图章”，单击“确定”按钮。③对创建的路径进行描边操作。

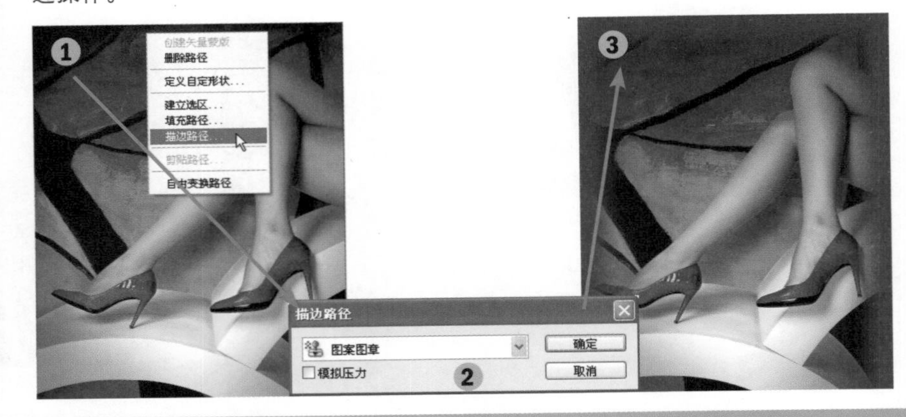

衍生应用——应用画笔描边打造特殊光影效果

STEP 01 绘制并描边路径

①打开随书光盘\素材\02\16\01.jpg素材图片，选择“画笔工具”，设置画笔为“尖角”主直径为3像素。

②选择“钢笔工具”，在图像中创建一条路径。

③创建多条路径后，打开“路径”面板的面板菜单，选择“描边路径”命令，在弹出的对话框中选择“画笔”进行描边。

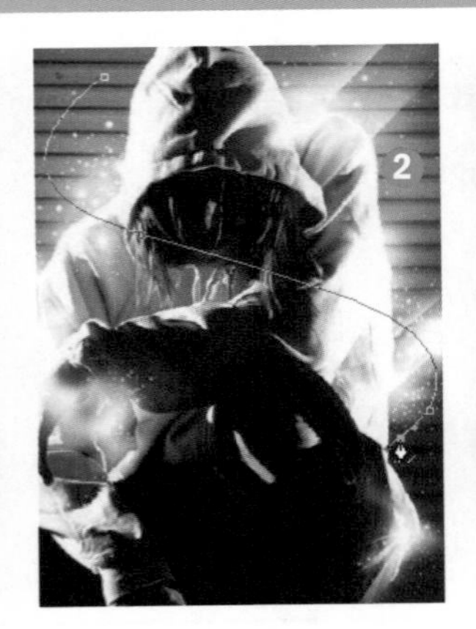

STEP 02 添加图层样式

①按快捷键Ctrl+J复制得到“图层1副本”，按快捷键Ctrl+T打开变形框，缩小图像。

②双击“图层1副本”图层，打开“图层样式”对话框，选中“外发光”并进行设置。

③添加外发光效果，同时将此图层样式应用于“图层1”。

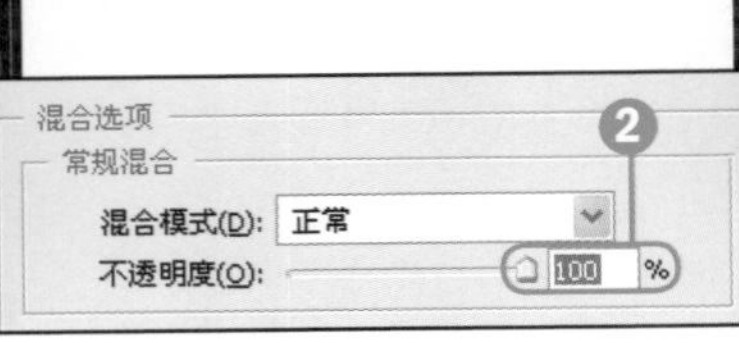

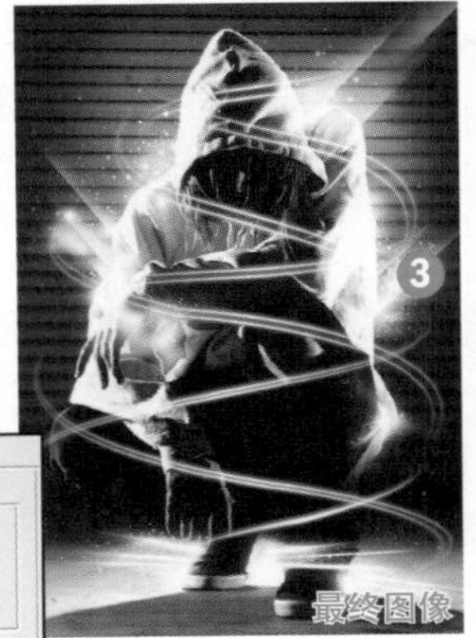

知识要点

"调整"命令、"滤镜"命令

渐变工具、裁剪工具

操作难度	综合应用	发散性思维
★★	★★★	★★

017 利用变形工具设置透视效果

原始文件 随书光盘\素材\02\17\01.jpg、02.jpg、03.jpg

最终文件 随书光盘\源文件\02\17\打造逼真的窗户投射影像.psd

❶按Ctrl+T键为所要设置透视的图像添加变形框，在变形框内单击鼠标右键，在弹出的快捷菜单中选择"透视"命令。❷使用鼠标左键按住变形框四周所要进行透视的角进行拖曳，与它所对应的角自动做相应的改变，拖曳至合适的角度后释放鼠标，按Enter键即可退出变形框，确定操作。

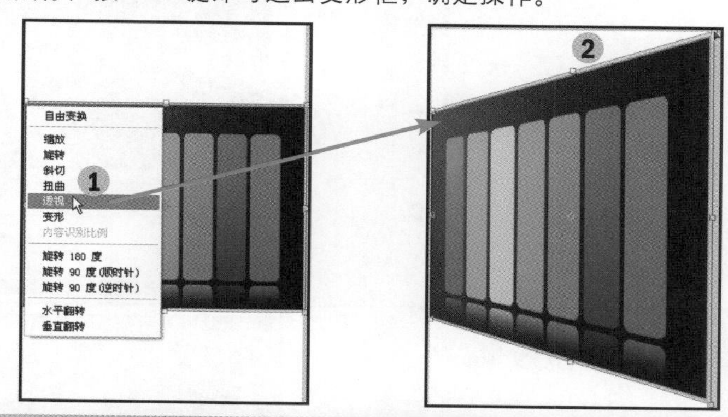

衍生应用——打造逼真的窗户投射影像

STEP 01 打开素材创建选区

❶打开随书光盘\素材\02\17\01.jpg素材图片。

❷单击工具箱中的"矩形选框工具"按钮⬚，在图像中创建一个矩形选框，按快捷键Ctrl+J将选区内的图像复制为"图层1"。

STEP 02 设置亮度/对比度和滤镜

❶执行"图像>调整>亮度/对比度"菜单命令。

❷在弹出的对话框中设置"亮度"为-75，"对比度"为-14。

❸执行"滤镜>渲染>光照效果"菜单命令，打开"光照效果"对话框，设置"光照类型"为"全光源"，"强度"为35，光源圈置于图像的右上角并进行适当的调整。

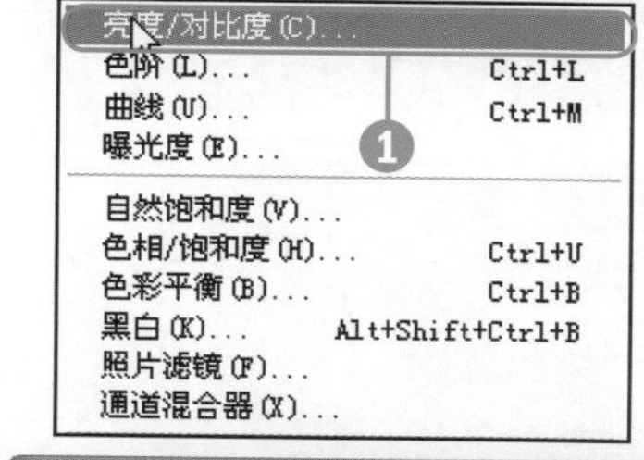

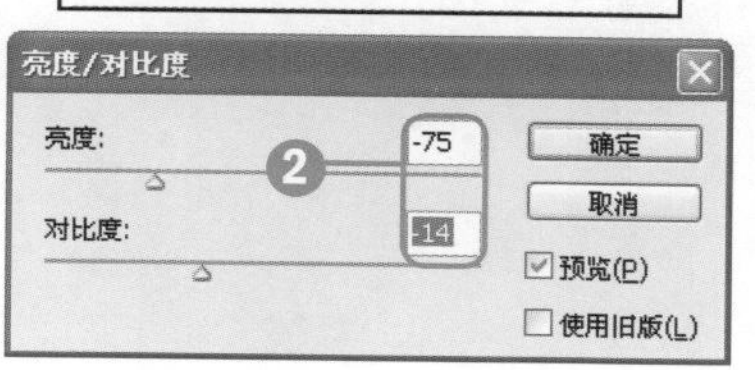

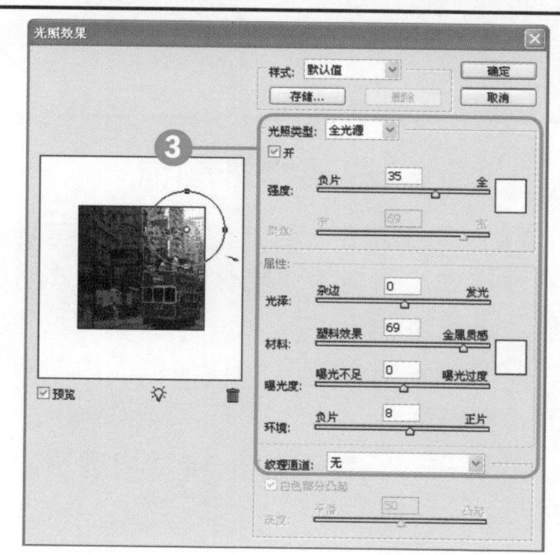

STEP 03 添加镜头光晕并绘制矩形

❶此时即可在图像右上角添加光照效果。

❷新建“图层2”，使用“矩形选框工具”在图像的左侧拖曳一个矩形框。

STEP 04 创建渐变效果

❶选择“渐变工具”，打开渐变编辑器，设置渐变颜色，单击“线性渐变”按钮，在矩形框内单击并拖曳，以创建渐变。

❷载入“图层1”选区再选择“图层2”，按快捷键Shift+Ctrl+I，反选选区并删除选区内的图像，再设置“不透明度”为40%。

STEP 05 添加滤镜效果

❶执行“滤镜>渲染>镜头光晕”菜单命令，打开“镜头光晕”对话框，设置参数，为图像添加镜头光晕效果。

❷执行“滤镜>杂色>添加杂色”菜单命令，设置参数，为图像添加杂色效果，并设置“图层3”不透明度为70%。

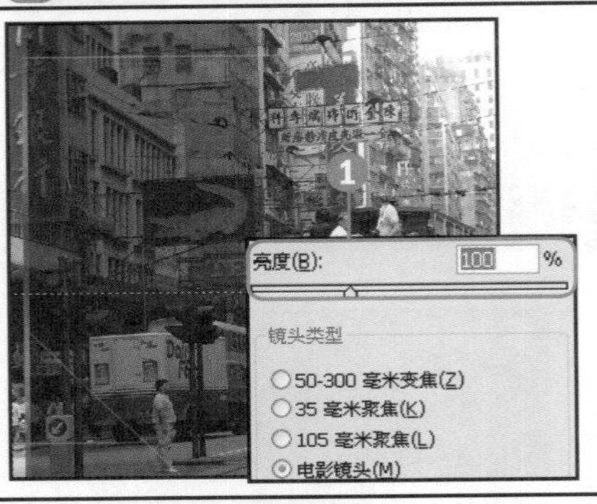

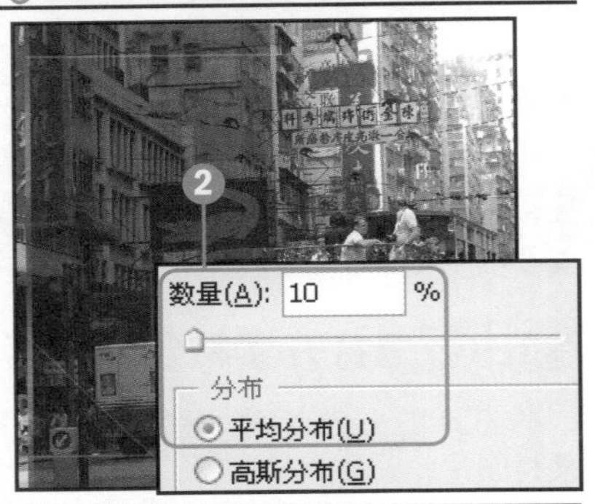

STEP 06 打开素材并移动

❶执行“滤镜>像素化>碎片”菜单命令，为图像添加碎片。

❷打开随书光盘\素材\02\17\02.jpg和03.jpg素材图片，分别将人物图像创建选区后移至01图像中，再适当调整大小和位置。

STEP 07 裁剪修饰图像

❶将“图层3”和“图层4”的图层混合模式均设置为“变亮”，“不透明度”设置为70%。

❷选取所有图层，按快捷键Ctrl+T调整透视角度。

❸利用“裁剪工具”裁切透明的区域。

018 保护特定区域对背景进行扩充

原始文件 随书光盘\素材\02\18\01.jpg
最终文件 随书光盘\源文件\02\18\制作宽屏的屏幕效果.psd

❶运用“钢笔工具”为蝴蝶区域创建选区。❷将创建的区域存储为通道。❸执行“编辑>内容识别比例”菜单命令，在保护中选取Alpha1，拖曳图像中已经形成的变形框四周的角，即可保护蝴蝶区域扩充背景。

知识要点

- “内容识别比例”命令
- “画布大小”命令、“通道”面板
- “调整”命令

操作难度	综合应用	发散性思维
★★	★★	★

衍生应用——制作宽屏的效果

STEP 01 打开素材并改变画布

❶打开随书光盘\素材\02\18\01.jpg素材图片。

❷执行“图像>画布大小”菜单命令。

❸在打开的“画布大小”对话框中将“宽度”设置为50cm。

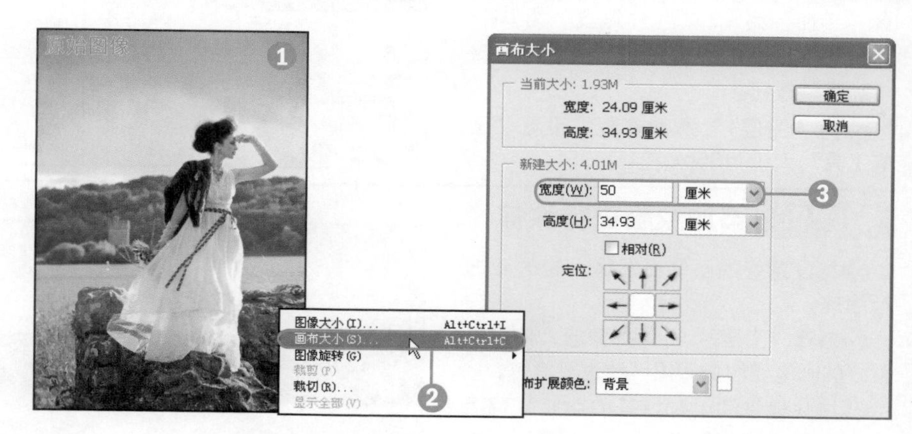

STEP 02 创建选区并存储为通道

❶在工具箱中单击“钢笔工具”按钮。

❷沿着人物轮廓进行单击拖曳，创建人物路径，按快捷键Ctrl+Enter将路径转化为选区。

❸单击“通道”面板下方“将选区存储为通道”按钮。

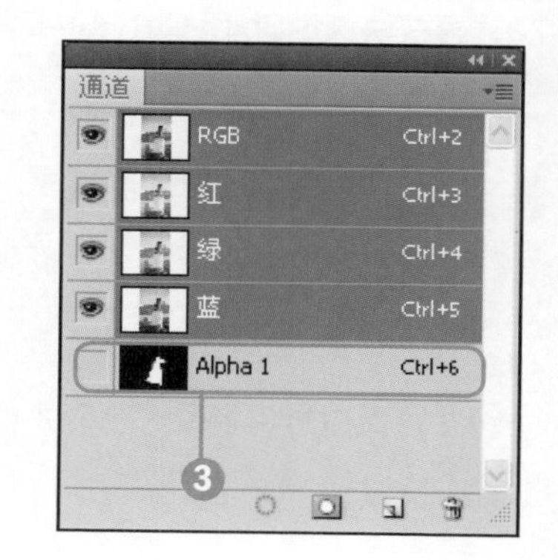

STEP 03 内容识别缩放

①使用"矩形选框工具"创建图像的选区。

②执行"编辑>内容识别比例"菜单命令。

③在选项栏的"保护"下拉列表中选择Alpha 1，拖曳图像中已经形成的变形框四周的角，使图像满画布显示，然后按Enter键确定。

STEP 04 执行调整命令

①执行"图像>调整>色相/饱和度"菜单命令，在"色相/饱和度"对话框中将"饱和度"设置为-50，单击"确定"按钮。

②执行"图像>调整>亮度/对比度"菜单命令，在"亮度/对比度"对话框中设置"亮度"为-33，"对比度"为31，单击"确定"按钮。

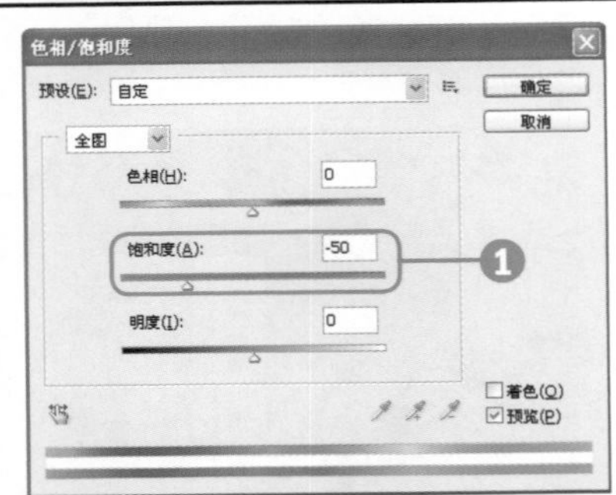

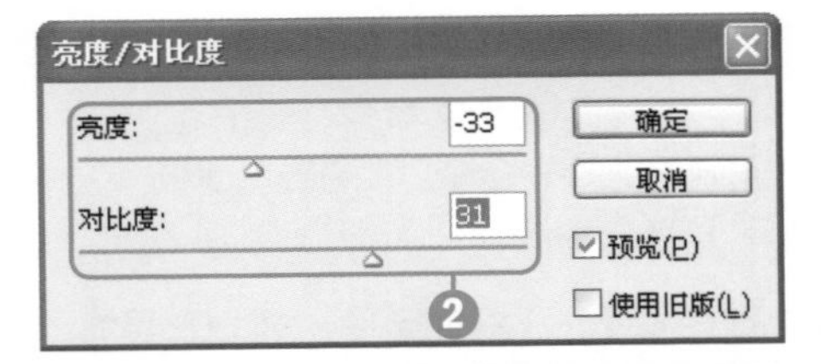

STEP 05 执行滤镜命令

①按快捷键Ctrl+J复制"背景"图层为"图层1"图层。

②执行"滤镜>模糊>镜头模糊"菜单命令，在"镜头模糊"对话框中设置"半径"为7，"叶片弯度"为16，"旋转"为32，"亮度"为8，单击"确定"按钮。

③为"图层1"添加蒙版，设置"画笔工具"大小为65px。

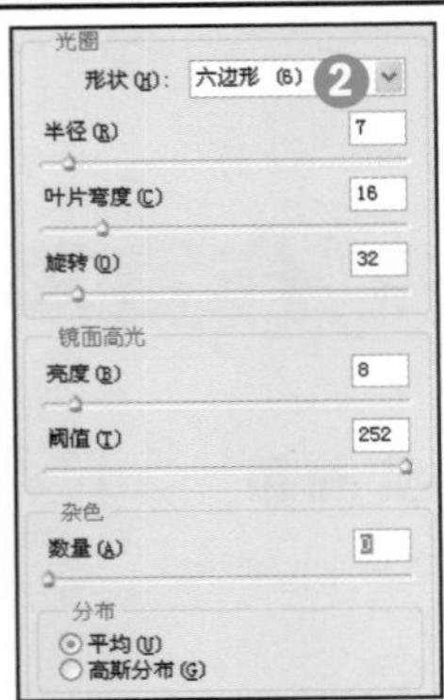

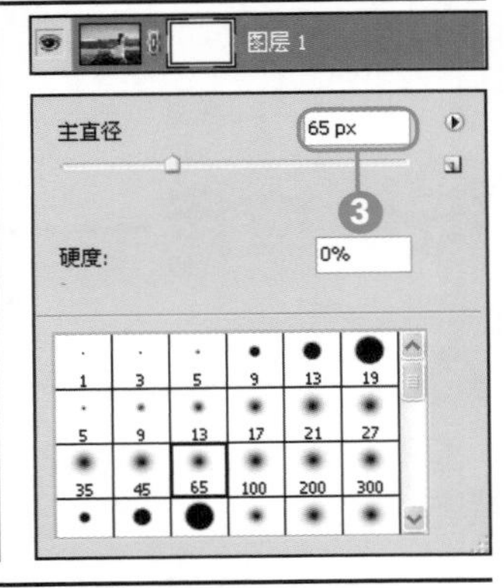

STEP 06 添加蒙版进行涂抹

①将设置好的画笔在图像人物区域进行涂抹。

②新建"图层2"并添加蒙版，使用设置好的画笔在图像四周区域进行涂抹。

③按快捷键Ctrl+M打开"曲线"对话框，设置"输出"为103，"输入"为72，再按快捷键Shift+Ctrl+Alt+E盖印一个可见图层。

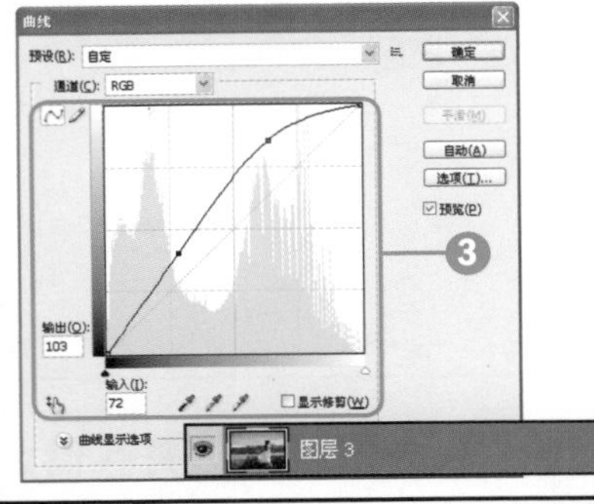

STEP 07 执行调整命令

①按快捷键Ctrl+B打开"色彩平衡"对话框，设置"色阶"为+24、-12、+13。

②在画面中查看调整"色彩平衡"后的效果。

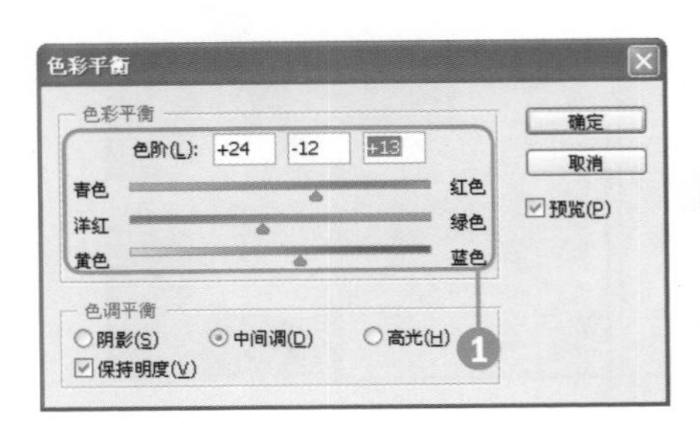

知识要点

钢笔工具、“晶格化”滤镜

“光照效果”滤镜、“色阶”命令

操作难度 ★★　综合应用 ★★★　发散性思维 ★★★

019 滤镜的重复应用

原始文件 随书光盘\素材\02\19\01.psd

最终文件 随书光盘\源文件\02\19\打造逼真的裂纹效果.psd

①对图像执行“滤镜>阴影线”菜单命令。②再次执行“滤镜>阴影线”菜单命令，或通过按Ctrl+F键继续对图像应用“阴影线”命令，③重复应用“阴影线”后的图像即产生了画布的效果。

衍生应用——打造逼真的裂纹效果

STEP 01 打开素材并选择工具

①打开随书光盘\素材\02\19\01.psd素材图片。

②选择工具箱中的“钢笔工具”。

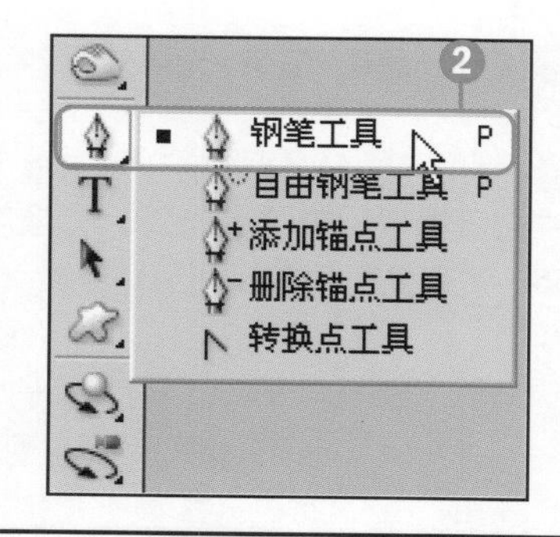

STEP 02 绘制路径并创建选区

①使用“钢笔工具”沿着素材图像中瓷瓶的边缘勾勒路径，直到闭合路径。

②按快捷键Ctrl+Enter，将路径转化为选区。

STEP 03 复制图层并执行滤镜命令

❶按快捷键Ctrl+J将选区内的图像复制为“图层1”图层。

❷执行“滤镜>像素化>晶格化”菜单命令。

❸在打开的“晶格化”对话框中设置“单元格大小”为20。

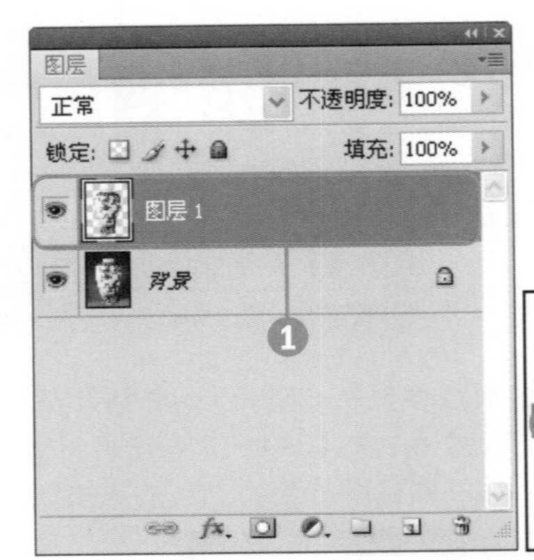

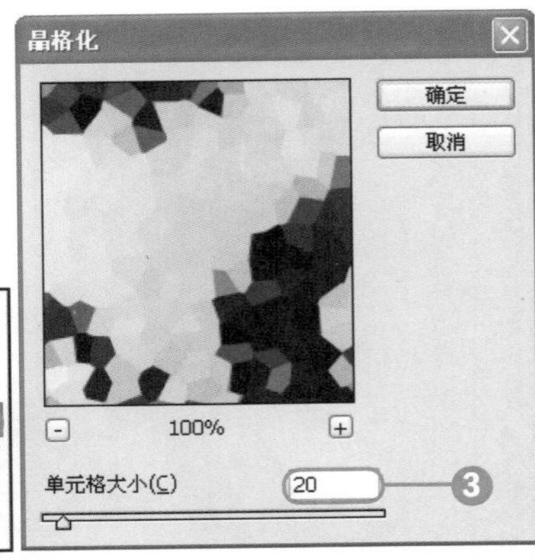

STEP 04 执行滤镜和调整命令

❶对图像执行“滤镜>风格化>查找边缘”菜单命令。

❷执行“图像>调整>色阶”菜单命令，在打开的“色阶”对话框中设置“输入色阶”为0、0.08、255。

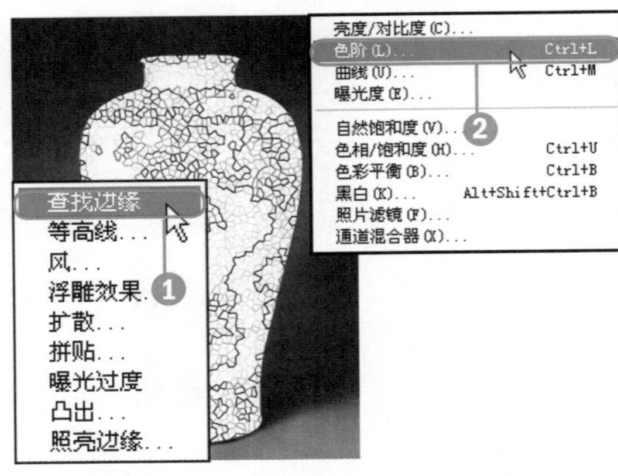

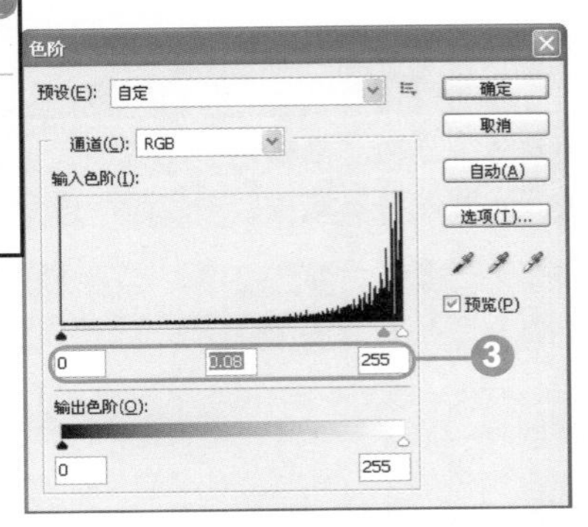

STEP 05 执行调整和滤镜命令

❶对图像执行“图像>调整>去色”菜单命令。

❷执行“滤镜>渲染>光照效果”菜单命令。

❸在打开的“光照效果”对话框中设置“光照类型”为“点光”，“强度”为35，“聚焦”为64。

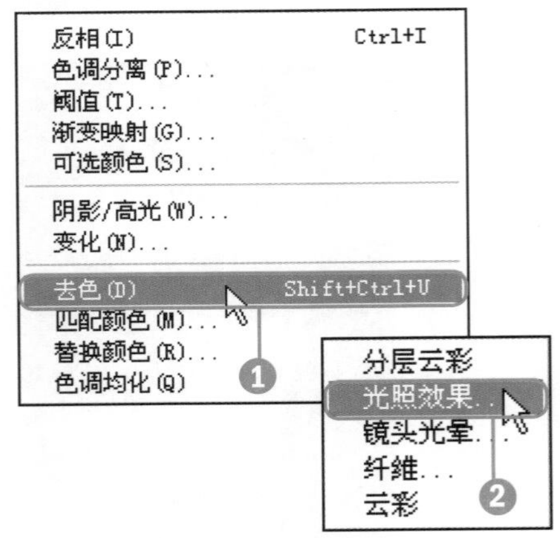

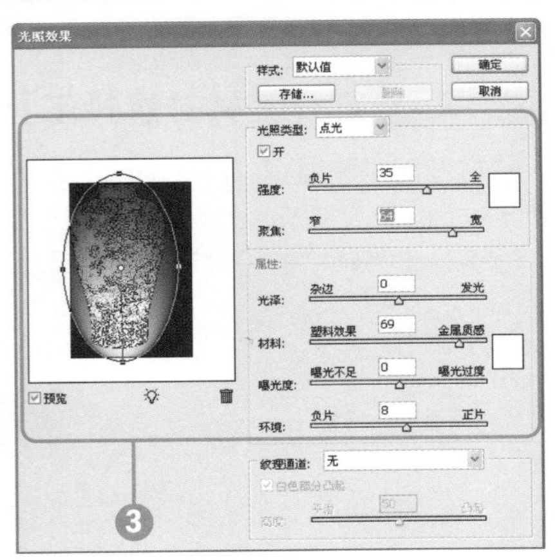

STEP 06 更改混合模式及不透明度

❶在“图层”面板中将“图层1”的混合模式设置为“正片叠底”，将“不透明度”设置为40%。

❷在画面中查看为花瓶添加的纹理效果，完成本实例制作。

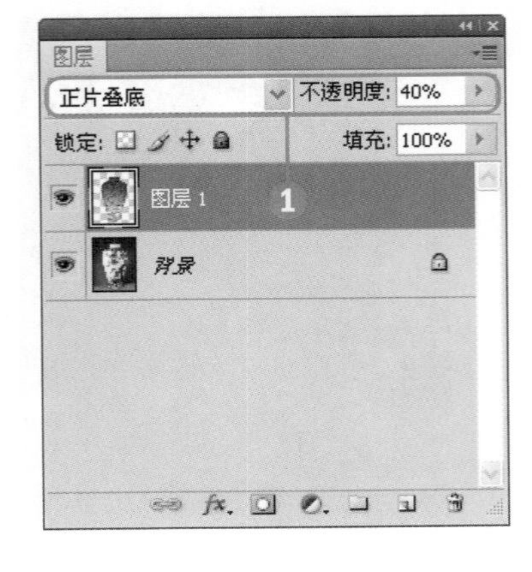

第3章 掌握选区的变换与应用

选区主要用于指定应用Photoshop各种功能和图形效果的范围。选择恰当的选区，可以使操作更为有效。应用选区工具在图像上创建选区后，还可以对其进行进一步的变换，以在选区内应用效果。

利用磁性套索工具可将一幅图像中边缘轮廓清晰的部分创建为复杂的选区；应用魔棒工具在图像上单击，能够轻松获得颜色相似的选区；应用选取选区工具在图像上创建选区后，在选项栏中将可以对选区进行增减的操作，设置选区的添加或减去；对于创建的选区，可以采用羽化的方式得到自然过渡的选区效果；结合“拷贝”和“粘贴”命令可以将各类图像粘贴在选区内，通过调整大小和混合模式得到特殊的效果。掌握这些选区的操作后，通过对图像进行更自由的编辑，可以创作出任意效果的图像。

招式示意

繁杂图像的合成应用

设置斑驳的图像效果

制作可爱的卡通图案

制作边缘柔和的溶图效果

为人物服饰添加精美图案

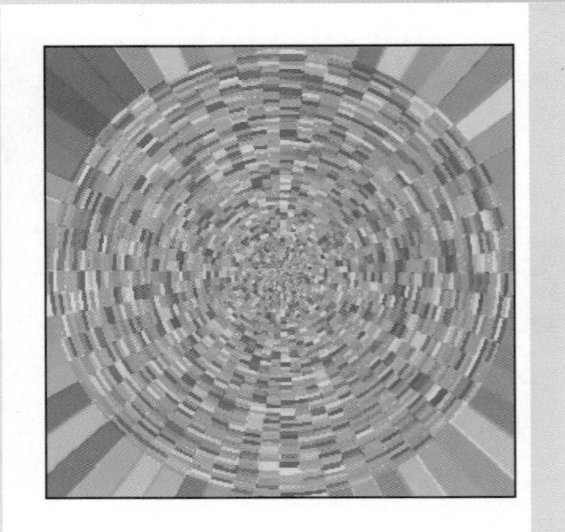

020 从中心位置进行等比选区的创建

最终文件 随书光盘\源文件\03\20\设置万花筒效果.psd

①按Ctrl+A键将图像全选，单击鼠标右键，在打开的快捷菜单中选择“变换选区”命令，拖曳两条标尺线交叉于图像中形成的变形框的中心点。②在“矩形选框工具”的选项栏中设置“样式”为“固定比例”。③在图像中以中心点为起点进行拖曳。

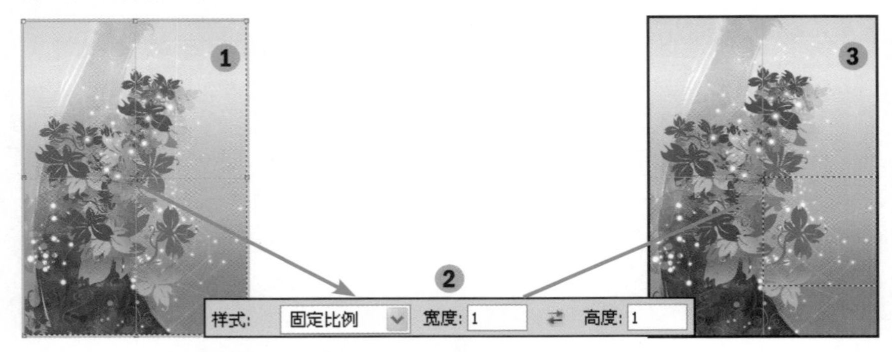

知识要点

“新建”命令、“滤镜”命令

“色相/饱和度”命令

操作难度	综合应用	发散性思维
★	★	★★

衍生应用——设置万花筒效果

STEP 01 新建文档并执行滤镜命令

①按快捷键Ctrl+N打开“新建”对话框，设置“宽度”和“高度”均为300像素，“分辨率”为72像素/英寸。

②执行“滤镜>杂色>添加杂色”菜单命令，在打开的“添加杂色”对话框中设置“数量”为50%，选中“平均分布”单选按钮。

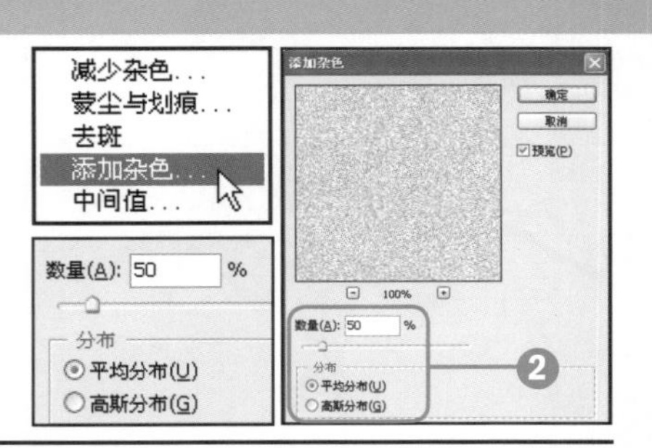

STEP 02 执行滤镜和调整命令

①执行“滤镜>像素化>马赛克”菜单命令，在“马赛克”对话框中设置“单元格大小”为5。

②执行“图像>调整>亮度/对比度”菜单命令，在“亮度/对比度”对话框中设置“亮度”为-52，“对比度”为53。

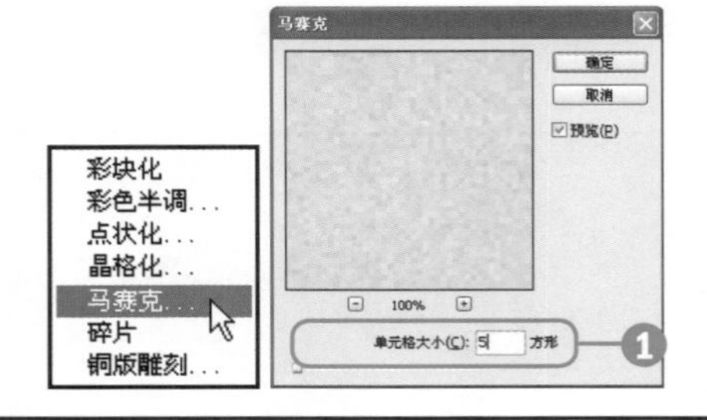

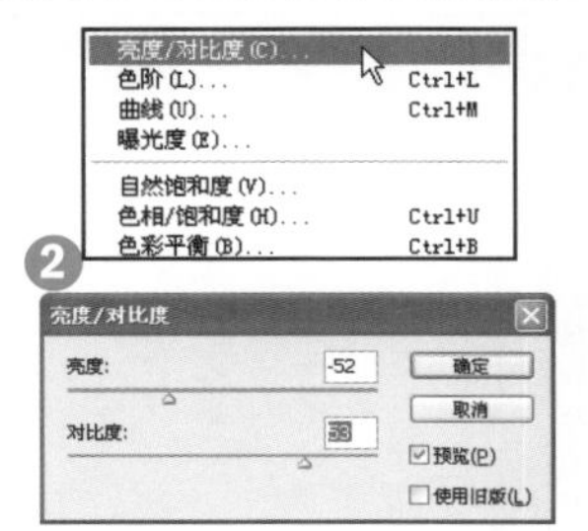

STEP 03 继续执行滤镜和调整命令

①执行“滤镜>扭曲>极坐标”菜单命令，在“极坐标”对话框中选中“平面坐标到极坐标”单选按钮。

②按Ctrl+U键打开“色相/饱和度”对话框，设置“色相”为-99，“饱和度”为+100，“明度”为-17。

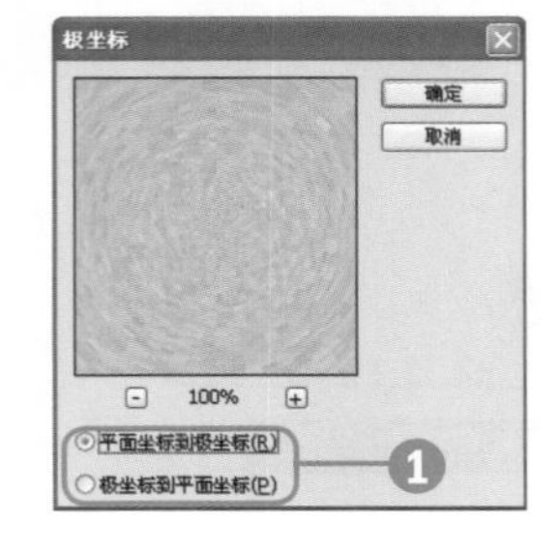

知识要点

磁性套索工具、“色彩范围”命令
变形框、“曲线”命令

操作难度 ★★
综合应用 ★★★★
发散性思维 ★★★

021 复杂边缘也能轻松选取

原始文件 随书光盘\素材\03\21\01.jpg、02.jpg、03.jpg
最终文件 随书光盘\源文件\03\21\繁杂图像的合成应用.psd

①运用“磁性套索工具”沿着图像中需要创建选区的边界单击，并沿着区域进行拖曳。②沿着轮廓将整个区域拖曳直至与起始点结合，闭合后所拖曳的区域自动转换为选区。

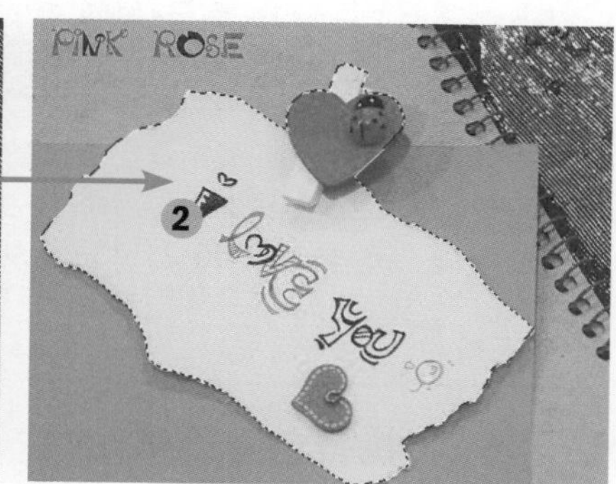

衍生应用——繁杂图像的合成应用

STEP 01 打开素材并选择工具

①按Ctrl+N键打开“新建”对话框，设置“宽度”为500像素，“高度”为350像素，“分辨率”为72像素/英寸。

②在工具箱中按住“套索工具”按钮，在弹出的隐藏工具选项中选择“磁性套索工具”。

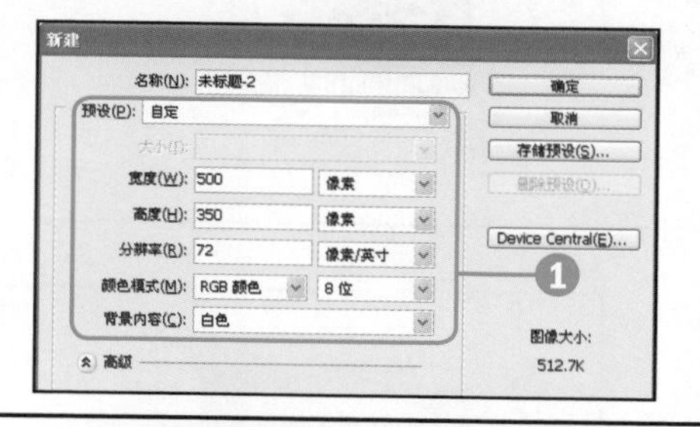

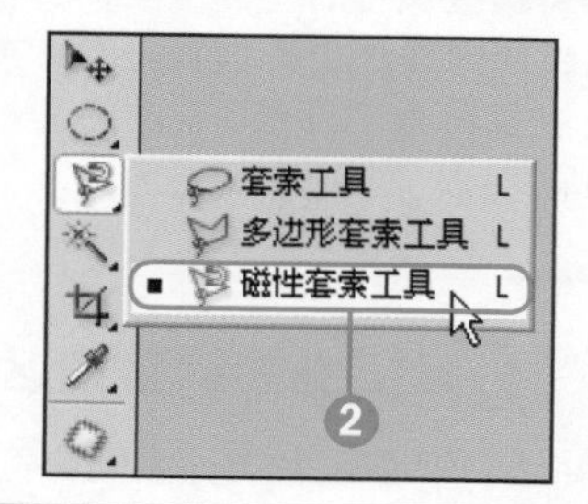

STEP 02 创建选区并拖曳

①打开随书光盘\素材\03\21\01.jpg素材图片，使用“磁性套索工具”沿小鸟的轮廓单击并拖曳。

②拖曳锚点的位置回到起点位置时释放鼠标，即可生成选区，使用“移动工具”将小鸟移至当前文件中，并适当地调整大小及位置。

STEP 03 执行“色彩范围”命令

①打开随书光盘\素材\03\21\02.jpg素材图片。

②执行“选择>色彩范围”菜单命令。

③在“色彩范围”对话框中设置“颜色容差”为12，使用对话框中的吸管工具单击白色区域。

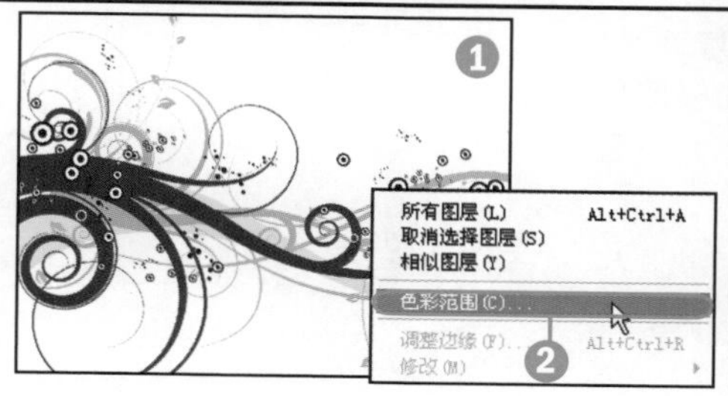

STEP 04 拖曳并调整选区

❶在图像中按Shift+Ctrl+I键将选区反选。

❷将选区中的图像拖曳至当前文档中，显示为“图层2”，按Ctrl+T键打开变形框，适当地调整大小并置于画面合适的位置，并将其拖曳至“图层1”的下方。

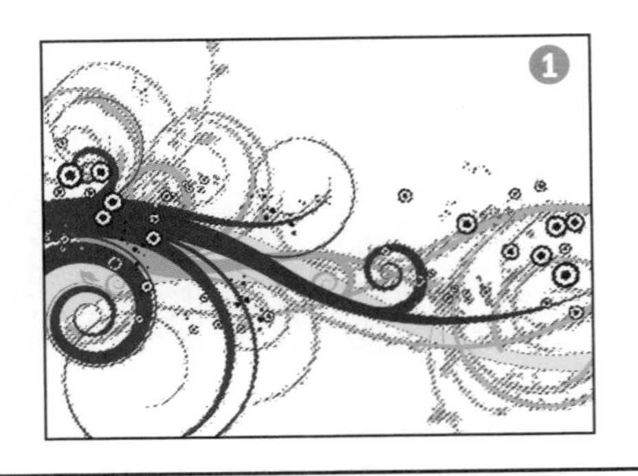

STEP 05 复制图像并设置

❶复制“图层2”为“图层2副本”，按Ctrl+T键打开“图层2副本”的变形框，右击并在打开的快捷菜单中选择“水平翻转”命令，将图像置于画面的左侧，按Enter键退出变形框。

❷打开随书光盘\素材\03\21\03.jpg素材图片。

STEP 06 执行色彩范围命令

❶执行“选择>色彩范围”菜单命令，在打开的“色彩范围”对话框中使用吸管工具单击白色区域。

❷将选区反选后拖曳至当前文档中，并适当地调整大小及位置，在“图层”面板中显示为“图层3”，将其拖曳至“图层2”的下方。

STEP 07 拖曳并调整选区

❶同STEP 05-1的方法相同，将图层3复制并进行翻转，置于图像的左侧，在“图层”面板中显示为“图层3副本”。

❷在“图层”面板中选择“图层1”，按Ctrl+M键打开“曲线”对话框，设置“输出”为92，“输入”为92。

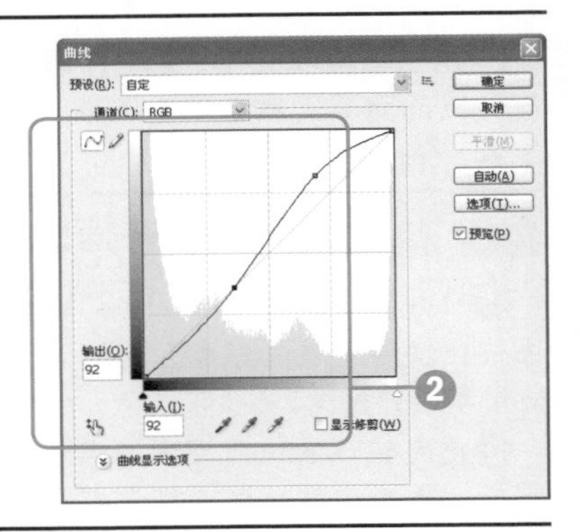

STEP 08 执行“曲线”命令

❶在“图层”面板中对“图层2”、“图层2副本”、“图层3”和“图层3副本”分别执行“曲线”命令，设置“输出”为79，“输入”为83。

❷在画面中查看合成效果。

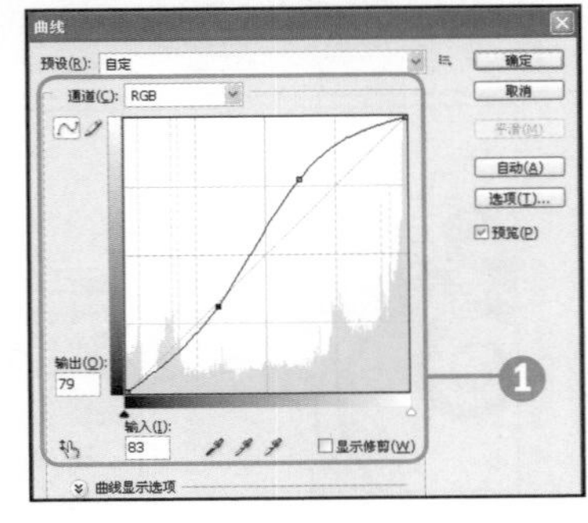

最终图像

知识要点

磁性套索工具、“调整”命令

加深工具、减淡工具、“滤镜”命令

操作难度	综合应用	发散性思维
★★	★★★	★★

022 对相似选区进行选取

原始文件 随书光盘\素材\03\22\01.jpg、02.jpg

最终文件 随书光盘\源文件\03\22\设置斑驳的图像效果.psd

❶单击工具箱中的“魔棒工具”按钮，设置羽化值为较低值，并且单击“添加至选区”按钮。❷执行“选择>选取相似”菜单命令，将与单击位置相近的颜色区域全部选中。

衍生应用——设置斑驳的图像效果

STEP 01 打开素材并选择工具

❶打开随书光盘\素材\03\22\01.jpg素材图片。

❷执行“图像>调整”菜单命令，在打开的级联菜单中选择“曲线”命令。

❸在打开的“曲线”对话框中设置“输出”为61，“输入”为80。

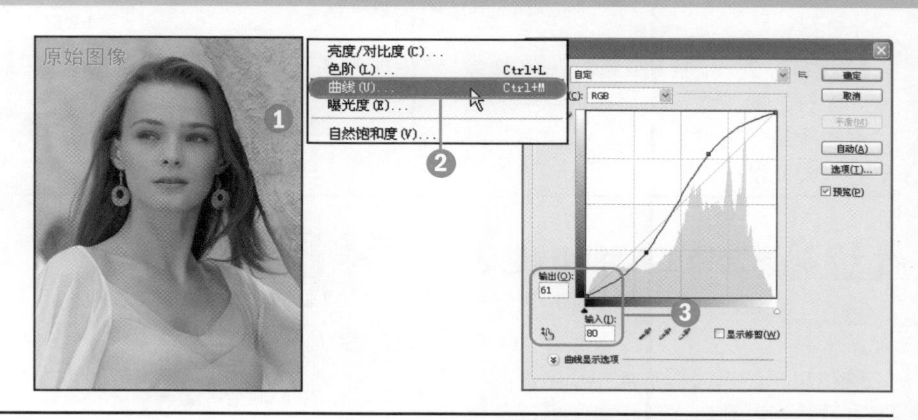

STEP 02 执行调整命令

❶执行“图像>调整>渐变映射”菜单命令，在打开的“渐变映射”对话框中单击渐变条，打开“渐变编辑器”，选择黑白渐变，返回“渐变映射”对话框后单击“确定”按钮。

❷执行“图像>调整>色彩平衡”菜单命令，在打开的“色彩平衡”对话框中设置“色阶”为51、0、-40，单击“确定”按钮。

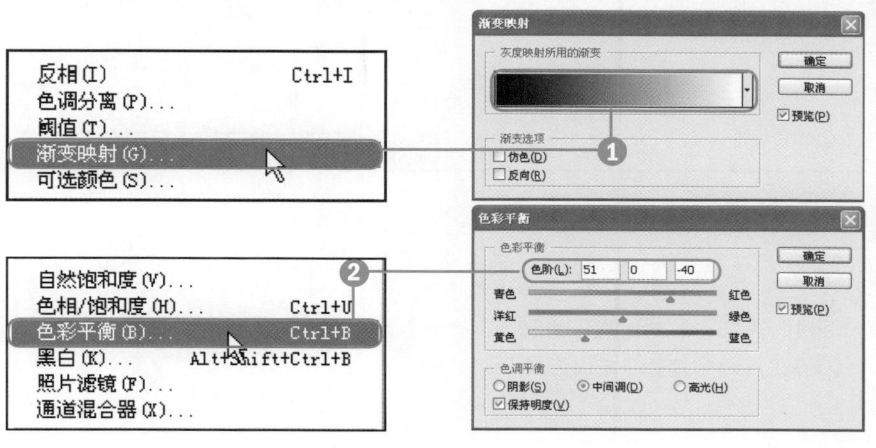

STEP 03 执行调整命令并选择工具

❶执行“选择>色彩范围”菜单命令，在“色彩范围”对话框中设置“颜色容差”为12，使用吸管工具在图像背景区域单击。

❷按住工具箱中的“套索工具”按钮，在弹出的隐藏工具选项中选择“磁性套索工具”。

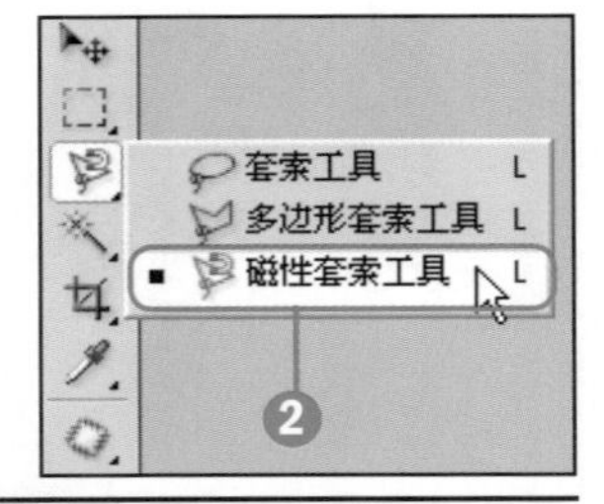

STEP 04 创建选区

❶在“磁性套索工具”选项栏中单击“从选区减去”按钮，在人物脸部创建选区，减去人物脸部的选区。

❷按Shift+F6键打开“羽化选区”对话框，设置“羽化半径”为60像素，单击“确定”按钮。

❸执行“图像>调整>亮度/对比度”菜单命令。

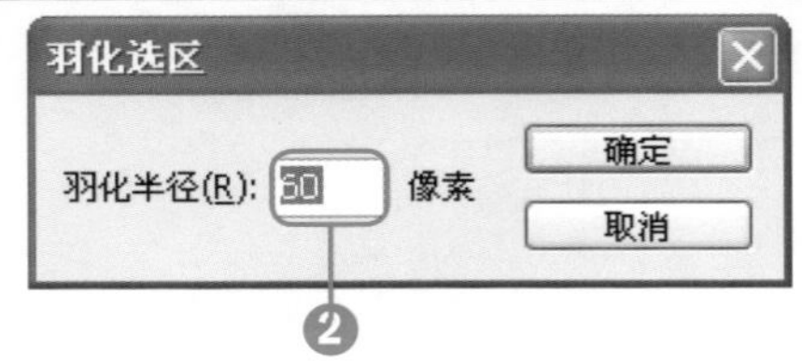

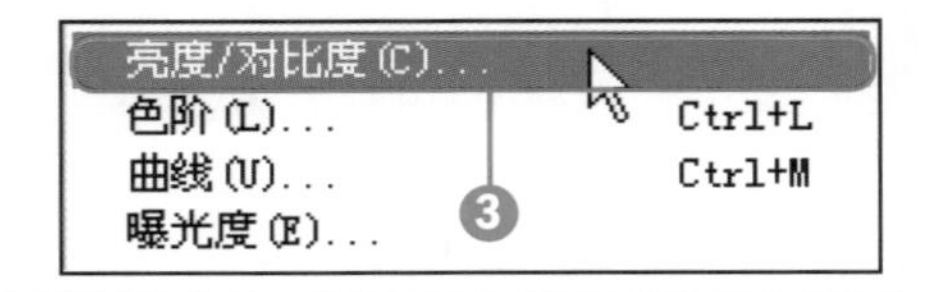

STEP 05 对选区进行设置

❶在打开的“亮度/对比度”对话框中设置“亮度”为41，“对比度”为53，单击“确定”按钮。

❷执行“滤镜>纹理>颗粒”菜单命令，在打开的“滤镜库”对话框中设置“颗粒类型”为“结块”，“强度”为25，“对比度”为50。

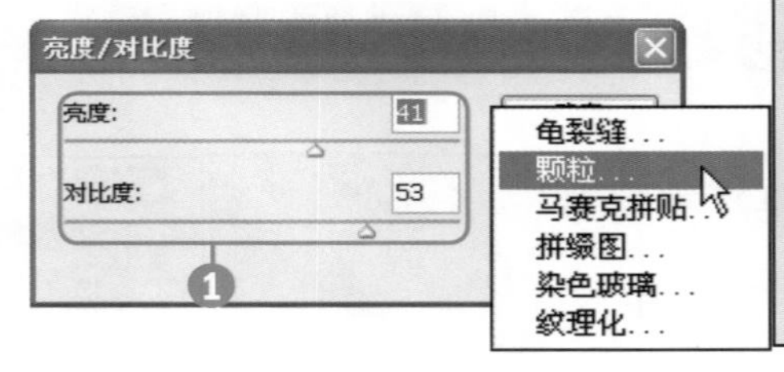

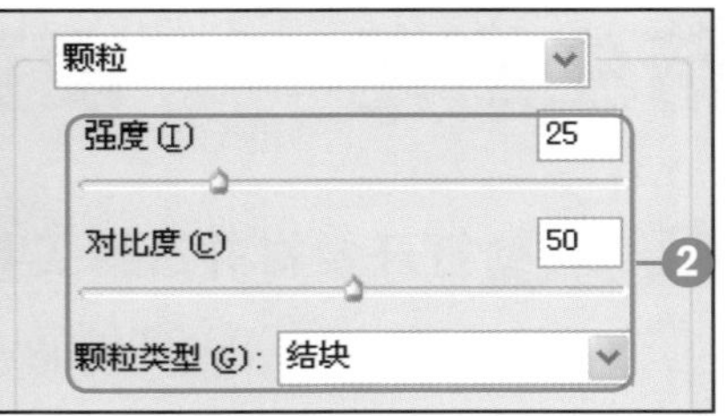

STEP 06 选择工具并创建选区

❶在工具箱中选择“矩形选框工具”。

❷使用“矩形选框工具”从图像的中上方开始拖曳至右下角释放鼠标，创建一个矩形选区。

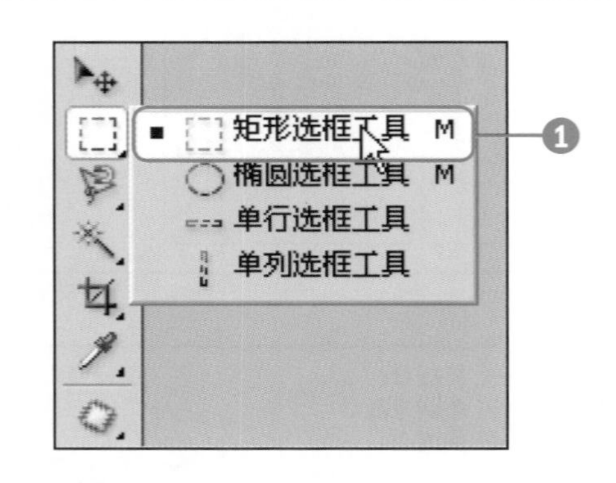

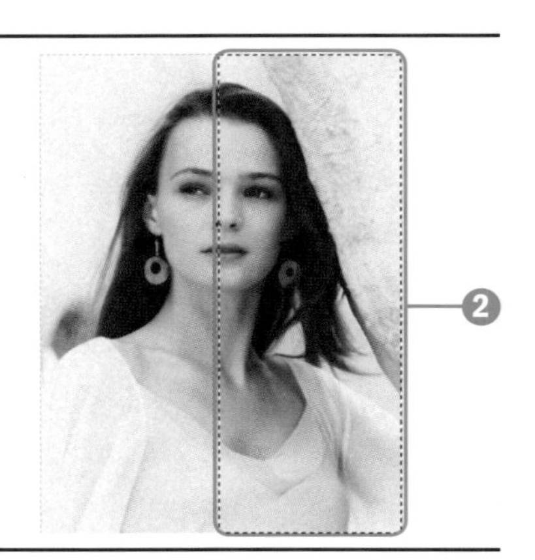

STEP 07 对选区进行设置

❶再次对选区执行“颗粒”滤镜命令，设置“颗粒类型”为“垂直”，“强度”为25，“对比度”为50。

❷在工具箱中选择“减淡工具”。

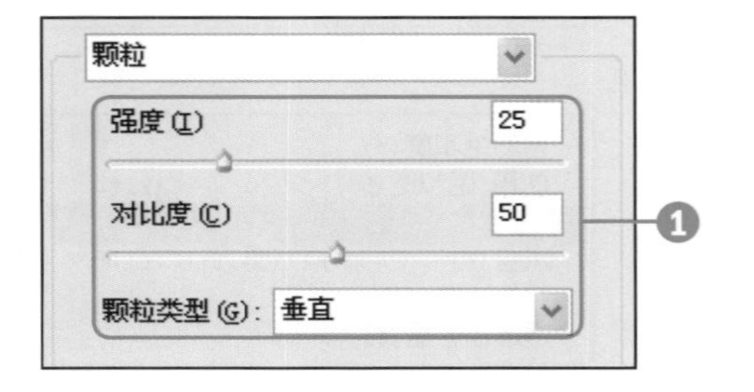

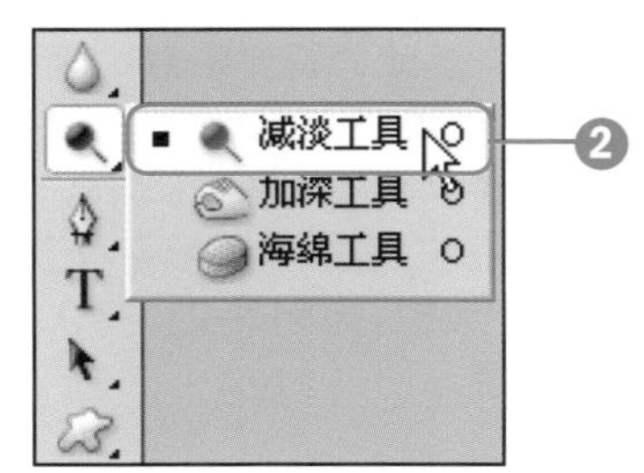

STEP 08 减淡选区效果

❶在“减淡工具”选项栏中选择“柔角100像素”画笔，“范围”选择“中间调”，“曝光度”为10%。

❷使用“减淡工具”在素材图像右侧所需减淡的区域进行涂抹。

❸打开随书光盘\素材\03\22\02.jpg素材图片。

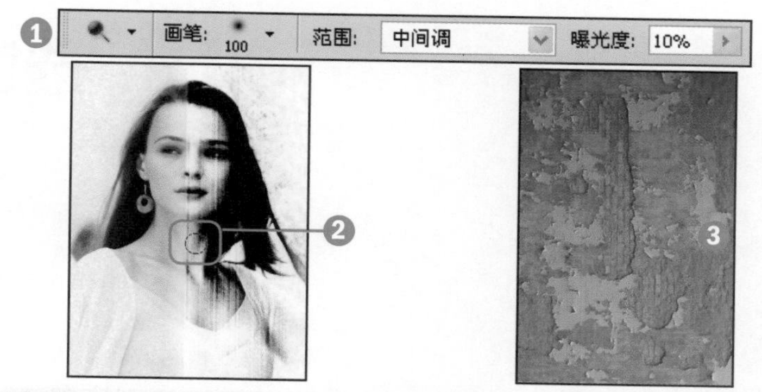

STEP 09 设置素材图像

❶按快捷键Ctrl+A将素材图像全选，按快捷键Ctrl+C复制图像。

❷回到当前文档中，按快捷键Ctrl+V将图像粘贴至新图层。

❸按快捷键Ctrl+T打开变换框，调整新图层至文档大小，将混合模式设置为“叠加”。

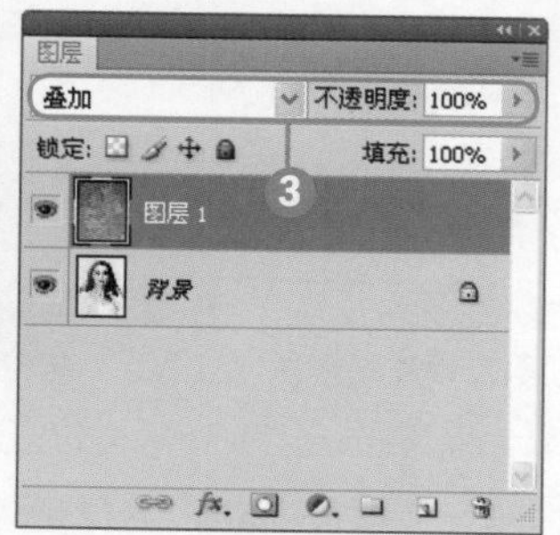

STEP 10 复制并创建选区

❶按Ctrl+J将“图层1”复制为“图层1副本”，将“不透明度”设置为20%。

❷使用“矩形选框工具”在图像中创建一个矩形框。

❸执行“选择>调整>平滑选区”菜单命令，在打开的“平滑选区”对话框中设置“取样半径”为10像素，单击“确定”按钮。

STEP 11 加深区域

❶在工具箱中选择“加深工具”。

❷在选项栏中选择“柔角200像素”画笔，“范围”选择“中间调”，“曝光度”为20%。

❸在素材图像周围所需加深的区域进行涂抹。

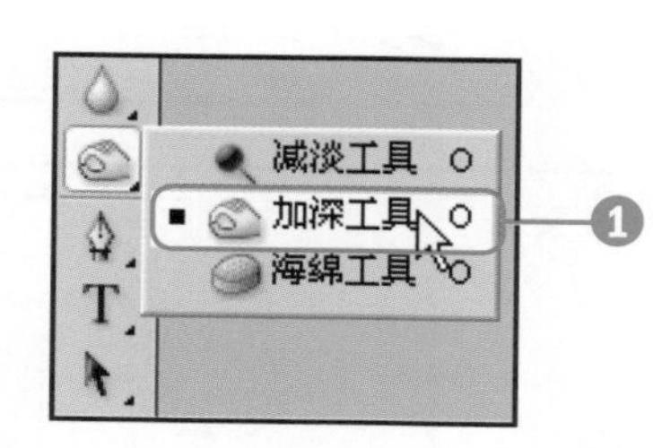

STEP 12 删除图像

❶按Ctrl键的同时选中“背景”、“图层1”和“图层1副本”图层。

❷按Shift+Ctrl+I键将选区反选，按Delete键删除选区内的图像，设置出柔和的边缘效果。

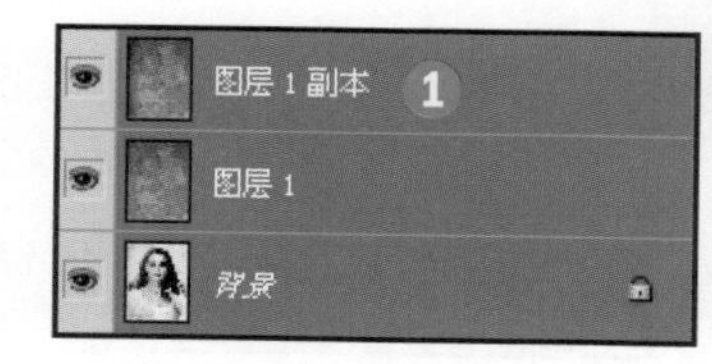

023 选区的修补和填充

❶运用“椭圆选框工具”创建圆形选区。❷单击选项栏中的“从选区中减去”按钮，再次运用“椭圆选框工具”在原选区的右侧创建一个圆形。❸选区即保留未被减去的部分，对其填充颜色即可。

衍生应用——制作可爱的卡通图案

STEP 01 新建文档并填充前景色

❶按Ctrl+N键打开“新建”对话框，设置“宽度”为400像素，“高度”为500像素，“分辨率”为72像素/英寸。

❷单击工具箱中的前景色色块，打开“拾色器（前景色）”对话框，设置RGB均为229，按快捷键Alt+Delete填充前景色。

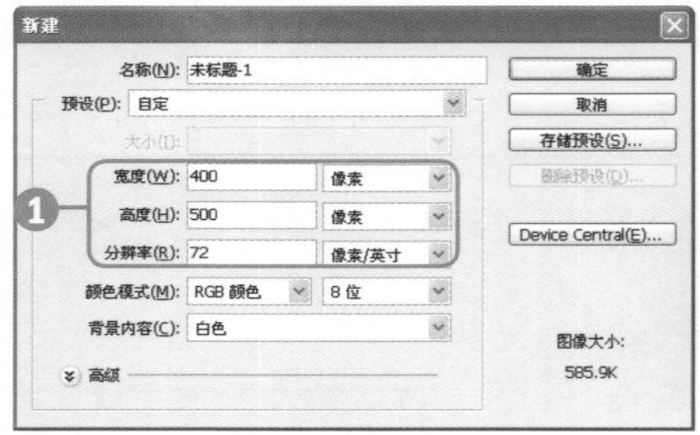

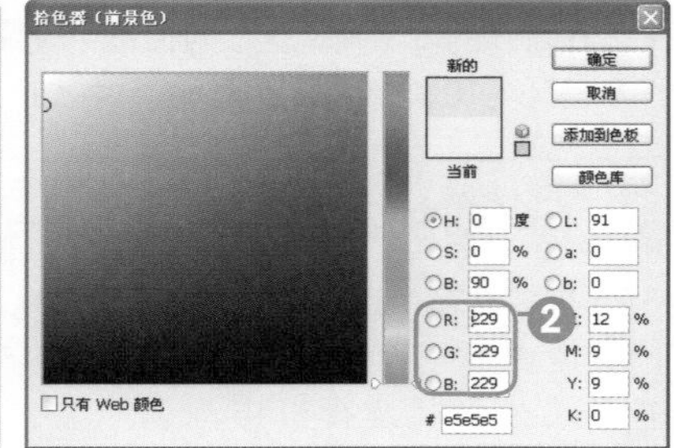

STEP 02 绘制小山的路径并进行填充

❶创建“图层1”，在工具箱中选择“钢笔工具”，在图像中单击并拖曳，创建小山的路径。

❷单击工具箱中的前景色色块，打开“拾色器（前景色）”对话框，设置R153、G254、B0。

❸按快捷键Ctrl+Enter将路径转化为选区，再按快捷键Alt+Delete为选区填充前景色。

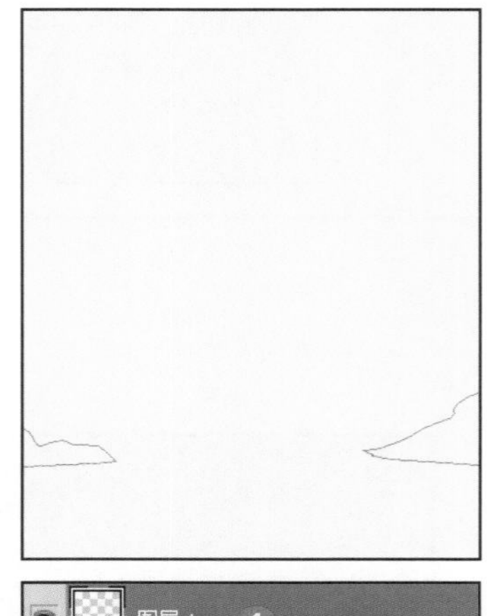

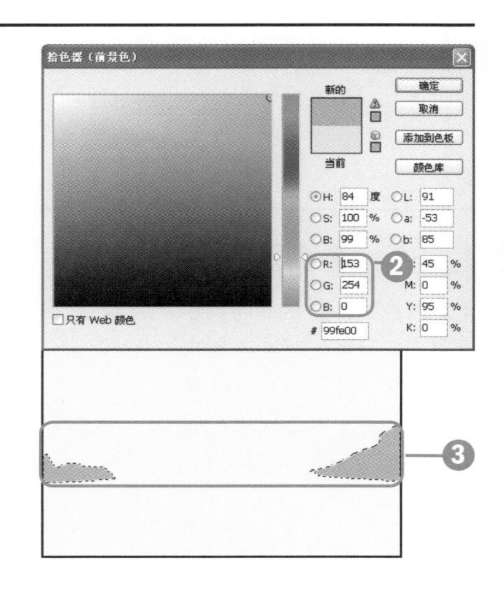

STEP 03 对选区进行描边

❶单击工具箱中的"矩形选框工具"，在图像中单击右键，在快捷菜单中选择"描边"命令。

❷打开"描边"对话框，设置"宽度"为1px，颜色为黑色，"位置"为"居外"，设置后单击"确定"按钮，为选区进行描边。

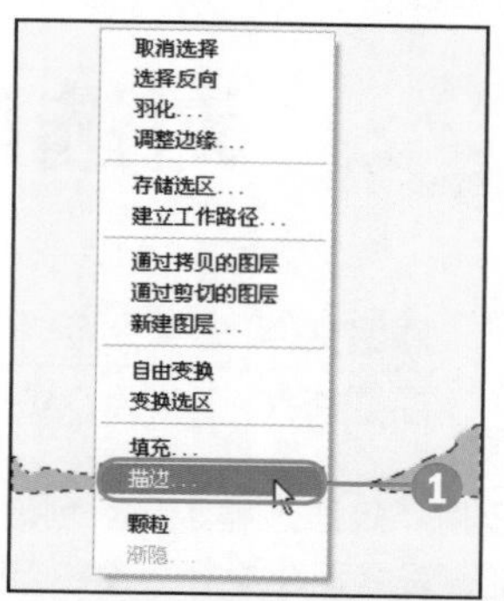

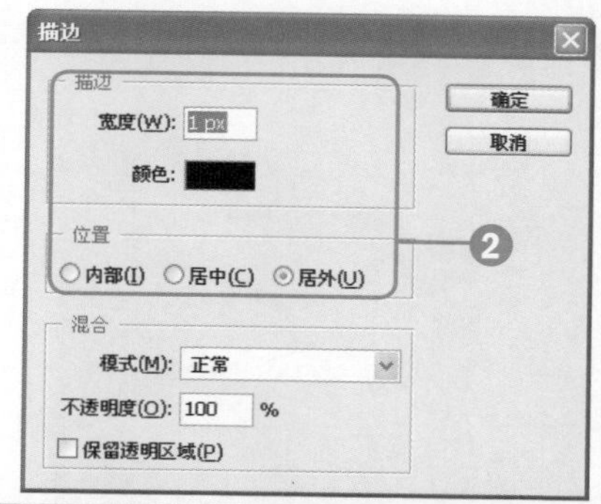

STEP 04 绘制河水和白云

❶使用同样的办法新建"图层2"，绘制河水的路径并转化为选区，设置前景色为R102、G254、B203并进行填充，再为选区进行黑色描边。

❷新建"图层3"，绘制白云的路径并转化为选区，为其填充白色后进行黑色的描边。

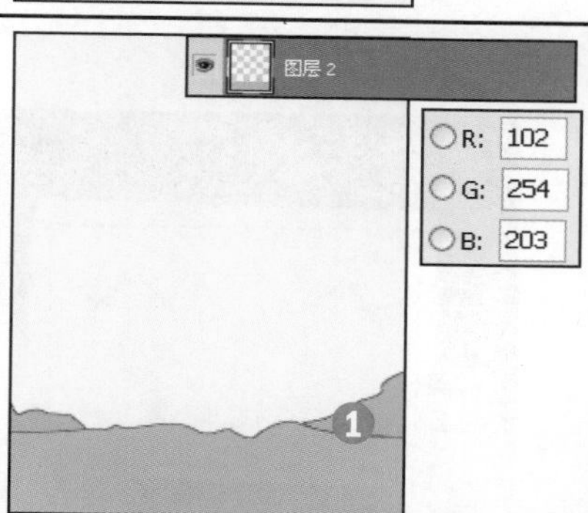

STEP 05 绘制小桥和小人

❶新建"图层4"，绘制小桥的路径并转化为选区，设置前景色为R255、G153、B52并进行填充，再对其进行黑色描边。

❷新建"图层5"，绘制小人头部的路径并转化为选区，设置前景色为R254、G204、B203并进行填充，最后执行"描边"命令。

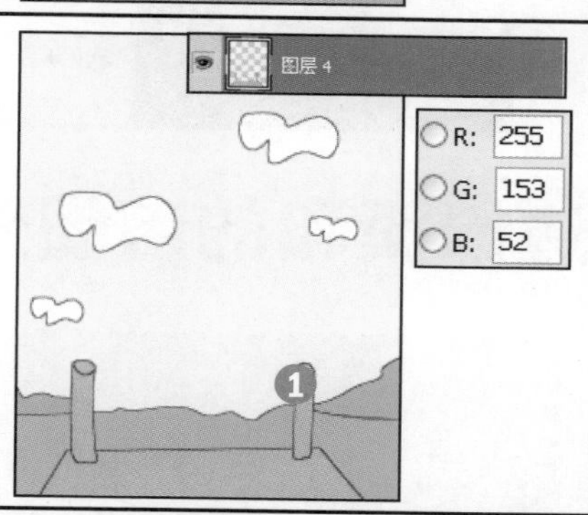

STEP 06 绘制小人的身体和脚

❶新建"图层6"，绘制小人身体的路径并转化为选区，设置前景色为R255、G204、B0并进行填充，最后执行"描边"命令。

❷新建"图层7"，并置于"图层6"的下侧，绘制小人脚部的路径并转化为选区，填充R249、G200、B149颜色，最后执行"描边"命令。

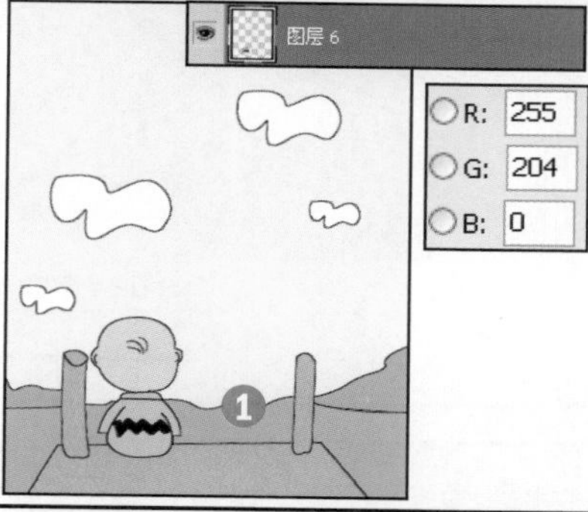

STEP 07 绘制小狗

❶新建"图层8"，绘制小狗的路径并转化为选区，执行"描边"命令。设置前景色为白色，填充小狗的区域，然后设置前景色为R101、G81、B80填充小狗背部的区域。

❷在画面中查看整体绘制效果。

知识要点

套索工具、“羽化”命令

图层混合模式

操作难度	综合应用	发散性思维
★	★★★	★

024 对选区进行羽化操作

原始文件 随书光盘\素材\03\24\01.jpg、02.jpg

最终文件 随书光盘\源文件\03\24\制作边缘柔和的溶图效果.psd

①运用“矩形选框工具”创建矩形选区。②按Shift+F6键打开“羽化选区”对话框，设置羽化半径。③按Shift+Ctrl+I键将选区反选，单击Delete键将选区内的图像删除。

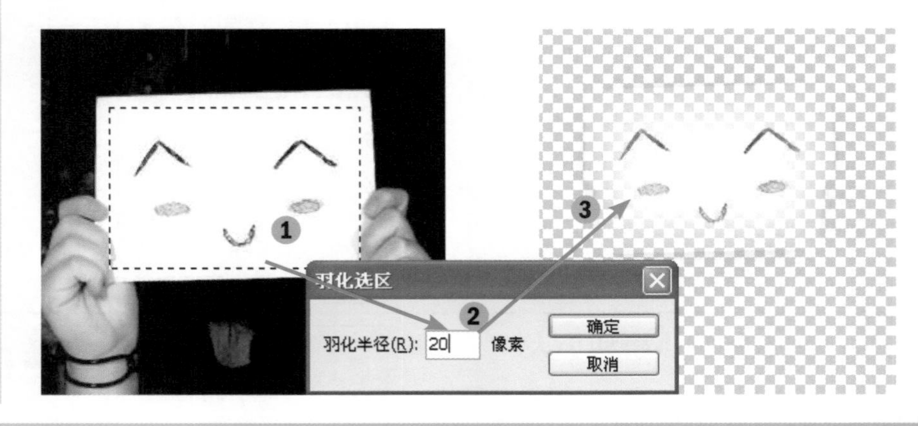

衍生应用——制作边缘柔和的溶图效果

STEP 01 打开素材并进行羽化

①打开随书光盘\素材\03\24\01.jpg素材图片。

②单击工具箱中“套索工具”按钮，在素材图像中沿着鸟的轮廓进行拖曳，直至将鸟儿图像全部选取后，释放鼠标创建图像选区。

③按快捷键Shift+F6打开“羽化选区”对话框，设置“羽化半径”为20像素。

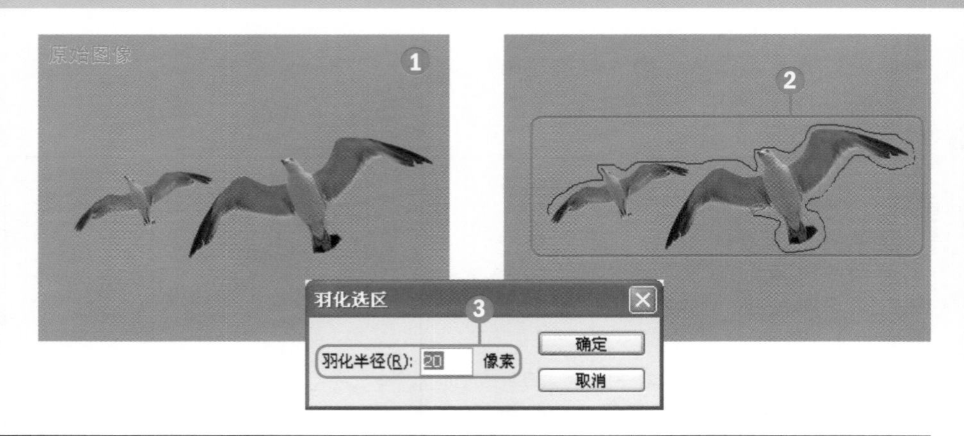

STEP 02 制作溶图效果

①按Shift+Ctrl+I键将选区反选，按Delete键将选区删除。打开随书光盘\素材\03\24\02.jpg素材图片，将小鸟拖曳至图像中置于合适的位置，显示为“图层1”。

②将“图层1”的混合模式设置为“明度”。

知识要点

磁性套索工具、“贴入”命令

“自由变换”命令、图层混合模式

操作难度 ★★　综合应用 ★★★　发散性思维 ★★★

025 将图像粘贴至选区的内部

原始文件 随书光盘\素材\03\25\01.jpg、02.jpg、03.psd

最终文件 随书光盘\源文件\03\25\为人物服饰添加精美图案.psd

❶运用“矩形选框工具”创建矩形选区。❷利用“贴入”命令为矩形选区添加图像，根据矩形选区的形状为贴入图像图层设置自动创建图层蒙版。❸通过变换复制图像的形状进一步对选区中的图像显示进行调整。

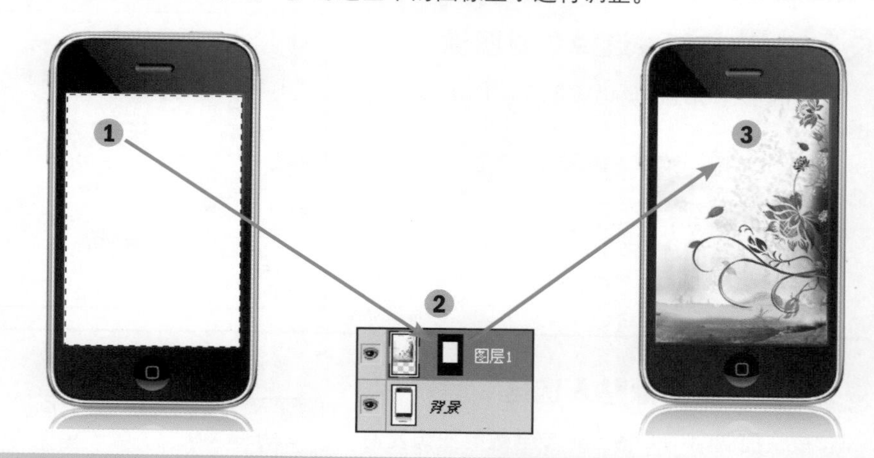

衍生应用——为人物服饰添加精美图案

STEP 01 打开素材并选择工具

❶打开随书光盘\素材\03\25\01.jpg素材图片。

❷按住工具箱中“套索工具”按钮，在弹出的隐藏工具选项中选择“磁性套索工具”。

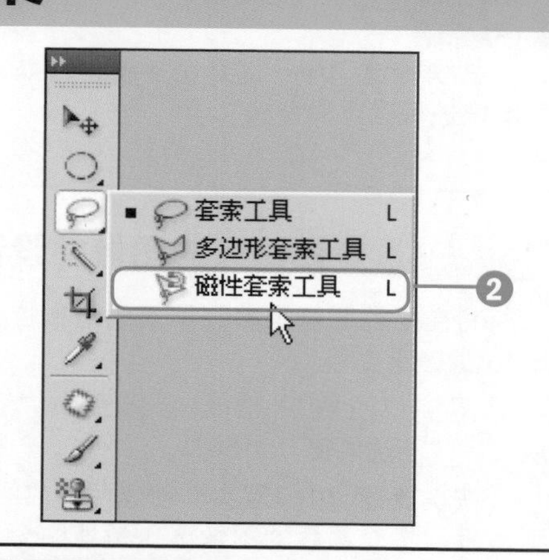

STEP 02 绘制并创建选区

❶在“磁性套索工具”的选项栏中设置“羽化”值为0px，“宽度”为1px，“对比度”为100%，“频率”为100。

❷在素材图像人物的背心边缘进行拖曳，拖曳位置将自动创建选区。

❸拖曳锚点的位置到起点位置后，释放鼠标即可根据绘制的锚点形状创建选区。

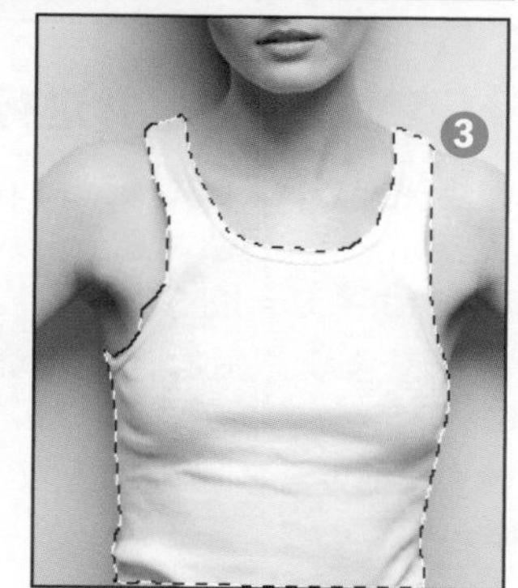

STEP 03 将选区存储为通道

❶打开“通道”面板，单击下方的“创建新通道”按钮。

❷通过选区创建通道后，修改名称为“背心选区”。

❸单击“背心选区”通道缩略图，查看根据背心选区设置的蒙版效果。

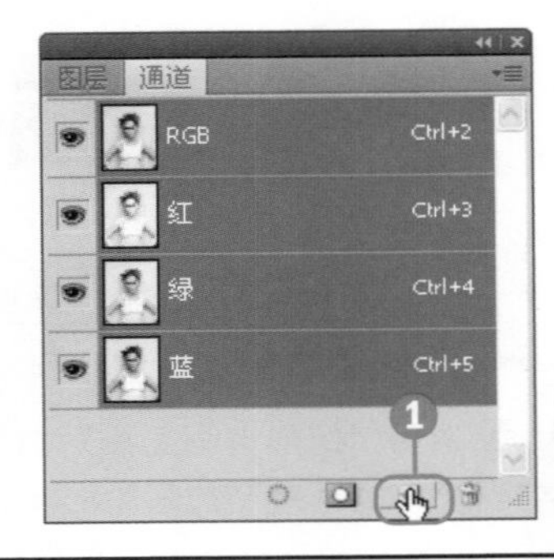

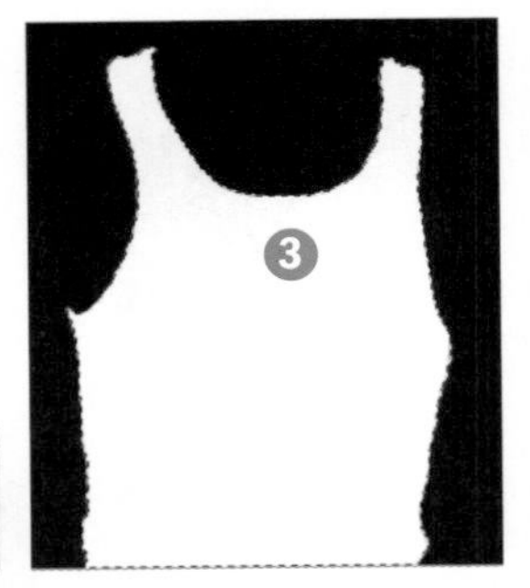

STEP 04 打开并选择素材图像

❶打开随书光盘\素材\03\25\02.jpg素材图片。

❷在“选择”菜单栏中选择“全部”菜单命令。

STEP 05 将图像贴入选区

❶按快捷键Ctrl+C将上一步全选的图像复制至剪贴板，执行“编辑>贴入”菜单命令。

❷自动创建“图层1”，根据选区创建图层蒙版。

❸按快捷键Ctrl+T打开变换框，对贴入选区的图像进行等比变换。

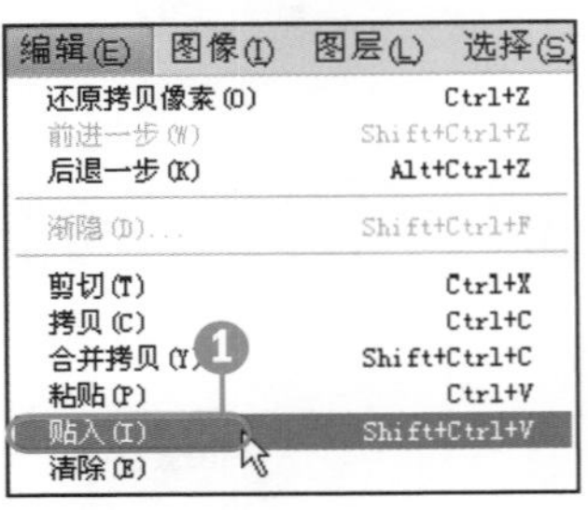

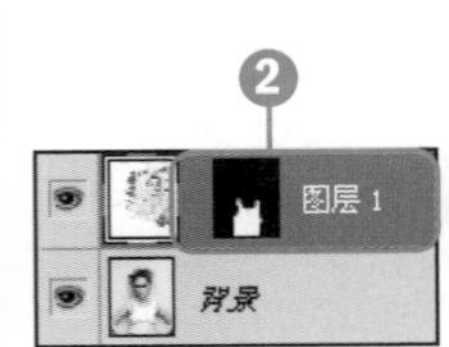

STEP 06 变换贴入的图像并设置

❶将变换的图像调整到画面的适当位置，按Enter键确定变换。

❷调整“图层1”的混合模式为“正片叠底”，“不透明度”为50%。

❸按快捷键Ctrl+J两次，创建两个“图层1”副本后，将设置后的图像更自然地贴合在背心之上。

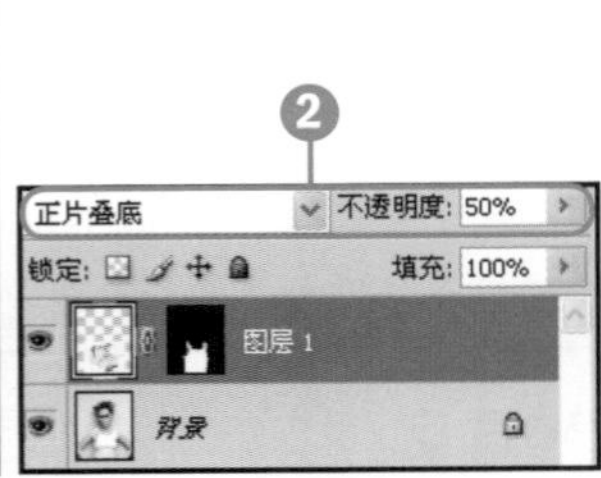

STEP 07 添加颜色图层并进行设置

❶打开随书光盘\素材\03\025\03.psd素材文件，重复之前的步骤将素材图像贴入背心选区，调整贴入图像的混合模式等选项。

❷创建一个颜色填充图层，设置填充色为R76、G76、B76。

❸调整该图层的混合模式为“叠加”，完成本实例制作。

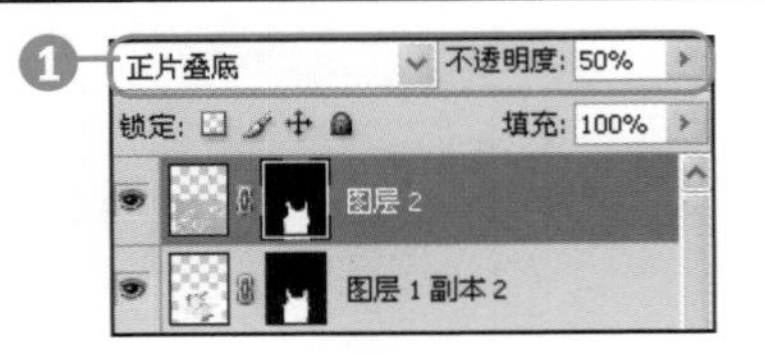

知识要点

矩形选框工具、“滤镜”命令

“调整”命令、渐变工具

图层混合模式

操作难度	综合应用	发散性思维
★★	★★★	★★

026 设置固定宽度的选区边缘

原始文件 随书光盘\素材\03\26\01.jpg

最终文件 随书光盘\源文件\03\26\打造带画框的图像.psd

❶单击“矩形选框工具”，在选项栏的“样式”下拉列表中选择“固定大小”选项，设置所需的宽度和高度。❷使用“矩形选框工具”在图像中单击即可创建所固定宽度的选区，按住鼠标进行拖曳即可对选区进行移动。

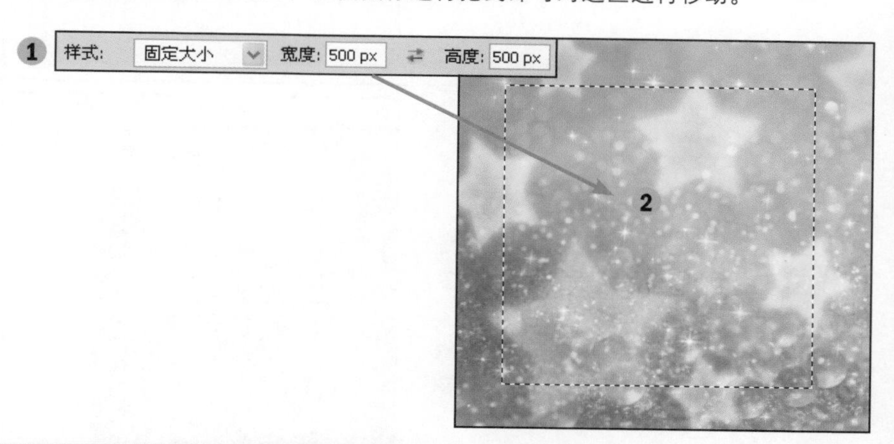

衍生应用——打造带画框的图像

STEP 01 新建文件并设置颜色

❶按Ctrl+N键打开“新建”对话框，设置“宽度”为400像素，“高度”为500像素，“分辨率”为72像素/英寸。

❷将前景色设置为R135、G4、B4，背景色设置为R201、G76、B76。

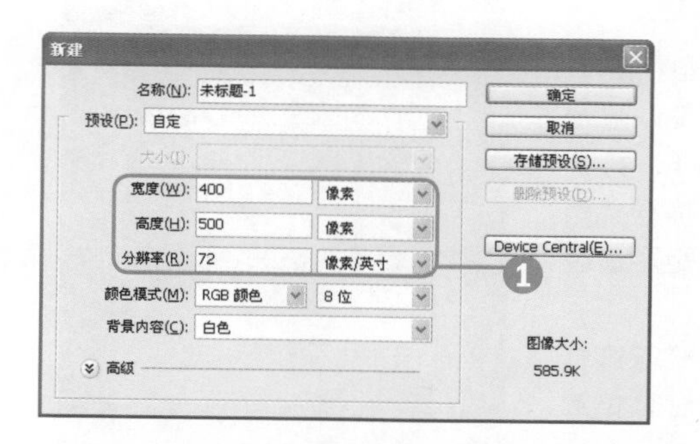

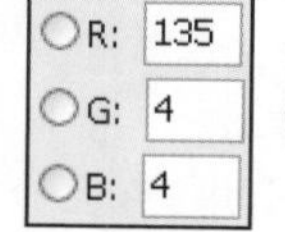

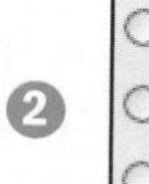

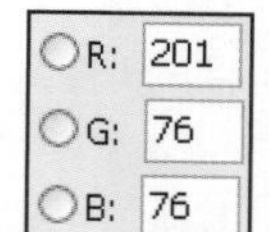

STEP 02 执行滤镜命令并创建选区

❶执行“滤镜>渲染>纤维”菜单命令。

❷在打开的“纤维”对话框中设置“差异”为18，“强度”为8。

❸在工具箱中单击“矩形选框工具”按钮，在选项栏的“样式”下拉列表中选择“固定大小”选项，设置“宽度”为300px，“高度”为400px，在图像中单击即可创建固定宽度的选区，按住鼠标进行拖曳将选区移动至图像中间。

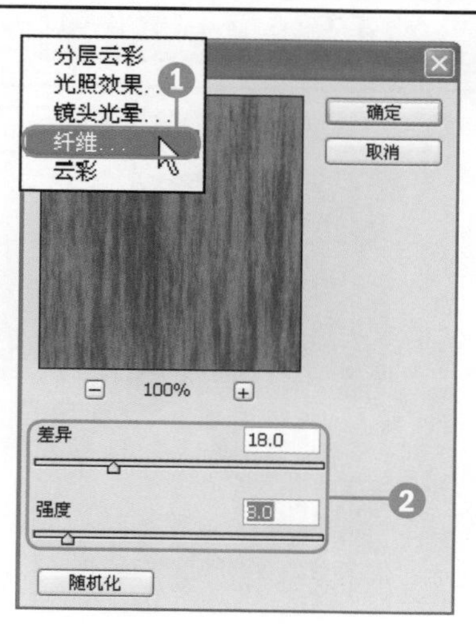

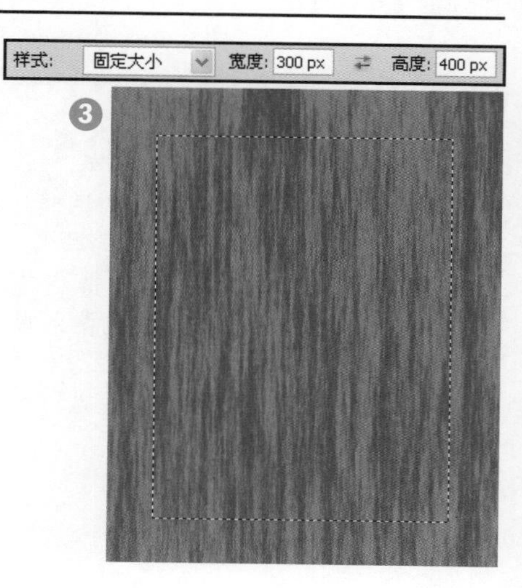

STEP 03 绘制渐变

❶单击工具箱中的“渐变工具”按钮，打开“渐变编辑器”，在金属渐变中选择“银色”渐变。

❷在“渐变工具”选项栏中单击“线性渐变”按钮，新建“图层1”，使用“渐变工具”从左至右拖出渐变。

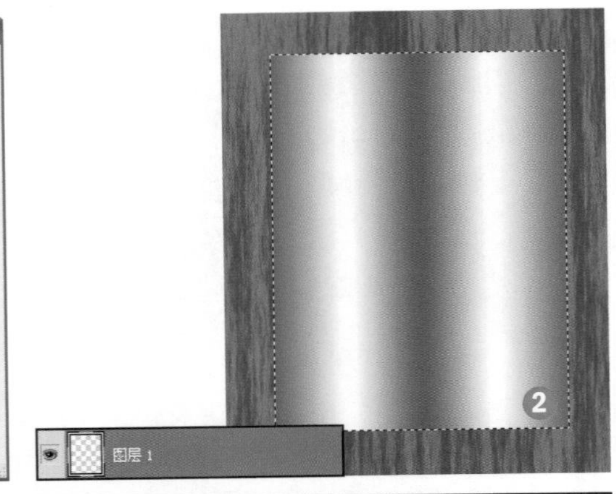

STEP 04 添加图层样式

❶单击“矩形选框工具”，在选项栏中设置“宽度”为280px，“高度”为380px，在图像中单击创建固定宽度的选区，将选区移动至图像中间，按Delete键删除选区内的图像。

❷将背景图层解锁，为“图层1”和“图层0”都添加“斜面和浮雕”图层样式，设置“深度”为60%，“大小”为8，“软化”为5。

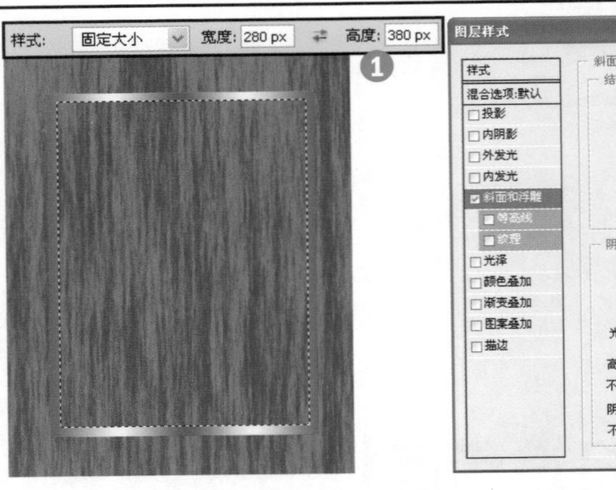

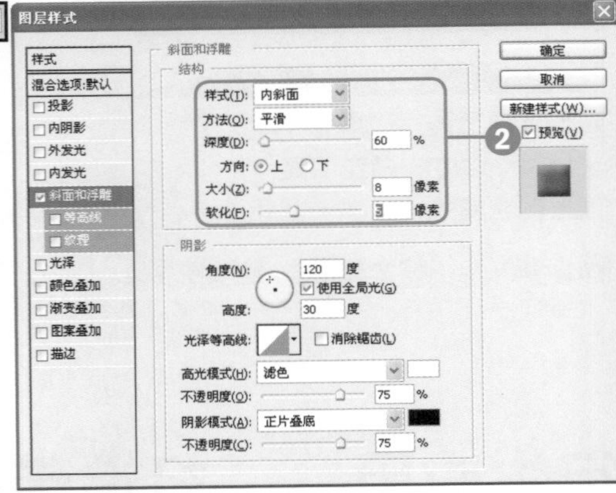

STEP 05 将图像贴入选区

❶打开随书光盘\素材\03\26\01.jpg素材图片，将图片拖曳至当前文件，显示为“图层2”，按快捷键Ctrl+T，打开变换框，将“图层2”图像调整至文档大小后，按框架的内边缘绘制矩形选区后，为图层添加图层蒙版。

❷选择“图层0”，选择“单行选框工具”，按住Shift键在图像的合适位置创建两条单行选区。

STEP 06 执行“曲线”命令

❶按Ctrl+M键打开“曲线”对话框，设置“输出”为124，“输入”为224。

❷在工具箱中选择“单列选框工具”，在图像的合适位置创建两条单列选框，按Ctrl+M键打开“曲线”对话框，设置“输出”为223，“输入”为126，单击“确定”按钮。

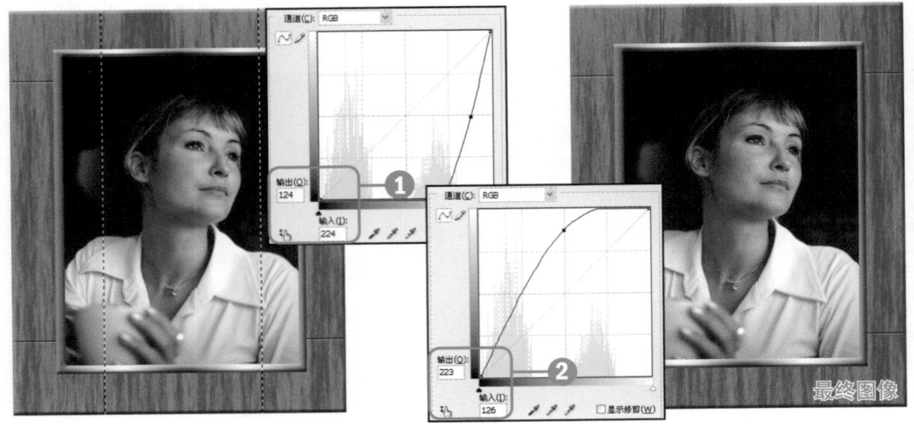

第4章 图像的个性编辑技巧

对普通图像的编辑，可以通过对选区或图像进行任意的复制、粘贴或调整图像大小等。

利用选区工具可以在图像上创建局部的选区，并应用复制和粘贴命令复制选区中的图像；应用自由变换命令并结合相应的快捷键可以实现图像的缩放；通过裁剪工具可以对图像的尺寸进行设置，并将不需要的图像去除或扩大画布区域；在图像上添加阴影样式能够增强图像的立体感，制作逼真的图像效果，如需进一步修饰，还可以添加发光效果。通过学习本章中的图像编辑技巧，可以制作出具有个人风采的图像效果。

招式示意

制作扇形的塔罗牌效果

校正由于拍摄角度产生的倾斜照片

制作幻彩的广告效果

制作带有倒影反光的饮料瓶

制作黑夜中的发光霓虹灯

知识要点

魔棒工具、“拷贝”命令
“粘贴”命令、图层不透明度

操作难度	综合应用	发散性思维
★★	★★★	★★

027 从局部对图像进行选择和复制

原始文件 随书光盘\素材\04\27\01.jpg、02.jpg

最终文件 随书光盘\源文件\04\27\制作低饱和度效果的人物图像.psd

①运用“魔棒工具”创建不规则选区。②选择“编辑”菜单下的“拷贝”菜单命令，将选区内的图像复制至剪贴板中，选择“编辑”菜单下的“粘贴”菜单命令，自动创建“图层1”，设置图层的“不透明度”参数。③通过旋转进一步查看复制的图像。

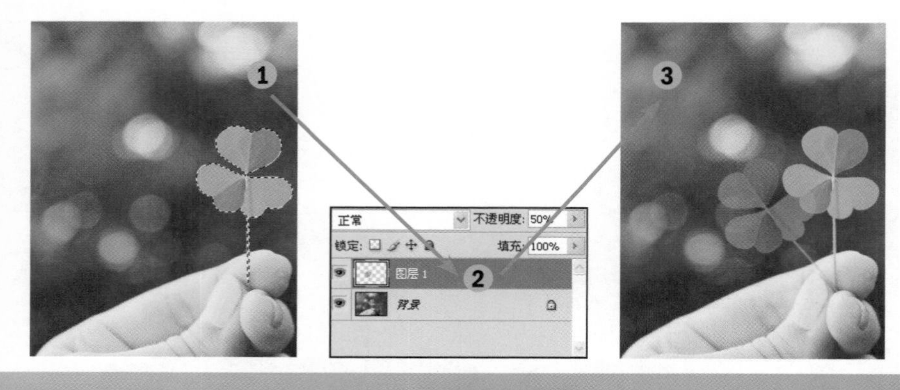

衍生应用——制作低饱和度效果的人物图像

STEP 01 打开素材并选择工具

①打开随书光盘\素材\04\27\01.jpg素材图片。

②选择工具箱中的“魔棒工具”。

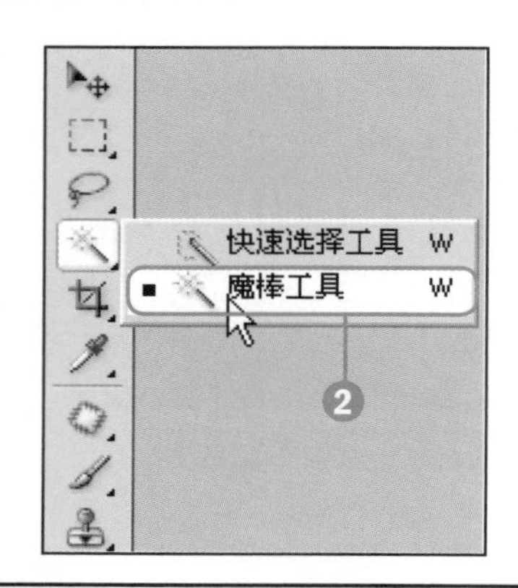

STEP 02 创建选区

①在“魔棒工具”的选项栏中设置“容差”值为32px，再选中“消除锯齿”和“连续”复选框。

②在背景素材图像中的白色区域单击，以创建选区。

③按住Shift键不放，再在图像中的白色方框中继续单击，创建更为精确的白色选区。

容差: 32 消除锯齿 连续 对所有图层取样

1

STEP 03 反选并复制选区图像

❶执行“选择>反向”菜单命令，或者按快捷键Ctrl+Shift+I，反选选区。

❷执行“编辑>拷贝”菜单命令，将选区内的图像复制到剪贴板中。

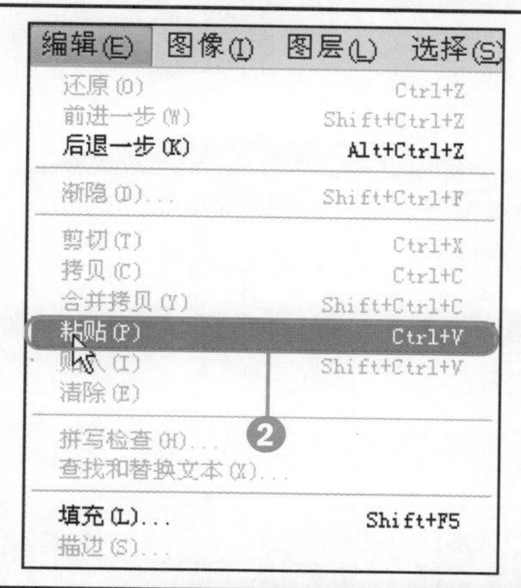

STEP 04 打开并选择素材图像

❶打开随书光盘\素材\04\27\02.jpg素材图片。

❷执行“编辑>粘贴”菜单命令。

STEP 05 将人物贴入背景中

❶经过拖曳后，将选区内的人物粘贴至背景图像中。

❷打开“图层”面板，在该面板内自动生成“图层1”图层。

❸按Ctrl+T快捷键打开自由变换框，对粘贴的图像进行等比缩放。

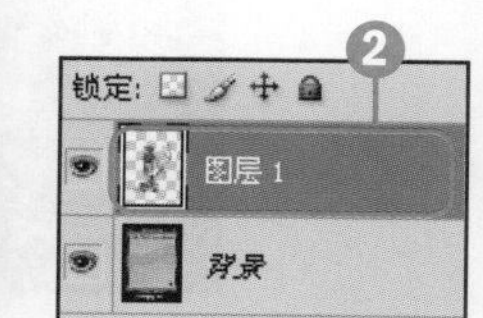

STEP 06 设置图像的不透明度

❶选择工具箱中的“橡皮擦工具”，在图像边缘涂抹，修整边缘图像。

❷选择“图层1”图层，设置图像的“不透明度”为52%。

❸设置不透明度后，图像的饱和度降低了。

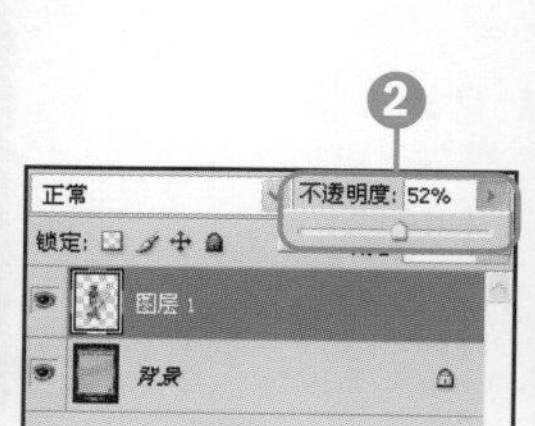

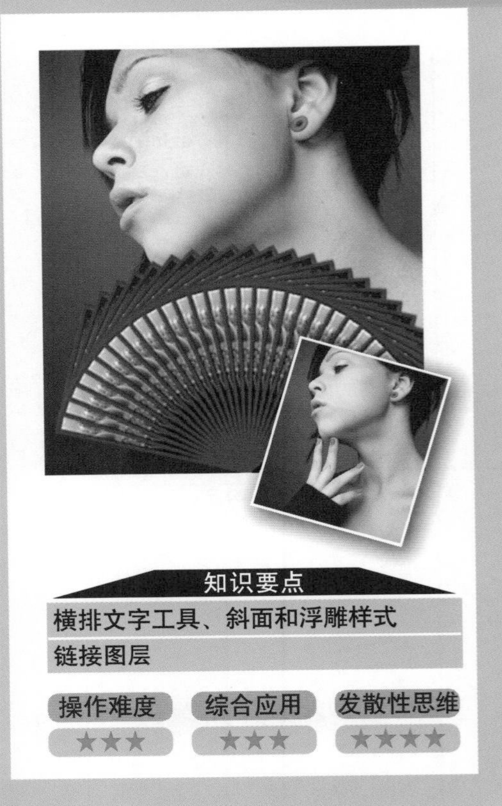

知识要点

横排文字工具、斜面和浮雕样式

链接图层

操作难度 ★★★ 综合应用 ★★★ 发散性思维 ★★★★

028 对图像进行等比例复制

原始文件 随书光盘\素材\04\28\01.jpg、02.jpg

最终文件 随书光盘\源文件\04\28\制作扇形的塔罗牌效果.psd

❶复制一个图层，并为图像添加描边样式。❷按快捷键Ctrl+T打开自由变换框，在选项栏中设置角度等参数。❸旋转图像，按快捷键Ctrl+Shift+Alt+T进行等比例图像的复制。

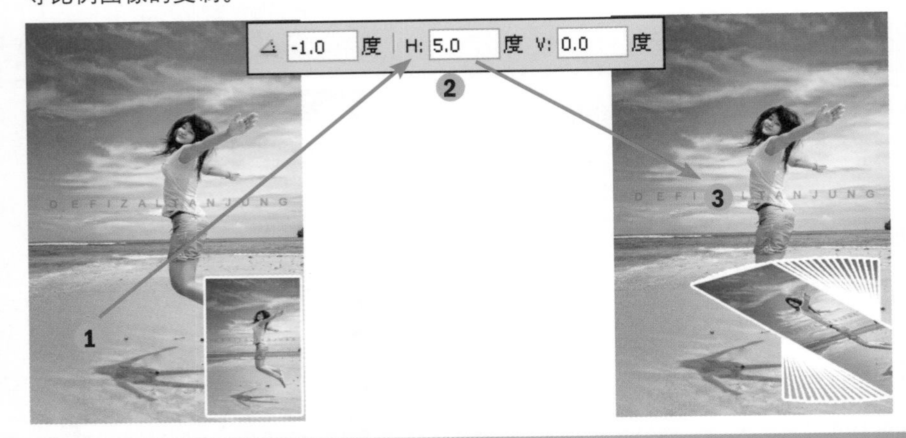

衍生应用——制作扇形的塔罗牌效果

STEP 01 打开素材并输入文字

❶打开随书光盘\素材\04\28\01.jpg素材图片。

❷选择"横排文字工具" T，打开"字符"面板，设置文字属性。

❸在图像的下部分输入文字。

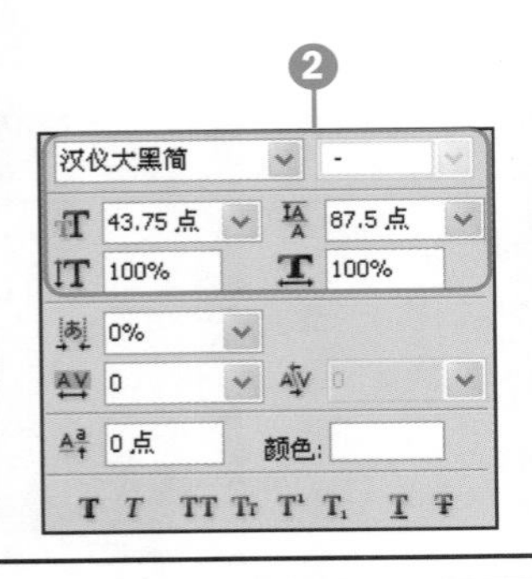

STEP 02 创建矩形边框

❶设置前景色为R120、G3、B6，选择"矩形工具"，单击"形状图层"按钮，在图像上绘制矩形。

❷单击工具选项栏上的"从形状区域减去"按钮。

❸在矩形内再次单击并拖曳鼠标，以绘制矩形。

STEP 03 添加斜面和浮雕样式

❶双击形状图层，打开“图层样式”对话框，选中“斜面和浮雕”复选框，再设置参数，为图像添加立体效果。

❷按快捷键Ctrl+Shift+Alt+E盖印，生成“图层1”图层。

❸打开随书光盘\素材\04\28\02.jpg素材图片。

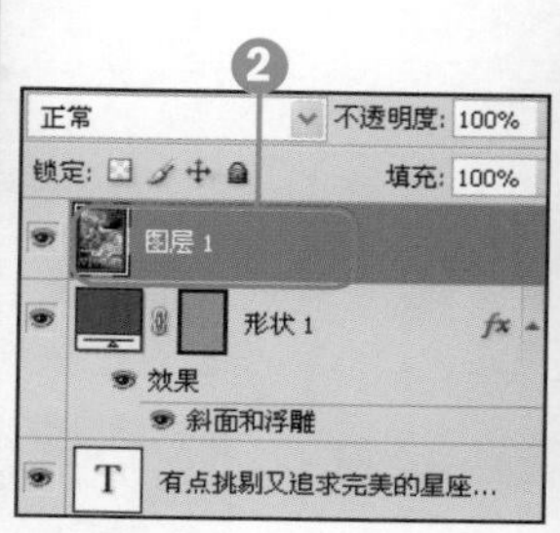

STEP 04 移动并变换图像

❶选择“移动工具”，将盖印后的“图层1”图层移至02图像中。

❷按快捷键Ctrl+J复制一个图层。

❸按快捷键Ctrl+T打开自由变换框。

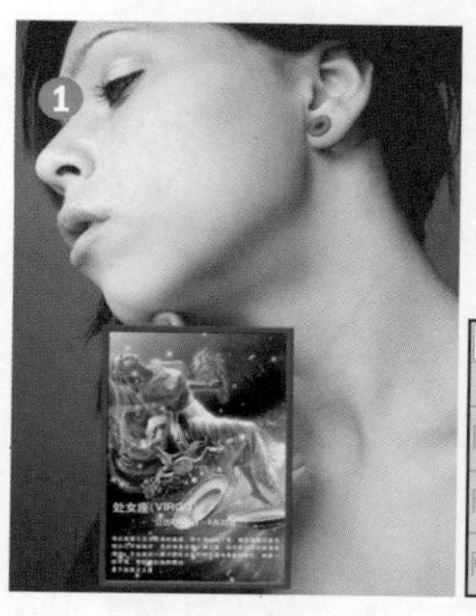

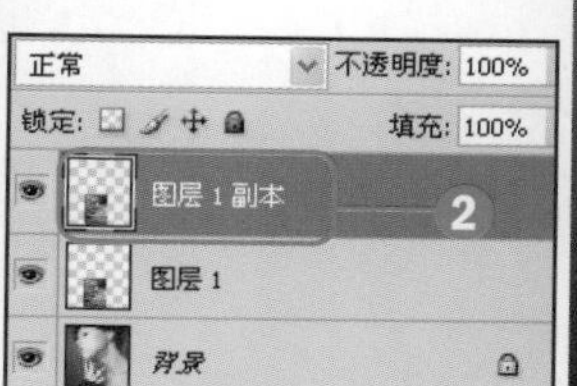

STEP 05 复制多个图像

❶在选项栏中将参考点位置定位于左下角的位置上，并设置旋转角度为5°。

❷通过设置后，旋转副本图像的角度。

❸按快捷键Ctrl+Shift+Alt+T等比例复制出多个图像。

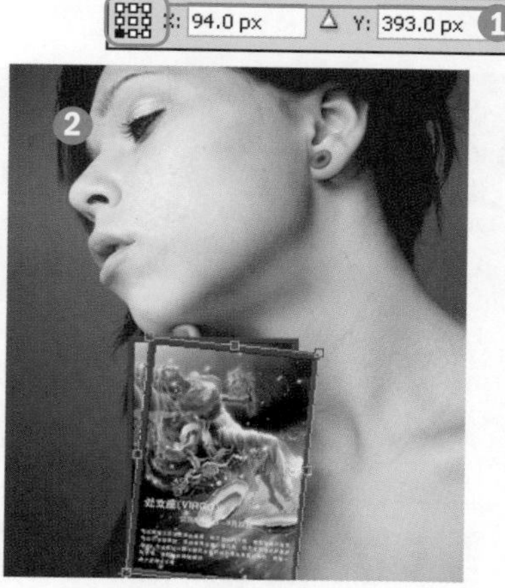

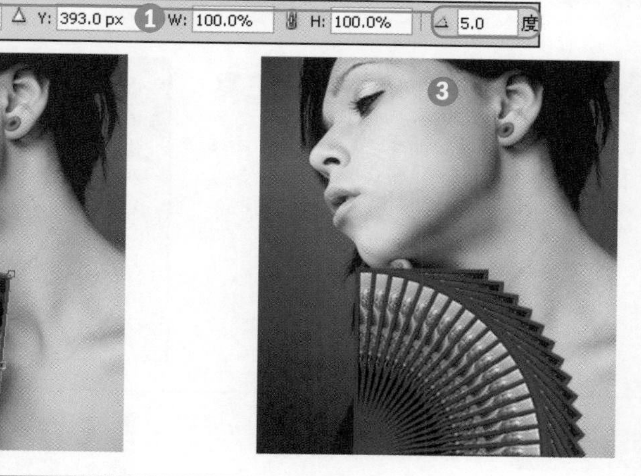

STEP 06 链接并调整图像

❶按住Shift键不放，单击“图层”面板下方“链接图层”按钮，链接除背景层外的所有图层。

❷按快捷键Ctrl+T等比例旋转并缩放图像。

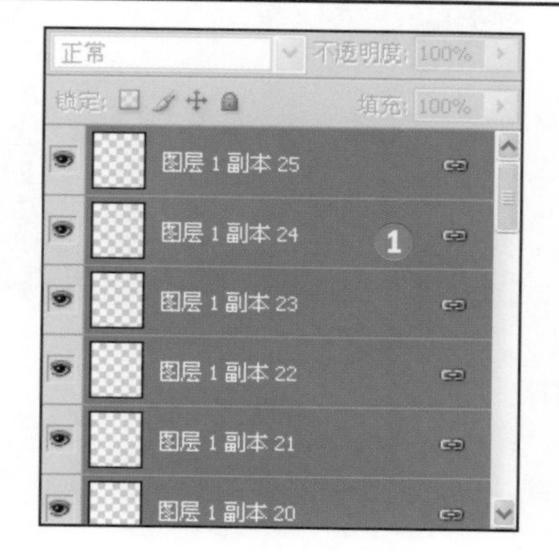

知识要点

裁剪工具、图层混合模式

操作难度	综合应用	发散性思维
★★	★★★	★★★

029 修剪画面中多余的图像

原始文件 随书光盘\素材\04\29\01.jpg

最终文件 随书光盘\源文件\04\29\让人物从复杂的背景中更突出.psd

①选择“裁剪工具”，在图像上单击并拖曳鼠标，创建一个矩形裁剪框。②双击鼠标或单击选项栏上的“提交”按钮，完成图像的裁剪操作。

衍生应用——让人物从复杂的背景中更突出

STEP 01 打开素材并选择工具

①打开随书光盘\素材\04\29\01.jpg素材图片。

②选择工具箱中的“裁剪工具”。

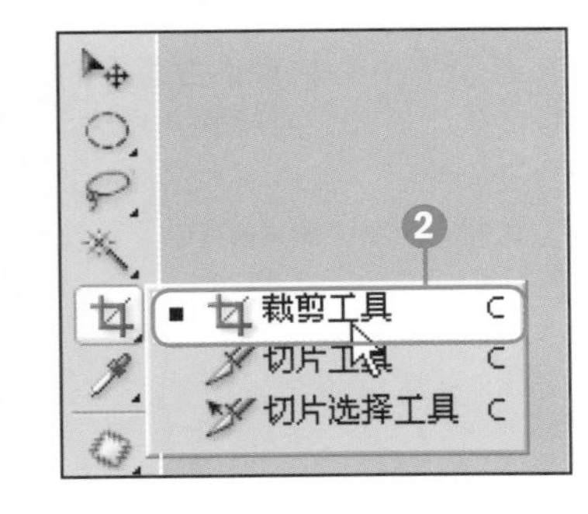

STEP 02 创建矩形裁剪框

①返回到图像上，单击并拖曳鼠标。

②释放鼠标，创建一个矩形裁剪框。

STEP 03 调整裁剪框大小和方向

❶单击并拖曳裁剪框，调整其大小和位置。

❷将鼠标移至裁剪框右上角的控制点上，当光标变为折线箭头时，单击并拖曳鼠标旋转裁剪框。

STEP 04 调整裁切图像的透视

❶选中“裁剪工具”选项栏上的“透视”复选框。

❷将鼠标移至裁剪框右上角的控制点上。

❸单击并拖曳控制点，调整图像的透视角度。

STEP 05 裁剪图像

❶单击工具箱内的任意工具，弹出Adobe Photoshop CS4 Extended对话框，单击“裁剪”按钮。

❷裁剪图像中多余的背景图像。

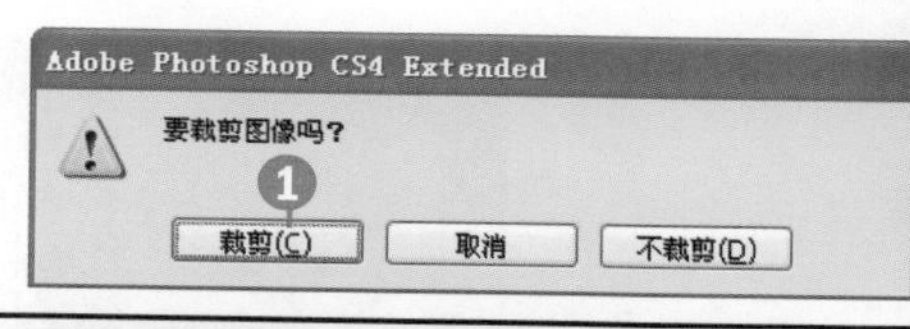

STEP 06 复制“背景”图层

❶选择“背景”图层，将该图层拖曳至“图层”面板下方的“创建新图层”按钮上。

❷释放鼠标，复制得到“背景 副本”图层。

STEP 07 设置图像混合模式

❶选择“背景 副本”图层，将图层混合模式设置为“滤色”，“不透明度”为50%。

❷应用所选择的“滤色”混合模式来加亮图像。

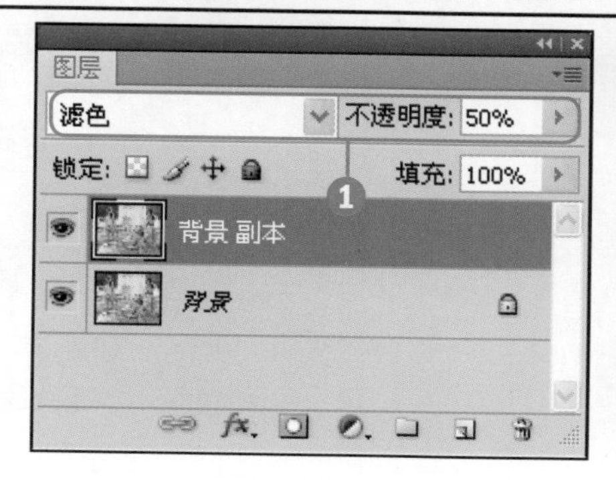

知识要点

"镜头校正"命令、仿制图章工具

操作难度 ★★　综合应用 ★★★　发散性思维 ★★★

030 修正倾斜的图像

原始文件 随书光盘\素材\04\30\01.jpg

最终文件 随书光盘\源文件\04\30\校正由于拍摄角度产生的倾斜照片.psd

①执行"滤镜>扭曲>镜头扭曲"菜单命令，打开"镜头扭曲"对话框，对话框中提供了当前图像的缩览图像。②选择对话框左侧的拉直工具，然后在右侧设置其参数直接在图像上单击或拖曳，对图像进行调整。③单击"确定"按钮，即可修正倾斜的图像。

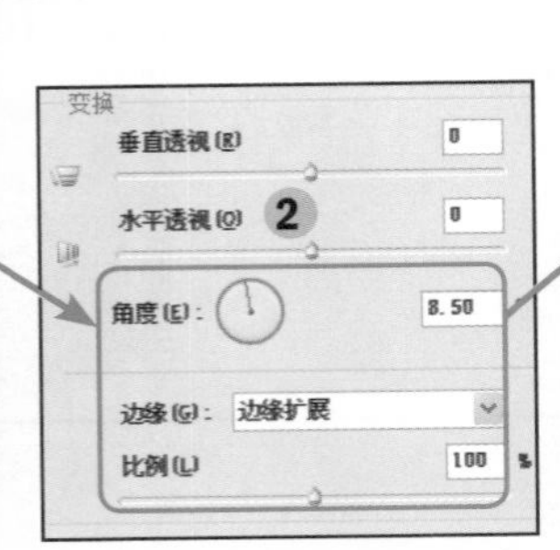

衍生应用——校正由于拍摄角度产生的倾斜照片

STEP 01 打开素材执行命令

①打开随书光盘\素材\04\30\01.jpg素材图片。

②执行"滤镜>扭曲>镜头校正"菜单命令。

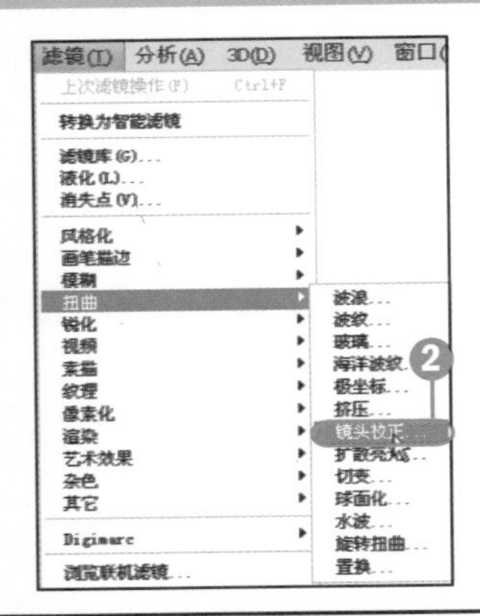

STEP 02 打开"镜头校正"对话框

打开"镜头校正"滤镜对话框，对话框左侧为镜头校正工具，中间部分为效果预览，右侧为所选工具的选项设置。

STEP 03 取消网格并选择工具

❶取消“镜头校正”对话框中的“网格”复选框，以隐藏网格。

❷单击对话框左侧的“拉直工具”。

❸在图像上从右向左拖曳鼠标。

STEP 04 校正边缘图像

❶释放鼠标，调整图像的角度。

❷单击“边缘”右侧的下拉箭头，在弹出的下拉列表中选择“边缘扩展”，然后设置“比例”为111%。

❸透明的区域应用拉伸的方式将图像填满。

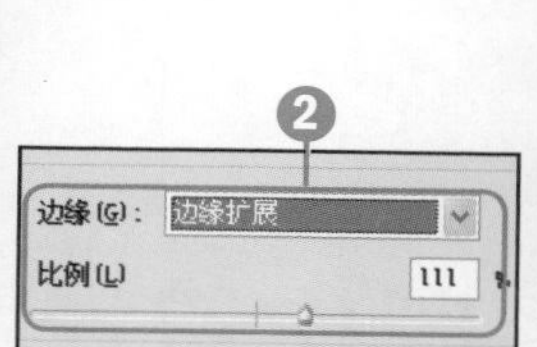

STEP 05 确认校正并选择工具

❶单击对话框中的“确定”按钮，确定校正后的结果。

❷选择工具箱中的“仿制图章工具”。

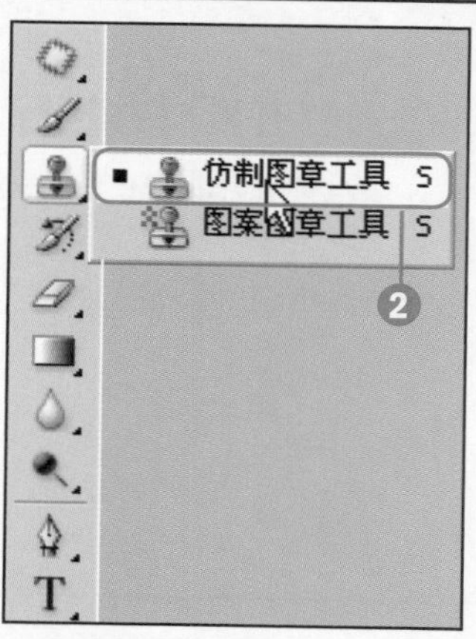

STEP 06 修复多余图像

❶按住Alt键在图像上方的黑色区域单击，获取仿制源。

❷在图像上涂抹以仿制图像，连续涂抹可去除右侧的墙面图像。

知识要点

"旋转扭曲"命令、移动工具

"水平翻转"命令、图层混合模式

操作难度 ★★

综合应用 ★★★

发散性思维 ★★★

031 对区域图像进行混合操作

原始文件 随书光盘\素材\04\31\01.jpg、02.jpg

最终文件 随书光盘\源文件\04\31\制作幻彩的广告效果.psd

1运用"魔棒工具"创建不规则选区。2按快捷键Ctrl+J复制选区内的图像，得到"图层1"图层，设置图层混合模式为"线性减淡（添加）"。3应用设置的混合模式对区域中的图像进行颜色的混合。

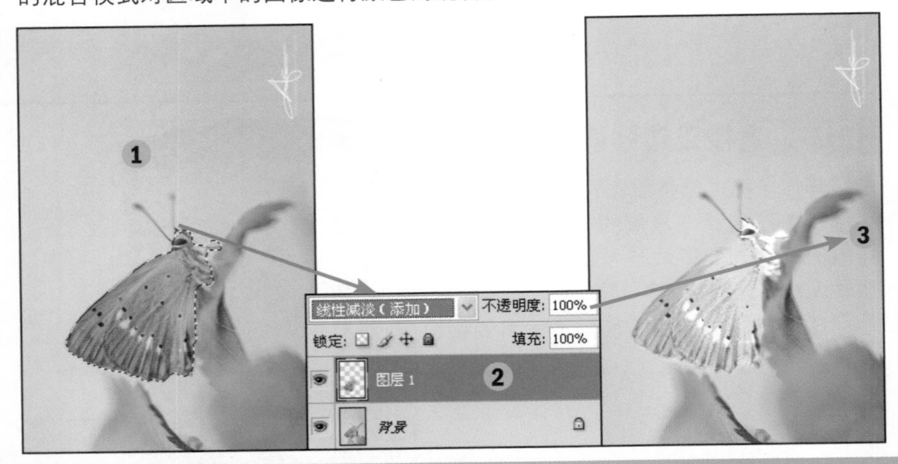

衍生应用——制作幻彩的广告效果

STEP 01 打开素材并执行命令

1打开随书光盘\素材\04\31\01.jpg素材图片。

2执行"滤镜>扭曲>旋转扭曲"菜单命令。

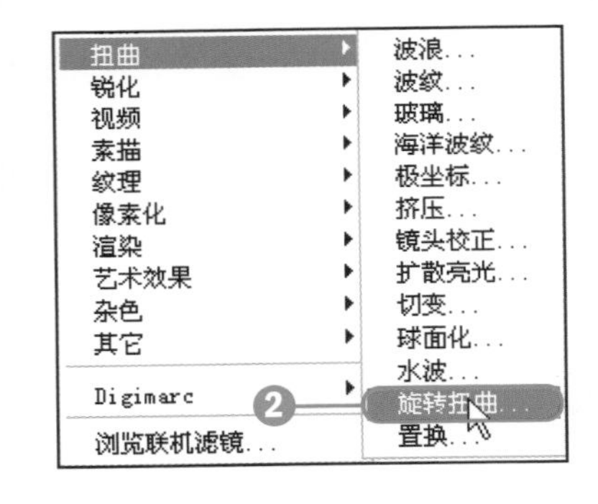

STEP 02 应用滤镜扭曲图像

1打开"旋转扭曲"对话框，然后在对话框中将"角度"滑块拖曳至-999，单击"确定"按钮。

2对图像进行旋转扭曲，使用图像看起来更加具有艺术感。

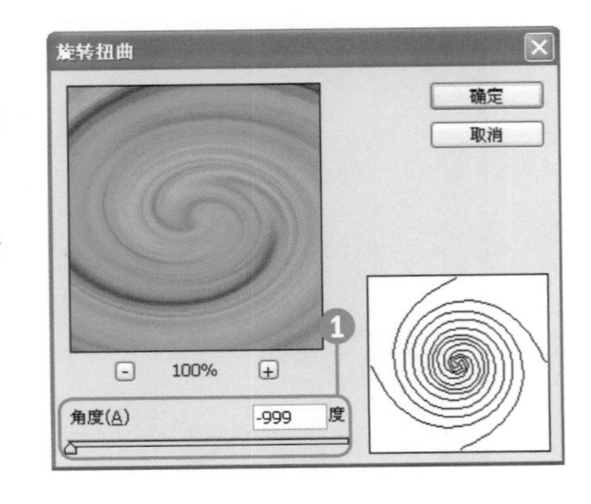

STEP 03 打开人物素材并移动扭曲的图像

❶打开随书光盘\素材\04\31\02.jpg人物素材图片。

❷选择“移动工具”，将扭曲后的图像拖曳至人物图像中。

STEP 04 逆时针旋转图像

❶执行“编辑>变换>旋转90度（逆时针）”菜单命令。

❷将移至人物图像上的图像逆时针旋转90°。

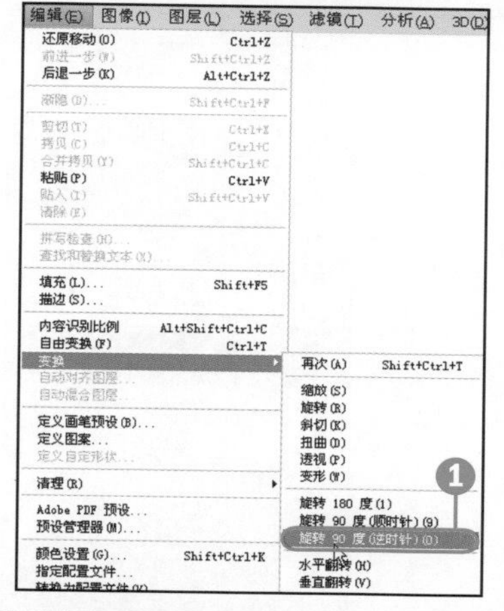

STEP 05 打开自由变换框

❶执行“编辑>变换>缩放”菜单命令，或者按快捷键Ctrl+T。

❷打开自由变换框，显示图像上的控制点。

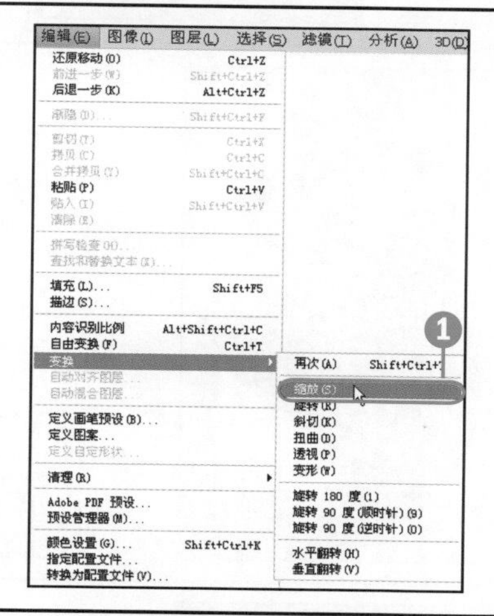

STEP 06 完成图像的缩放

❶将鼠标移到右上角的控制点上，当光标变为双击箭头时拖曳鼠标。

❷拖出合适的大小后，单击选项栏上的“提交”按钮。

❸即可确认图像的放大操作。

STEP 07 设置图层混合模式

❶打开“图层”面板，选择“图层1”，将该图层的混合模式设置为“滤色”。

❷应用“滤色”混合模式混合背景图像和“图层1”中的图像。

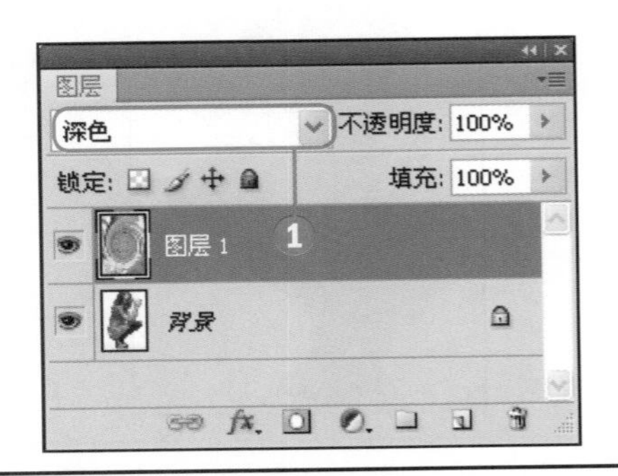

STEP 08 擦除人物身上的图像

❶选择工具箱中的“橡皮擦工具”。

❷在“橡皮擦工具”选项栏中将画笔大小设置为400，“不透明度”为68%，“流量”为43%。

❸在图像的中间位置单击，涂抹图像。

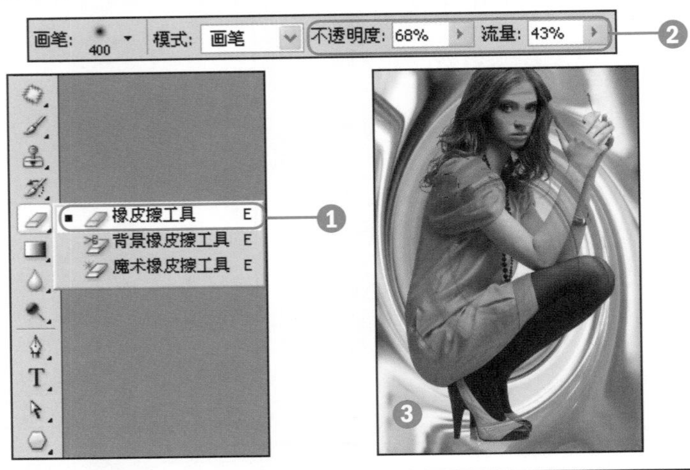

STEP 09 复制擦除后的图像

❶连续在图像上涂抹，将遮挡在人物身上的图案擦除。

❷选择“图层1”图层，按快捷键Ctrl+J复制，得到“图层1副本”图层。

❸通过复制后，在图像上又添加一个相同的图像。

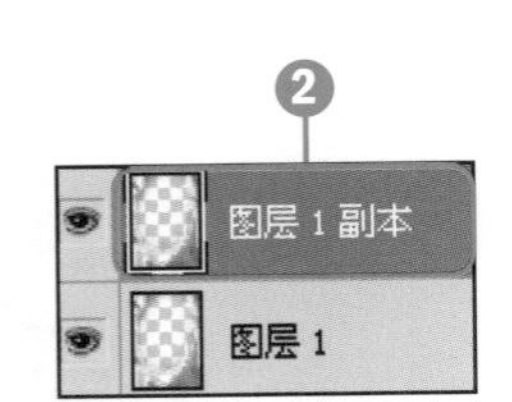

STEP 10 翻转图像并更改混合模式

❶执行“编辑>变换>水平翻转”菜单命令，水平翻转图像。

❷选择“图层1副本”图层，将混合模式设置为“叠加”。

❸通过设置后，对图像进行颜色的混合。

知识要点

魔棒工具、移动工具、“反向”命令

图层混合模式

操作难度	综合应用	发散性思维
★★	★★★	★★★

032 增加阴影突出图像的立体感

原始文件 随书光盘\素材\04\32\01.jpg、02.jpg、03.jpg

最终文件 随书光盘\源文件\04\32\制作带有倒影反光的饮料瓶.psd

❶运用“磁性套索工具”在图像单击并拖曳鼠标，创建不规则选区，并复制选区内的图像，得到“图层1”图层。❷双击复制的图层，打开“图层样式”对话框，在对话框中选中“投影”复选框，设置投影参数，单击“确定”按钮。❸为选区内的图像创建投影效果。

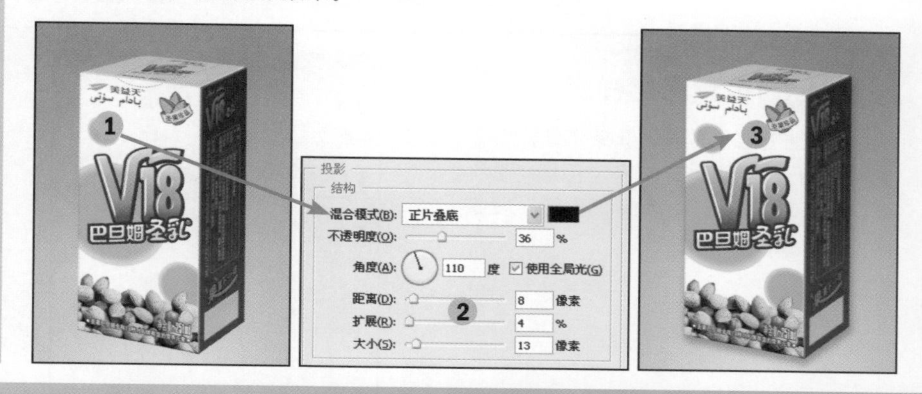

衍生应用——制作带有倒影反光的饮料瓶

STEP 01 打开素材选择工具

❶打开随书光盘\素材\04\32\01.jpg素材图片。

❷选择工具箱中的“魔棒工具”。

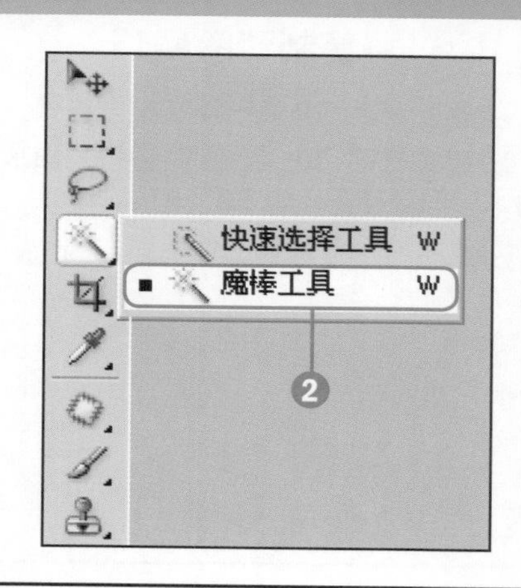

STEP 02 创建并反选选区

❶在白色背景图像上单击，创建选区。

❷执行“选择>反向”菜单命令，或按快捷键Ctrl+Shift+I，反选选区。

STEP 03 打开并移动图像

❶打开随书光盘\素材\04\32\02.jpg素材图片。

❷选择工具箱中的“移动工具”，将选区内的瓶子图像移至背景图像上。

❸按快捷键Ctrl+T打开自由变换框，对瓶子进行等比例缩放。

STEP 04 设置图层样式

❶打开“图层”面板，选择“图层1”。

❷双击“图层1”，打开“图层样式”对话框，在对话框中选中“投影”复选框，再设置投影参数。

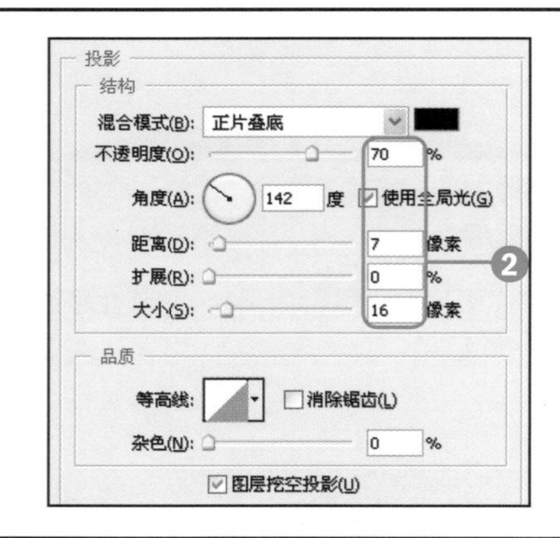

STEP 05 复制“图层1”

❶通过设置，为瓶子添加投影样式。

❷按快捷键Ctrl+J，复制得到“图层1副本”和“图层2 副本2”图层。

❸复制后，可加强图像阴影。

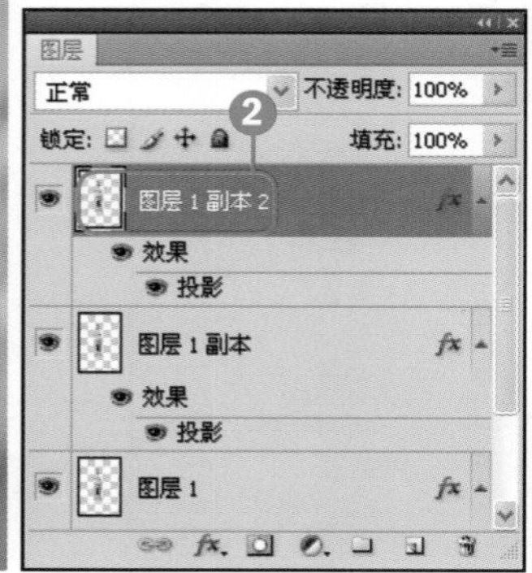

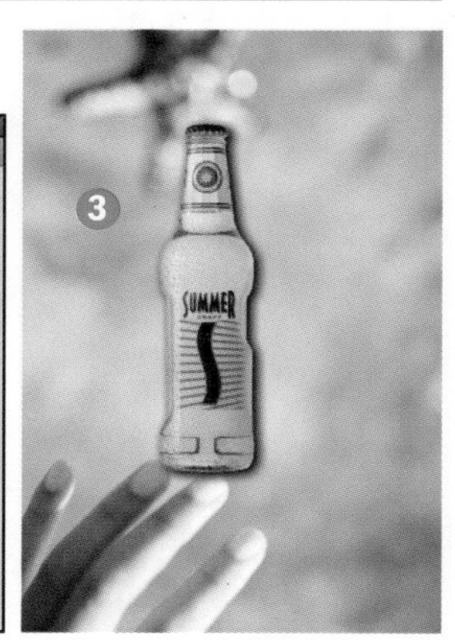

STEP 06 调整“图层1副本”图像的位置

❶选择“图层1副本”图像，按快捷键Ctrl+T打开自由变换框。

❷将鼠标移至右上角的控制点上拖曳鼠标，以旋转图像。

❸选择工具箱中的“移动工具”，移动图像位置。

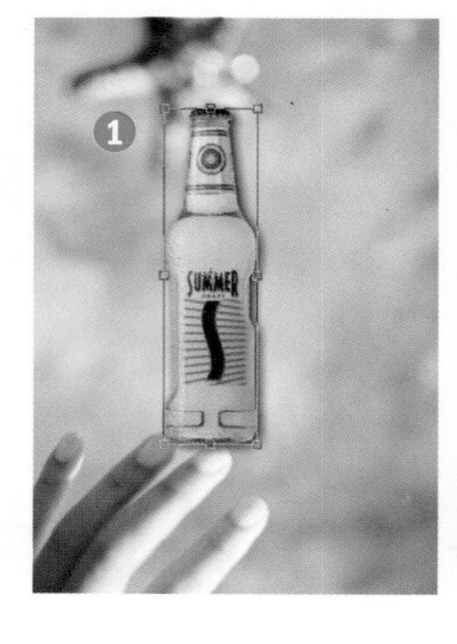

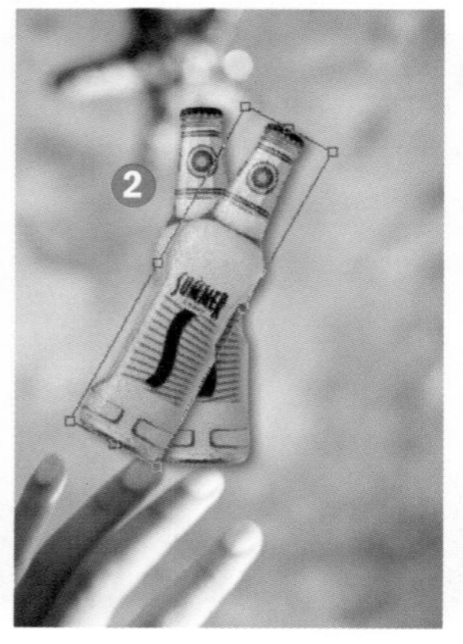

STEP 07 调整“图层1副本2”图像的位置

❶选择“图层1 副本2”图层，按快捷键Ctrl+T打开自由变换框。

❷将鼠标移至右上角的控制点上拖曳鼠标，以旋转图像。

❸选择工具箱中的“移动工具”，移动图像的位置。

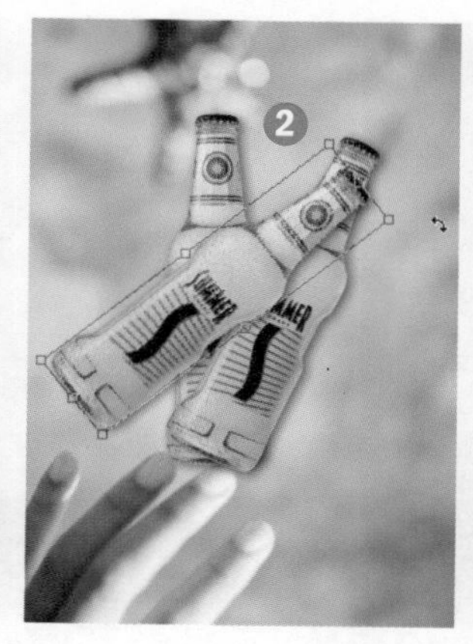

STEP 08 打开图像并创建选区

❶打开随书光盘\素材\04\32\03.jpg素材图片。

❷选择“魔棒工具” ，在白色区域中单击，创建选区。

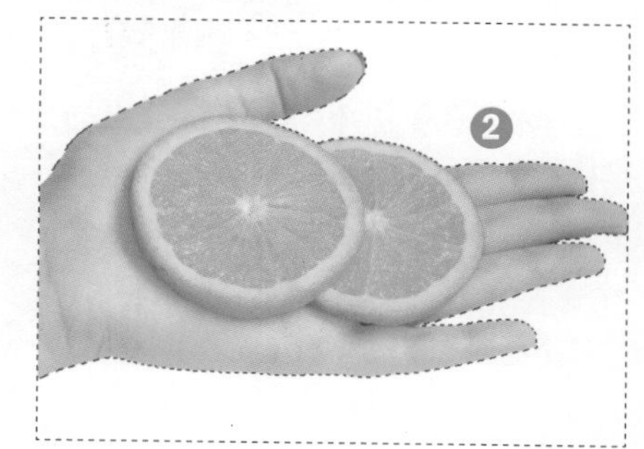

STEP 09 反选选区内的图像

❶单击“选择”菜单，在弹出的子菜单下选择“反向”命令。

❷此时即可反选选区内的图像。

选择(S) 滤镜(T) 分析(A) 3D

全部(A)	Ctrl+A
取消选择(D)	Ctrl+D
重新选择(E)	Shift+Ctrl+D
反向(I)	Shift+Ctrl+I
所有图层(L)	Alt+Ctrl+A
取消选择图层(S)	
相似图层(Y)	
色彩范围(C)...	

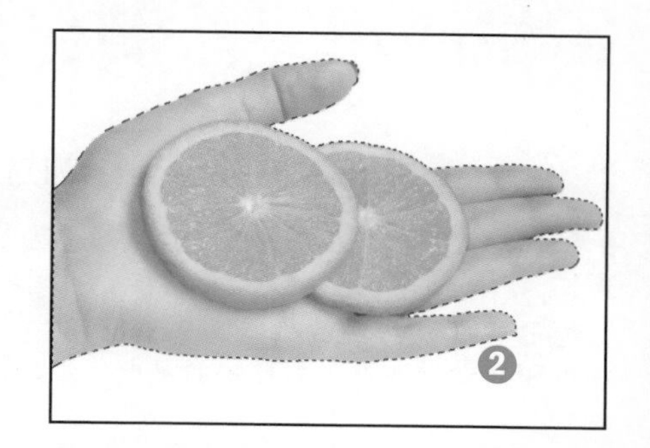

STEP 10 移动并调整图像

❶选择工具箱中的“移动工具” ，将选区的图像移至背景图像上。

❷按快捷键Ctrl+T打开自由变换框，等比例缩放图像。

❸将光标移至右上角的控制点上，单击并拖曳以旋转图像。

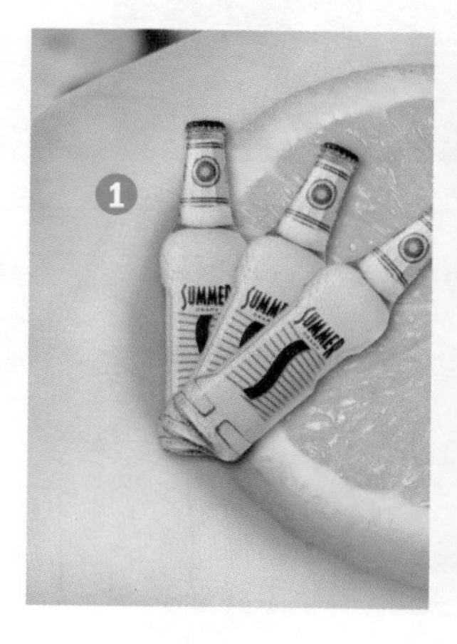

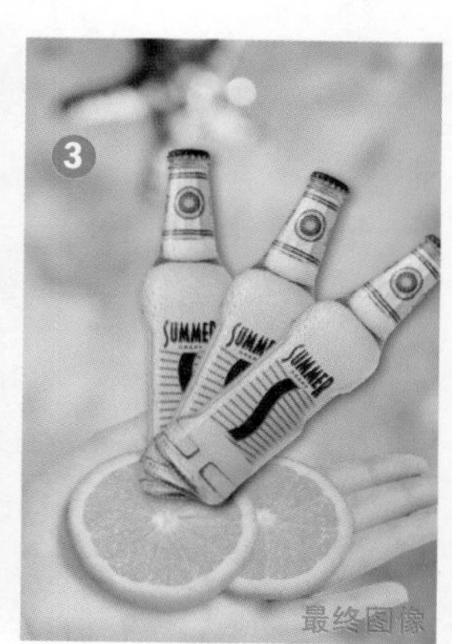

知识要点

椭圆选框工具、画笔工具、图层样式

羽化选区

操作难度 ★★

综合应用 ★★★

发散性思维 ★★★

033 为图像添加发光效果

原始文件 随书光盘\素材\04\33\01.jpg

最终文件 随书光盘\源文件\04\33\制作黑夜中的发光霓虹灯.psd

❶运用“魔棒工具”创建不规则选区。❷设置选区的外发光参数。❸通过对外发光的设置，可以看到选区中图像的显示效果。

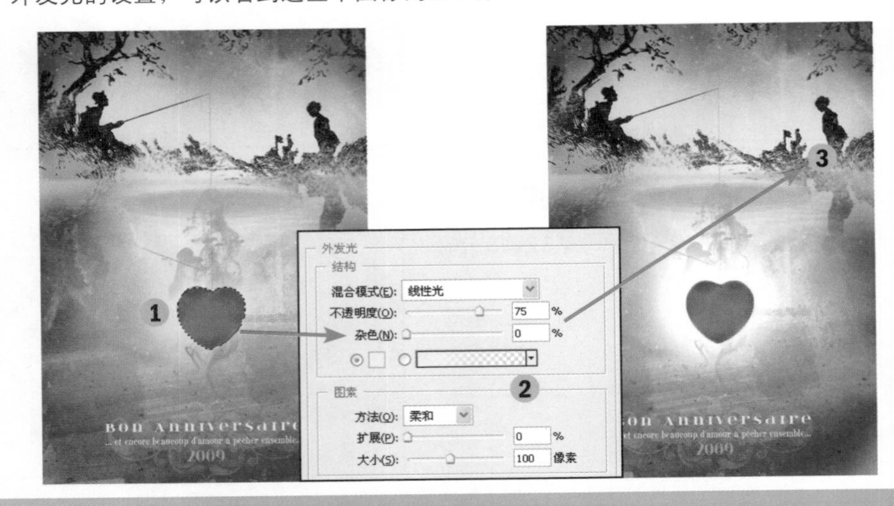

衍生应用——制作黑夜中的发光霓虹灯

STEP 01 打开素材并创建正圆选区

❶打开随书光盘\素材\04\33\01.jpg素材图片。

❷选择工具箱中的“椭圆选框工具”，按住Shift键在图像上方单击并拖曳，创建正圆选区。

STEP 02 羽化正圆选区

❶执行“选择>修改>羽化”菜单命令。

❷打开“羽化选区”对话框，在对话框中设置“羽化半径”为4像素。

❸羽化创建的正圆选区。

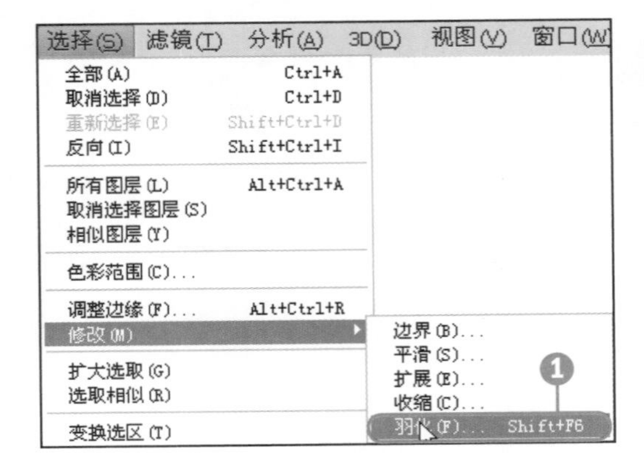

STEP 03 填充选区

❶选择工具箱中的“油漆桶工具”，在工具选项栏中选择“前景”选项，设置“容差”为32。

❷将光标移至选区内，此时光标会变一个油漆桶形状。

❸按快捷键Ctrl+Shift+N新建“图层1”，单击鼠标即可填充图像。

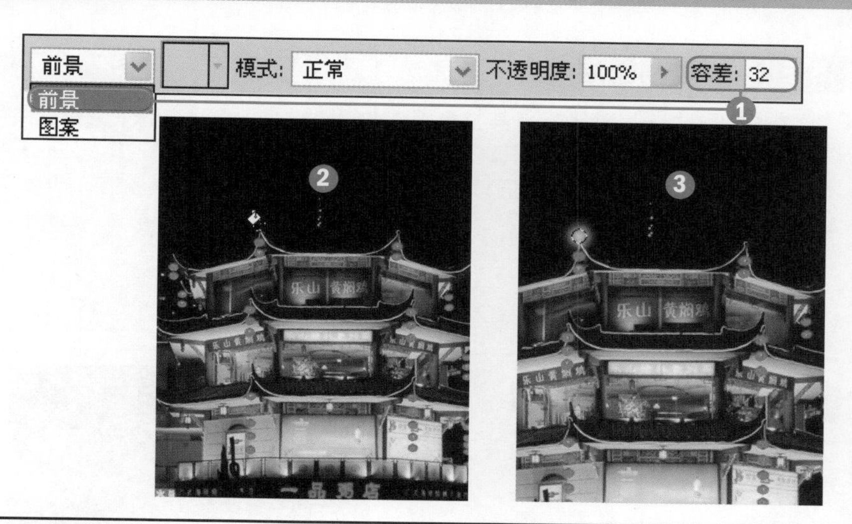

STEP 04 利用画笔工具绘制光线

❶选择工具箱中的“画笔工具”，单击画笔右侧的黑色箭头，在弹出的画笔列表中选择“交叉排线25”画笔。

❷在选项栏中将画笔大小设置为60。

❸在白色圆上单击，绘制十字光线。

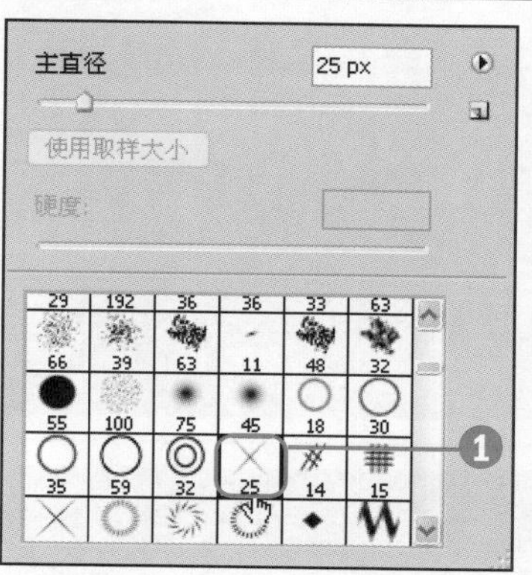

STEP 05 设置外发光颜色

❶双击“图层1”图层，打开“图层样式”对话框，选中“外发光”复选框，单击外发光颜色块。

❷打开“拾色器”对话框，在对话框中设置外发光颜色为R254、G1、B0。

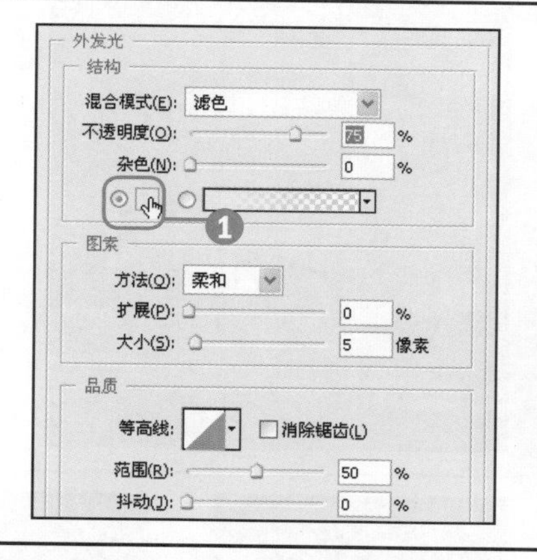

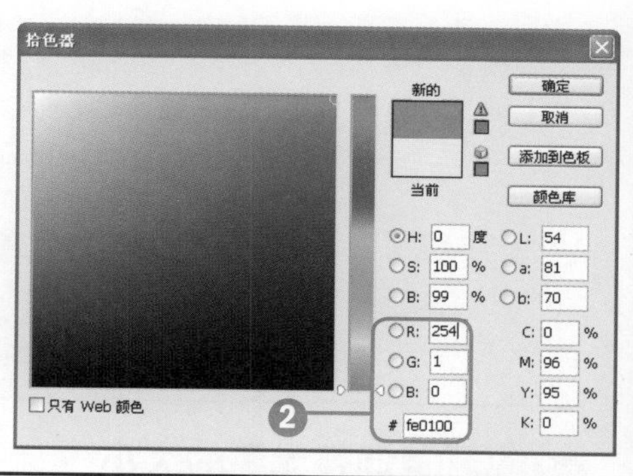

STEP 06 创建外发光样式

❶单击“确定”按钮，返回到“图层样式”对话框，然后在对话框中设置各项参数。

❷单击“确定”按钮，设置外发光效果。

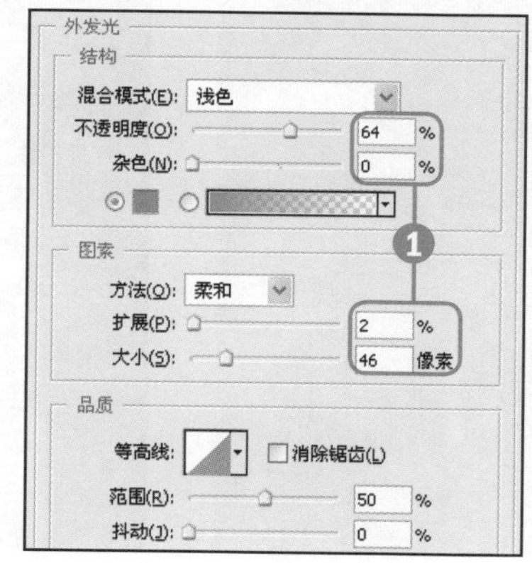

STEP 07 复制图层

❶选择“图层1”图层，将其拖曳至“创建新图层”按钮上复制图层。

❷连续拖曳，复制多个“图层1”的副本图层。

STEP 08 移动图像位置

❶通过复制后，原图像上重叠了多个发光点。

❷选取“图层1 副本”图层，选择“移动工具”，拖曳鼠标移动光点的位置。

STEP 09 继续调整图像的位置

❶分别选择其他的光点图层，再将其移动至不同的位置上。

❷执行“编辑>变换>缩放”菜单命令。

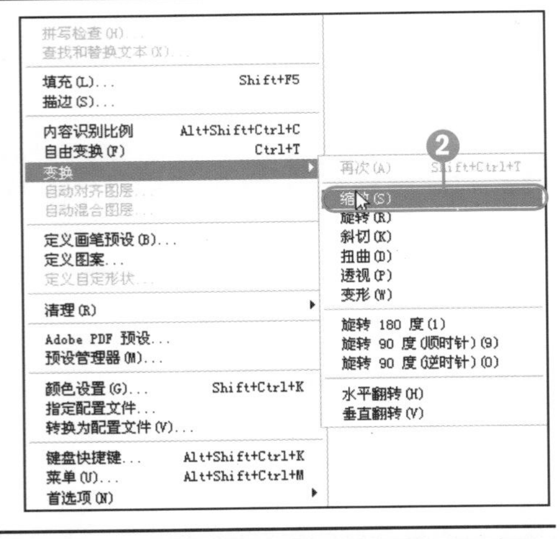

STEP 10 调整光源的大小

❶打开自由变换框，将鼠标移至右上角的控制点上，当光标变为双向箭头时向内拖曳鼠标。

❷通过拖曳鼠标缩小图像。

❸继续使用相同的方法调整其他光点的大小，使光点表现不同的光源强度。

知识要点

移动工具、“水平翻转”命令

“变形”命令、图层混合模式

操作难度	综合应用	发散性思维
★★	★★★	★★★

034 图像的变形应用

原始文件 随书光盘\素材\04\34\01.jpg、02.jpg

最终文件 随书光盘\源文件\04\34\为足球添加特殊的纹理效果.psd

❶运用“魔棒工具”，按Shift键创建不规则选区，执行“编辑>变换>变形”菜单命令，或按快捷键Ctrl+T，在弹出的变换框中右击并选择“变形”命令，打开变形框。❷单击并拖曳编辑框上的节点，对图像进行变形操作。

衍生应用——为足球添加特殊的纹理效果

STEP 01 打开素材

❶打开随书光盘\素材\04\34\01.jpg素材图片。

❷打开随书光盘\素材\04\34\02.jpg纹理素材图片。

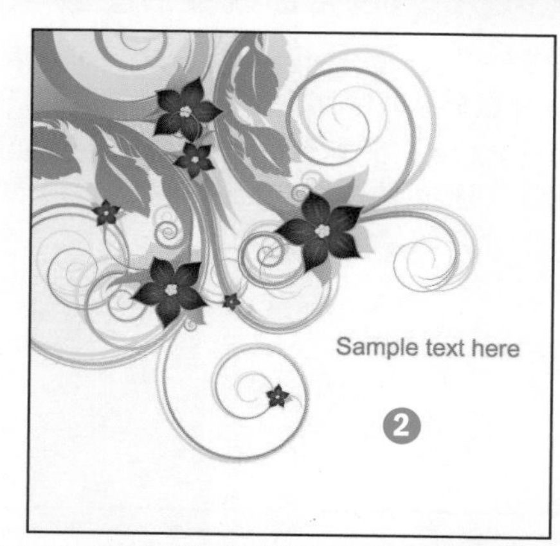

STEP 02 移动并翻转图像

❶选择“移动工具”，将花纹素材移至足球图像上。

❷执行“编辑>变换>水平翻转”菜单命令，水平翻转花纹图像。

STEP 03 缩小翻转后的图像

❶按快捷键Ctrl+T打开自由变换框，对花纹图像进行等比缩放。

❷执行“编辑>变换>变形”菜单命令。

STEP 04 调整变形框的直线点

❶通过执行菜单命令打开变形编辑框。

❷单击并向内拖曳变形框右上角的控制点。

❸继续单击并拖曳其他3个角位置上的控制点，使这4个点均匀地贴在足球的边缘线上。

STEP 05 调整曲线变形图像

❶将鼠标移至曲线控制点上，单击并拖曳鼠标，调整曲线的形状。

❷继续拖曳其他位置上的曲线控制点，调整后的图像与足球相重合，形成一个圆形图像。

STEP 06 设置图层混合模式

❶按Enter键确认变形效果。

❷选择“图层1”，将此图层的混合模式设置为“深色”。

❸通过设置混合模式，使花纹图案重叠在足球图像上。

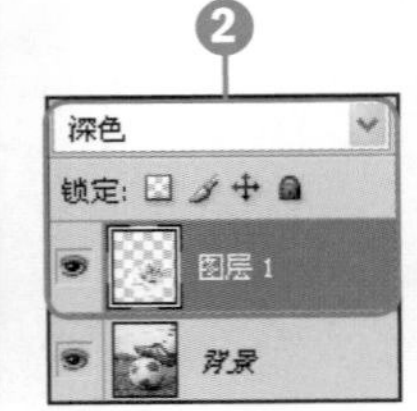

第5章 图像的绘制与完美修饰

对于普通的图像而言，通过应用绘图工具在图像上绘制合适的图案，并对其进行修饰，可以得到更完美的效果。图像的绘制和修饰主要可以通过画笔工具和调整命令来完成。如果要设计出优秀的作品，就必须要掌握本章中图像的绘制和修饰技巧。

利用画笔进行绘制时，笔刷中丰富的设置可以绘制出千变万化的图形，表现很多不同的特殊效果；在照片处理的应用中，可以通过多种修复工具对数码照片中的瑕疵进行修复；在色彩的修饰上，Photoshop作为图像处理的首选软件，提供了多个不调整的调整命令，将图像在不同的颜色模式中转换，再通过对其色调或颜色的调整，使图像呈现艺术化的效果。通过对本章内容的学习，读者可以对图像的绘制和修饰有更深层次的了解，并能应用这些技巧对图像进行编辑，得到不同的图像效果。

招式示意

为照片添加随意涂抹痕迹

为人物添加魅力妆容

将皮肤处理得自然细腻

设置中性色调的图像效果

在Lab模式下调出个性色调

为图像添加下雪效果

调整图像的颜色

为照片进行颜色替换

知识要点

历史记录艺术画笔工具、橡皮擦工具

“照片滤镜”命令

操作难度	综合应用	发散性思维
★	★★	★★★

035 使用特殊材质的画笔进行创作

原始文件 随书光盘\素材\05\35\01.jpg、02.jpg

最终文件 随书光盘\源文件\05\35\为照片添加随意涂抹痕迹.psd

❶选择“历史记录艺术画笔工具”。❷在选项栏中的“样式”下拉列表中选择涂抹样式，设置“区域”和“容差”值。❸在图像上单击或涂抹，以创建特殊的艺术效果。

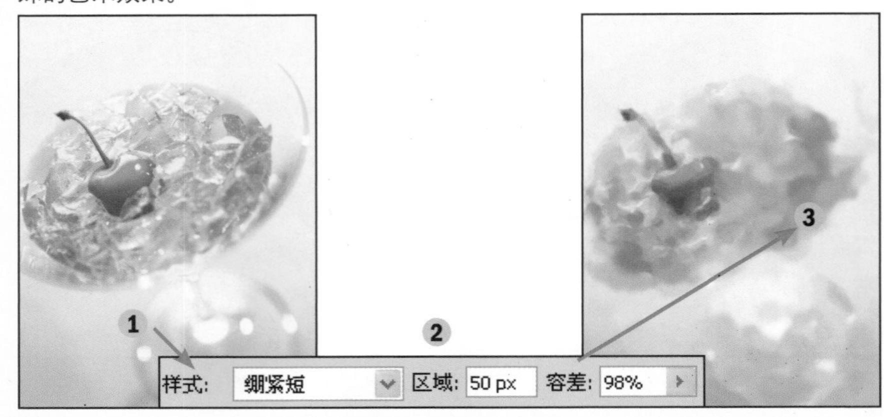

衍生应用——为照片添加随意涂抹痕迹

STEP 01 打开素材并选择工具

❶打开随书光盘\素材\05\35\01.jpg素材图片。

❷按住工具箱中的“历史记录画笔工具”按钮，在弹出的隐藏工具选项中选择“历史记录艺术画笔工具”。

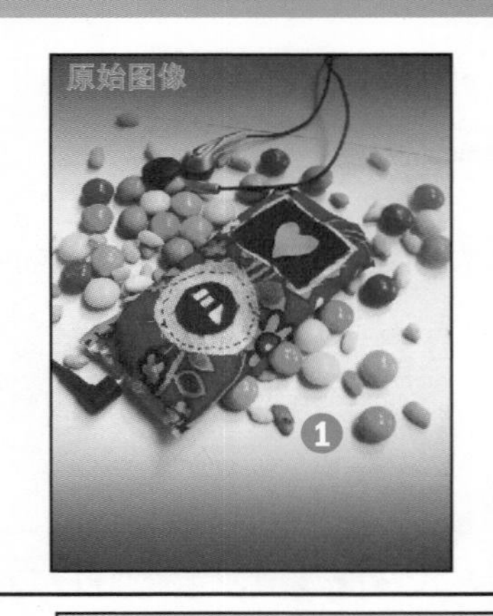

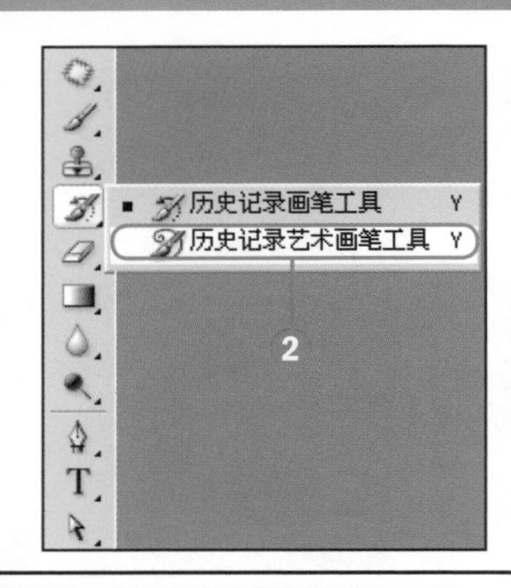

STEP 02 涂抹素材

❶在“历史记录艺术画笔工具”选项栏中设置“画笔”区域为100px，选择样式为“绷紧短”，设置容差为86%。

❷在图像上单击并拖曳，涂抹素材图像。

❸继续涂抹，对整个图像进行艺术化处理。

不透明度: 100% 样式: 绷紧短 区域: 100 px 容差: 86%

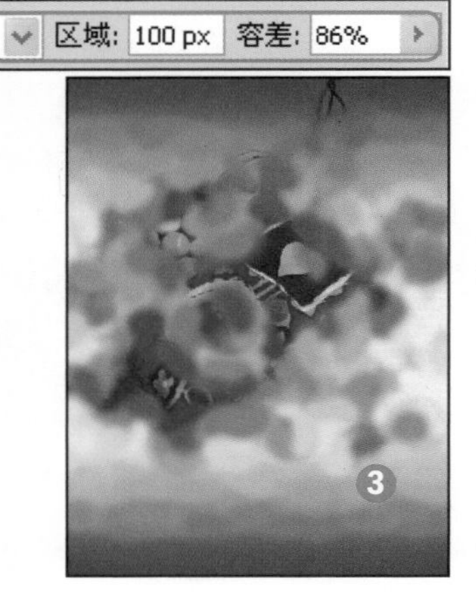

STEP 03 继续涂抹素材

❶继续在“历史记录艺术画笔”选项栏中设置“样式”为“轻涂”，“容差”值为73%。

❷在图像上单击并涂抹对象。

❸继续涂抹，对整个图像进行艺术化处理。

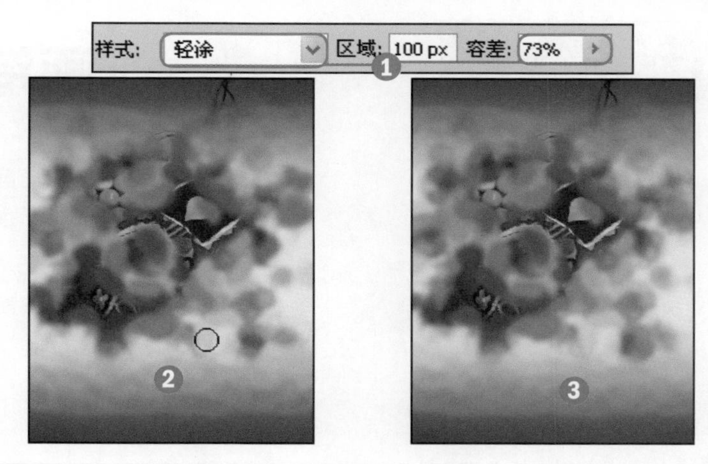

STEP 04 打开并选择素材图像

❶打开随书光盘\素材\05\35\02.jpg素材图片。

❷选择工具箱中的“移动工具”，将人物素材移至背景图像上。

STEP 05 擦除多余图像

❶选择“橡皮擦工具”，在该工具选项栏中设置画笔为100，模式为“画笔”。

❷在人物图像边缘涂抹，将多余的图像擦除。

❸选择柔角画笔，设置“不透明度”为48%、“流量”49%，在图像上涂抹，继续擦除图像。

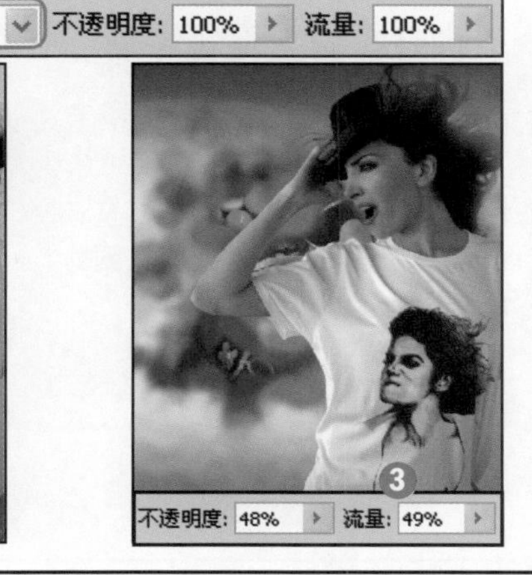

STEP 06 载入选区并执行滤镜

❶按住Shift键单击“图层1”缩览图，以载入选区。

❷执行“图像>调整>照片滤镜”菜单命令，打开“照片滤镜”对话框，在对话框中设置参数。

❸应用“照片滤镜”调整图像颜色。

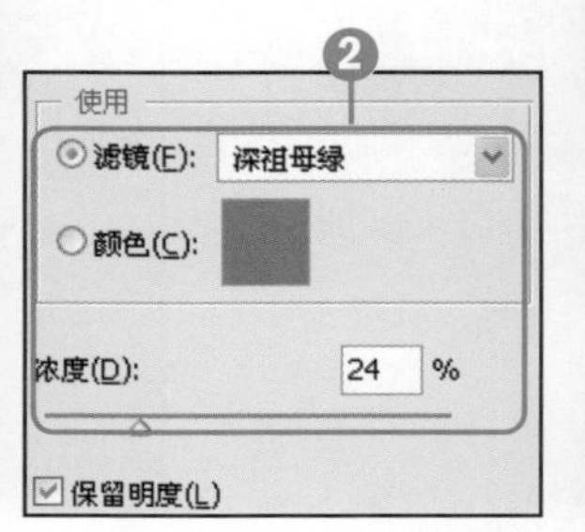

知识要点

“画笔”面板、画笔工具

自由变换工具、图层混合模式

操作难度	综合应用	发散性思维
★★	★★★	★★★

036 画笔笔尖形状的控制

原始文件 随书光盘\素材\05\36\01.jpg

最终文件 随书光盘\源文件\05\36\为人物图像添加漂亮的睫毛.psd

①利用“画笔工具”在图像上单击，绘制图案。②执行“窗口>画笔”菜单命令，打开“画笔”面板，在面板中单击“画笔笔尖形状”选项，调整画笔笔尖大小、角度和间距。③在图像上继续单击绘制图案，再通过设置其混合模式等绘制各种漂亮的图案。

衍生应用——为人物图像添加漂亮的睫毛

STEP 01 打开素材并选择工具

①打开随书光盘\素材\05\36\01.jpg素材图片。

②选择“背景”图层，将其拖曳至“创建新图层”按钮上，复制得到“背景 副本”图层。

STEP 02 设置混合模式和不透明度

①选择“背景 副本”图层，将其混合模式设置为“正片叠底”、“不透明度”为30%。

②应用“正片叠底”混合模式，以加深图像。

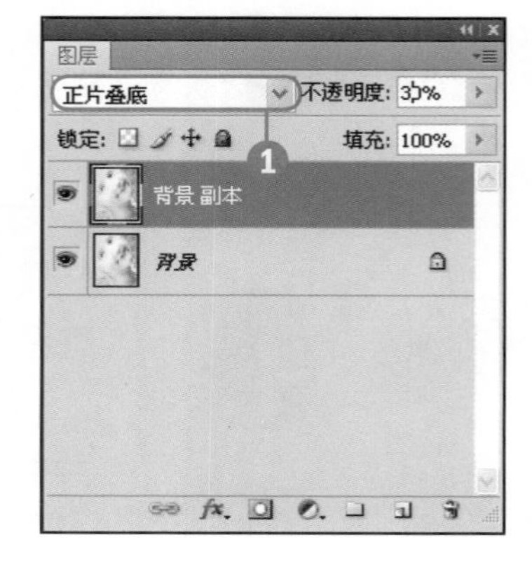

STEP 03 打开“画笔”面板

❶执行“窗口>画笔”菜单命令。

❷打开“画笔”面板，面板左侧显示画笔选项卡，右侧为参数面板。

❸选择“画笔笔尖形状”选项卡，切换至于该选项面板。

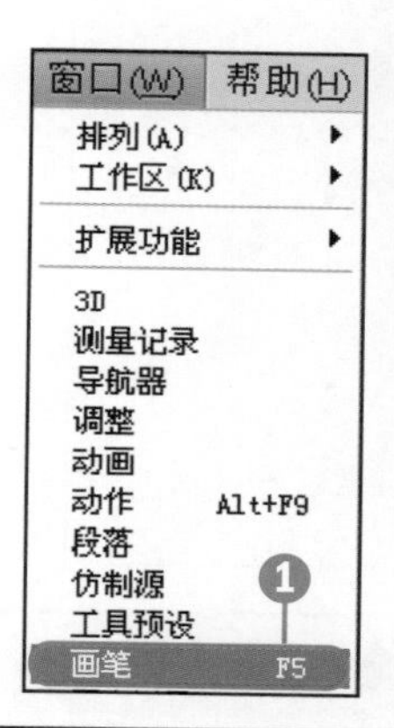

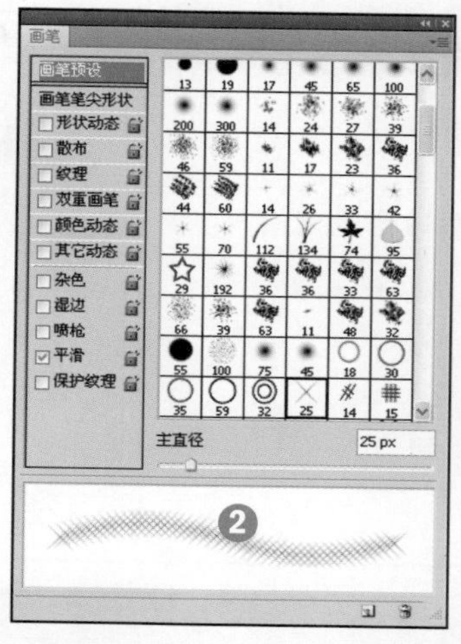

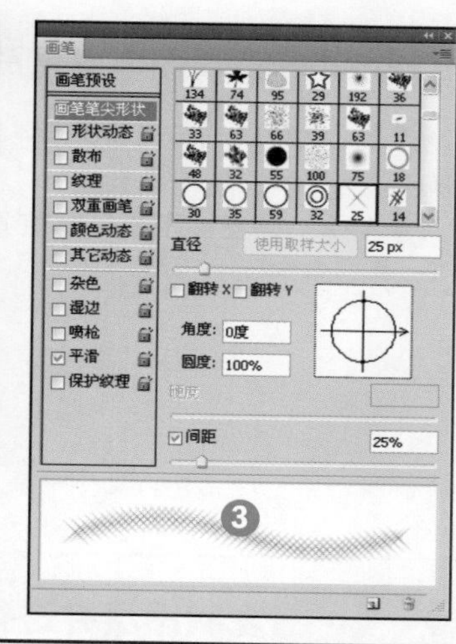

STEP 04 设置画笔

❶选择小草画笔，设置画笔“直径”为37 px。

❷继续在“画笔”面板中设置画笔“间距”为1000%。

❸单击并拖曳面板上的画笔角度，将其设置为101°。

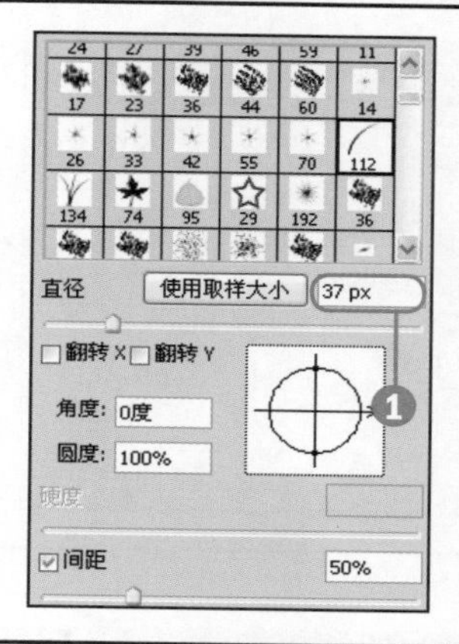

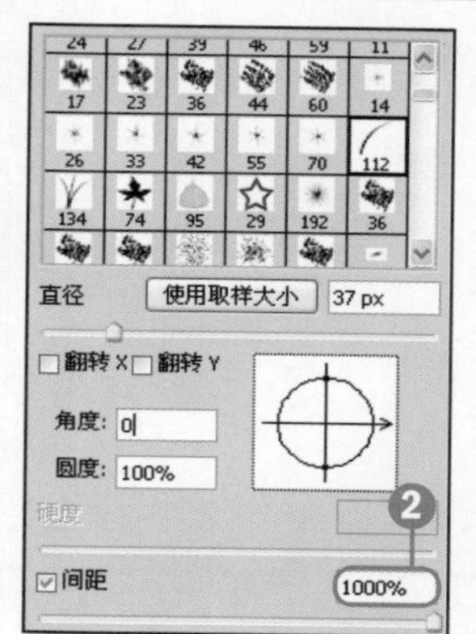

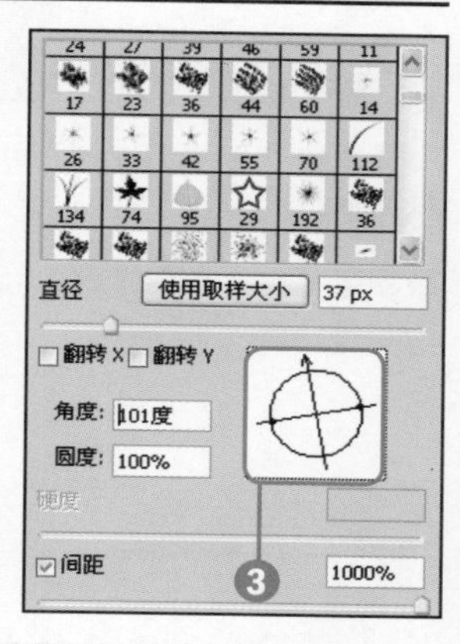

STEP 05 新建图层并绘制图形

❶打开“图层”面板，单击“创建新图层”按钮，新建“图层1”图层。

❷设置前景色为黑色，在睫毛位置单击，绘制图形。

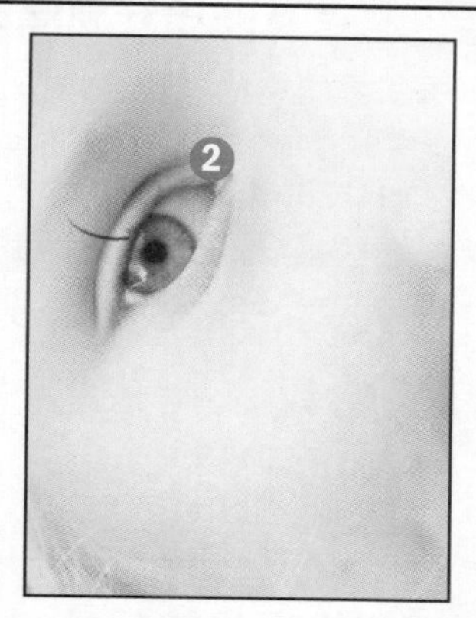

STEP 06 继续绘制睫毛

❶打开“画笔”面板，设置“角度”为96°。

❷在图像上再次单击，绘制第二根睫毛。

❸继续调整画笔角度，绘制第三根睫毛。

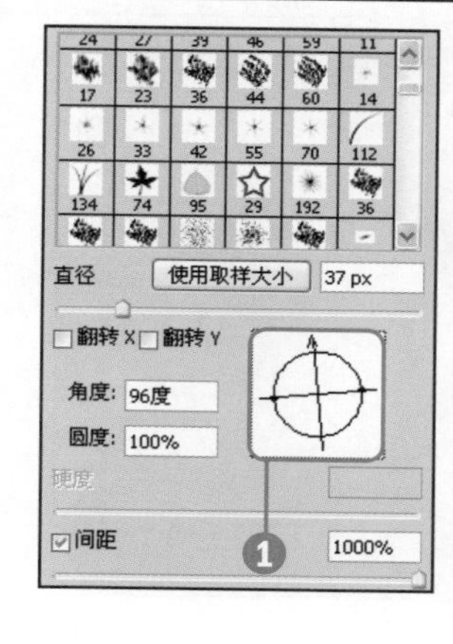

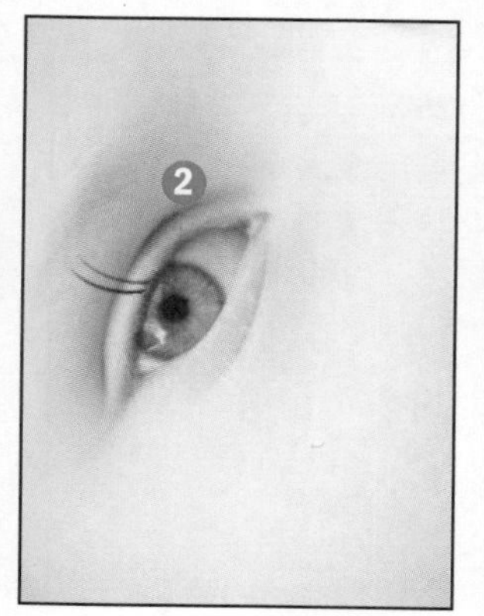

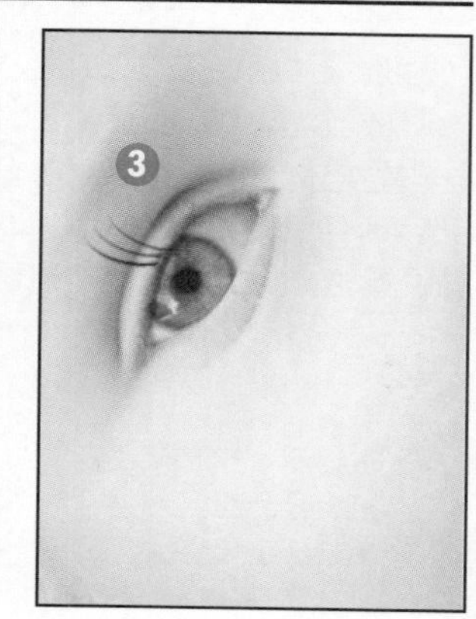

STEP 07 绘制睫毛并擦除多余睫毛

❶连续调整画笔角度和画笔笔触大小，在图像上连续单击，绘制睫毛。

❷选择“橡皮擦工具”，在眼球位置上涂抹，将多余的睫毛擦除。

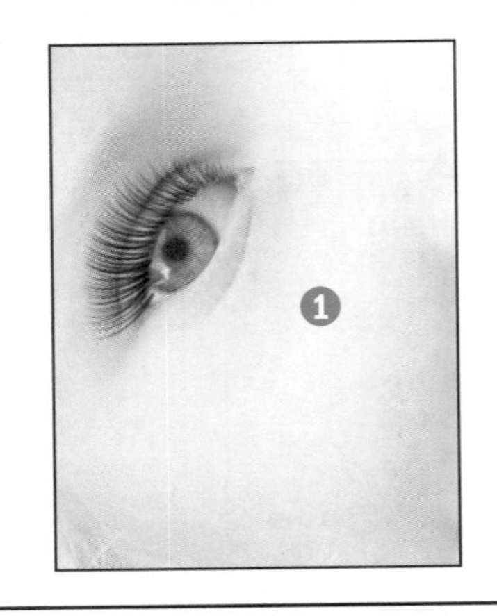

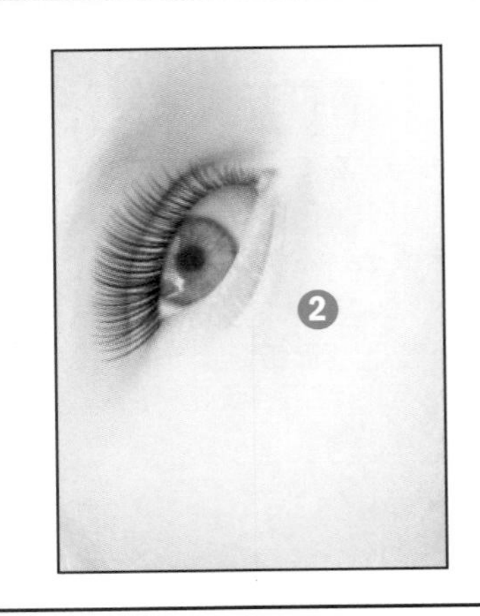

STEP 08 复制图层并进行变换

❶按快捷键Ctrl+J复制，得到“图层1 副本”图层。

❷选取“图层1 副本”中的图像，然后对其进行变形。

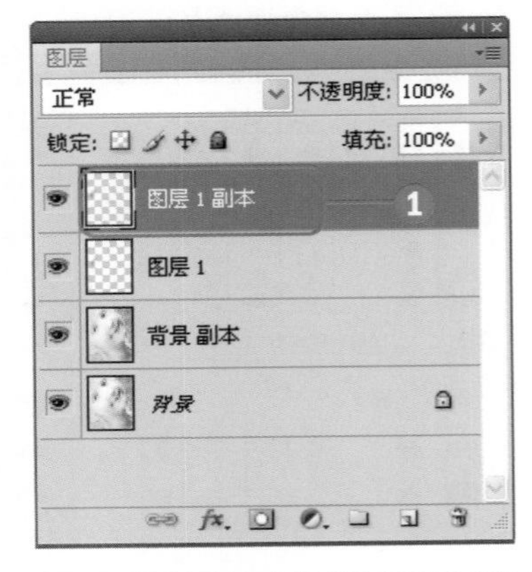

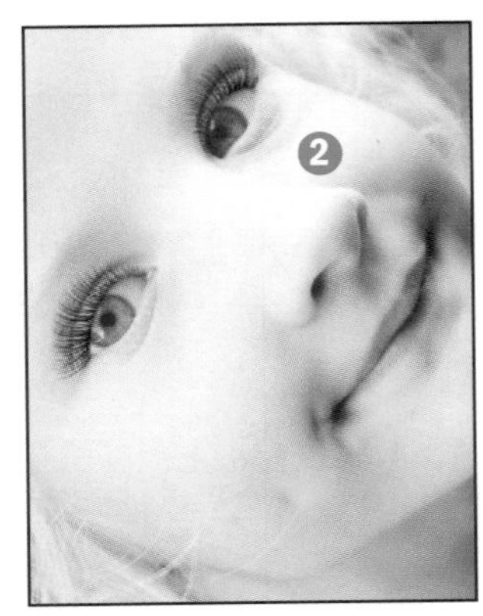

STEP 09 设置颜色并新建图层

❶单击工具箱中的“拾色器”图标，打开“拾色器（前景色）”对话框，在对话框中设置前景色为R178、G149、B120。

❷单击“创建新图层”按钮，新建“图层2”图层。

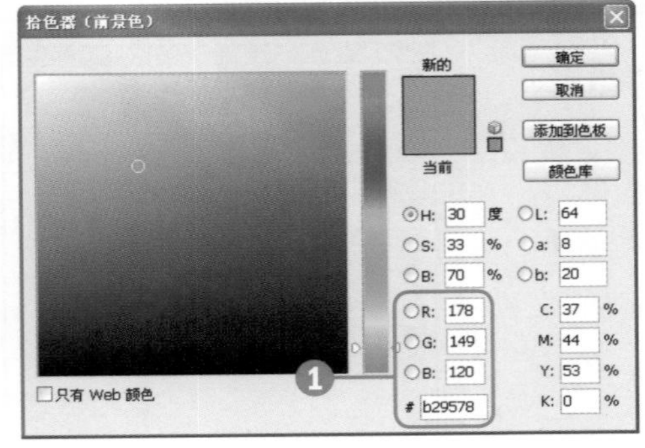

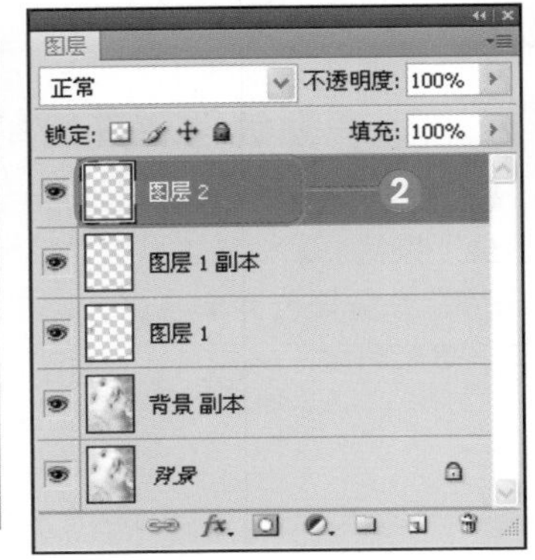

STEP 10 设置最终效果

❶选择“画笔工具”，在选项栏中设置“不透明度”为20%、“流量”为25%。

❷在图像左眼位置涂抹，绘制图像。

❸选择“图层2”图层，将该图层的混合模式设置为“叠加”、“不透明度”为80%。

模式: 正常 不透明度: 20% 流量: 25%

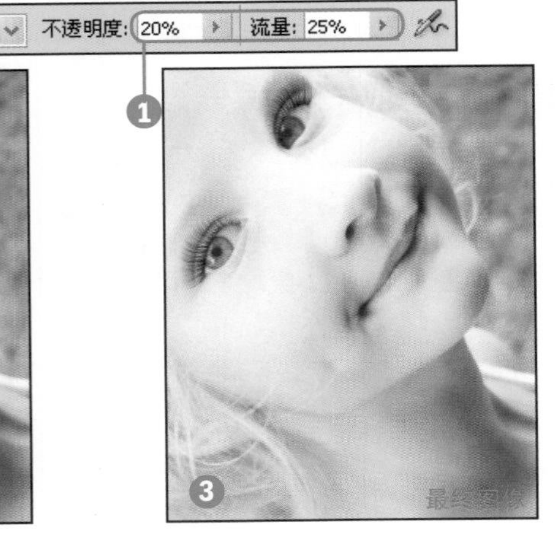

037 设置画笔的流动和扩散效果

原始文件 随书光盘\素材\05\37\01.jpg

最终文件 随书光盘\源文件\05\37\制作璀璨的星光背景.psd

❶利用“画笔工具”在图像上单击，以绘制一个图案。❷执行“窗口>画笔”菜单命令，打开“画笔”面板，在面板中单击“散布”选项，调整画笔散布。❸在图像上继续单击绘制图案，并通过添加发光样式来突出效果。

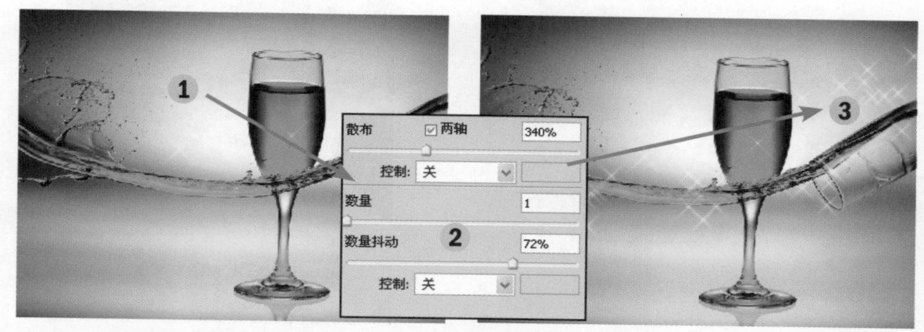

知识要点

画笔工具、“外发光”样式

操作难度	综合应用	发散性思维
★★	★★★	★★★

衍生应用——制作璀璨的星光背景

STEP 01 打开素材并选择工具

❶打开随书光盘\素材\05\37\01.jpg素材图片。

❷选择工具箱中的“画笔工具”，在该工具选项栏中将画笔设置为“直径”为51px、“间距”为130%。

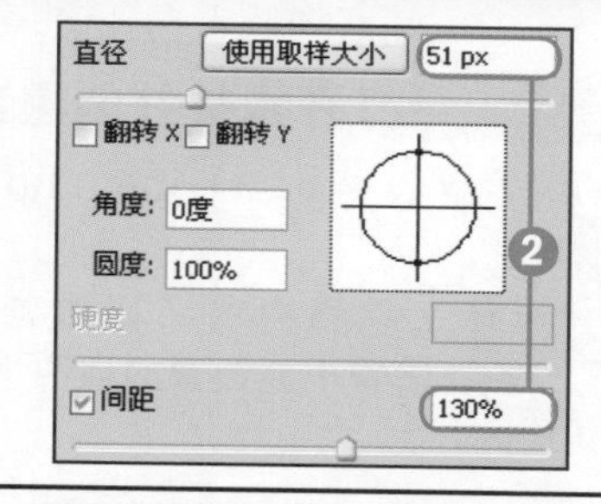

STEP 02 设置画笔形状动态和散布

❶选择“画笔”面板上的“形状动态”选项卡，设置“大小抖动”为100%、“最小直径”为15%。

❷选择“画笔”面板左侧的“散布”选项卡，然后设置“散布”为727%、“数量”为4。

STEP 03 绘制星光并设置发光样式

❶新建“图层1”，在图像上单击并拖曳鼠标，绘制星光图像。

❷双击“图层1”图层，打开“图层样式”对话框，在对话框中选中“外发光”，应用预设参数添加外发光效果。

知识要点

磁性套索工具、“定义画笔预设”命令

“高斯模糊”命令、栅格化文字

图层样式

操作难度	综合应用	发散性思维
★★	★★★	★★★

038 画笔的自定义运用

原始文件 随书光盘\素材\05\38\01.jpg、02.jpg

最终文件 随书光盘\源文件\05\38\将宠物图像制作水印效果.psd

①运用套索工具沿着图像拖曳创建不规则选区。②执行“编辑定义画笔预设”菜单命令，打开“画笔名称”对话框，输入需要定义的画笔名称，单击“确定”按钮。③运用自定义画笔在另一图像上单击，绘制图案。

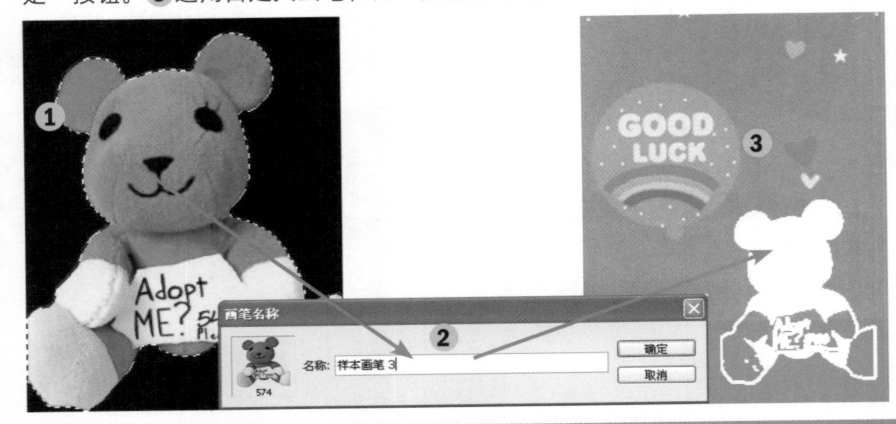

衍生应用——将宠物图像制作为水印效果

STEP 01 打开素材并创建选区

①打开随书光盘\素材\05\38\01.jpg素材图片。

②选择工具箱中的“磁性套索工具”，沿着小熊图像的周围拖曳，创建选区。

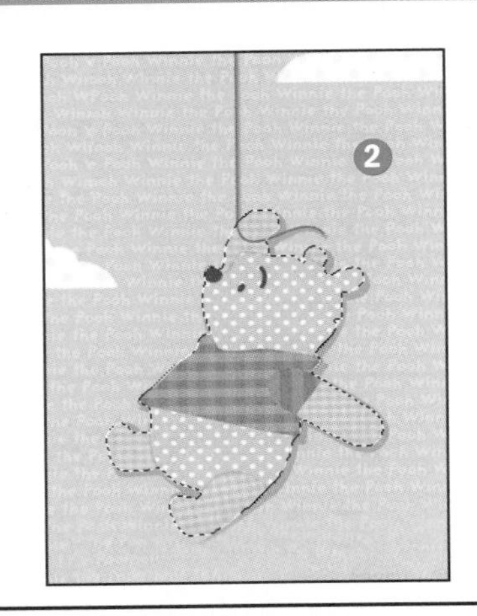

STEP 02 自定义画笔预设

① 执行“编辑>定义画笔预设”菜单命令。

②打开“画笔名称”对话框，在对话框中输入画笔名称，单击“确定”按钮。

③定义画笔后，打开画笔列表，所定义的画笔被放在画笔列表的最下方。

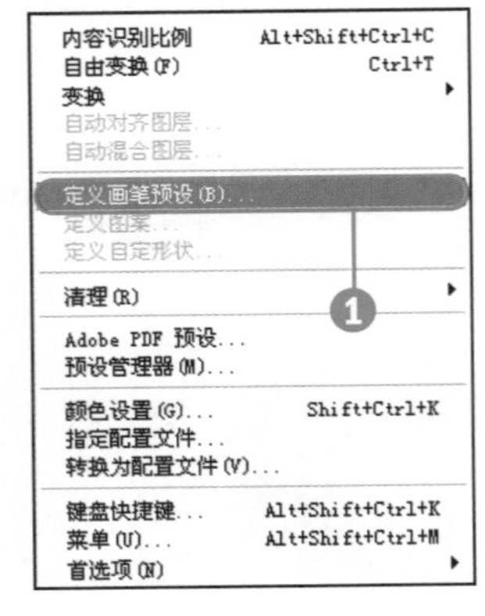

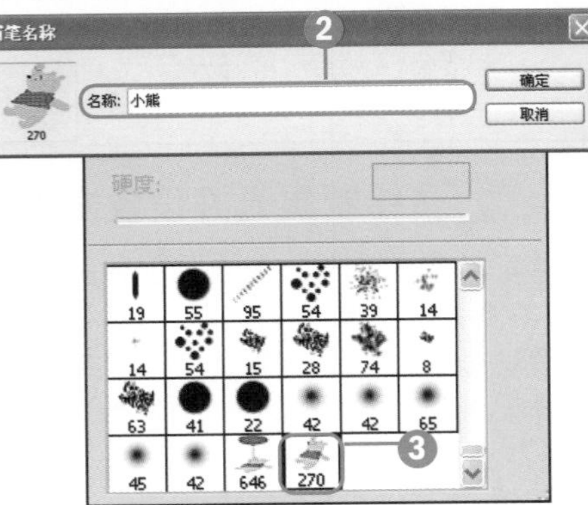

STEP 03 打开素材并绘制图案

❶打开随书光盘\素材\05\38\02.jpg素材图片。

❷单击“创建新图层”按钮，新建“图层1”。

❸选择“画笔工具”，设置前景色为白色，画笔大小为150，然后在图像右侧连续单击，绘制图案。

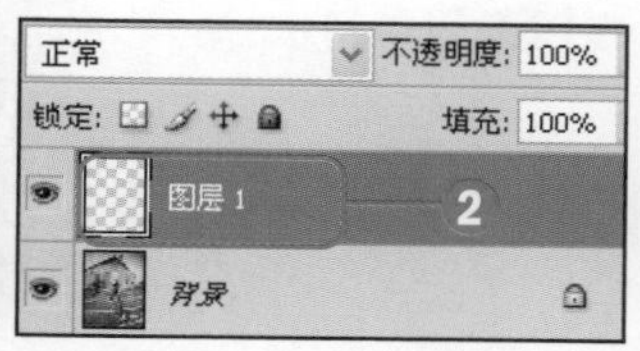

STEP 04 创建浮雕效果

❶执行“滤镜>风格化>浮雕效果”菜单命令，打开“浮雕效果”对话框，设置浮雕效果参数，单击“确定”按钮。

❷为小熊图案添加浮雕效果。

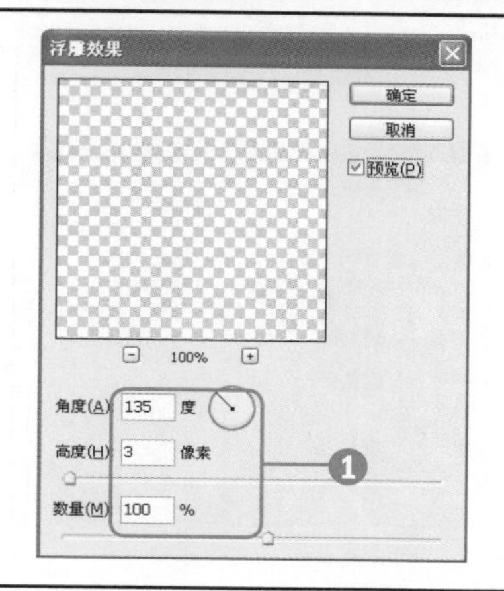

STEP 05 应用高斯模糊滤镜

❶执行“滤镜>模糊>高斯模糊”菜单命令，打开“高斯模糊”对话框，设置参数后，单击“确定”按钮。

❷通过设置“高斯模糊”滤镜模糊图像。

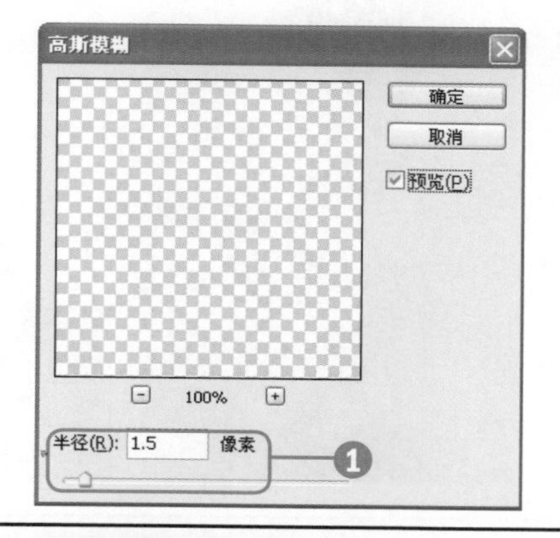

STEP 06 移动并翻转图像

❶选取“图层1”，选择“移动工具”，将图层中的对象移至页面的另一侧。

❷执行“编辑>变换>水平翻转”菜单命令。

❸对小熊图像进行水平翻转操作。

再次(A) Shift+Ctrl+T
缩放(S)
旋转(R)
斜切(K)
扭曲(D)
透视(P)
变形(W)
旋转 180 度(1)
旋转 90 度(顺时针)(9)
旋转 90 度(逆时针)(0)
水平翻转(H)
垂直翻转(V)

STEP 07 利用文字工具输入文字

❶选取“图层1”，将此图层的混合模式设置为“强光”。

❷选择“横排文字工具” T，单击“切换字符和段落面板”按钮，打开“字符”面板，设置文字属性。

❸设置前景色为白色，在图像的中间位置输入文字。

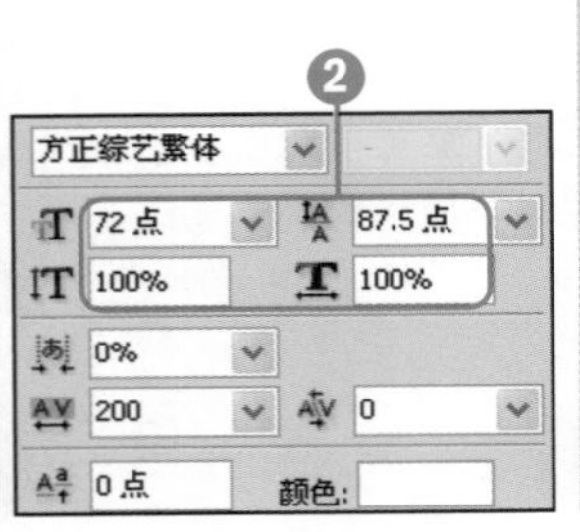

STEP 08 栅格化文字

❶右击文字图层，在弹出的快捷菜单中选择“栅格化文字”命令，对文字进行栅格化处理。

❷执行“滤镜>风格化>浮雕效果”菜单命令，打开“浮雕效果”对话框，设置浮雕效果参数，单击“确定”按钮。

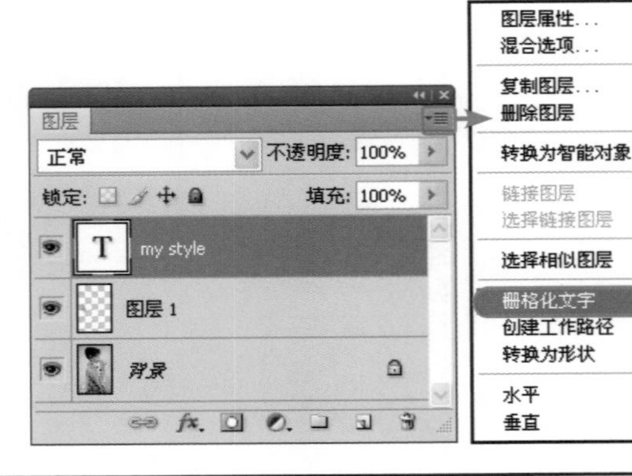

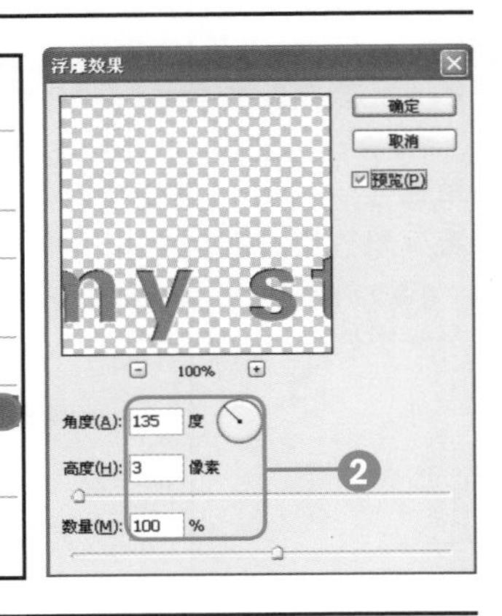

STEP 09 应用浮雕效果并设置混合模式

❶设置浮雕效果后，所输入的文字表现出具有浮雕效果的立体感。

❷选择栅格化后的文字所在图层，将其混合模式设置为“强光”。

❸经过上一步设置混合模式后，文字图像与背景相融合。

STEP 10 添加图层样式

❶双击“my style”图层，打开“图层样式”对话框，选中“斜面和浮雕”复选框，设置参数，单击“确定”按钮。

❷将此图层的混合模式设置为“线性光”、“不透明度”为90%、“填充”为12%。

❸将文字也设置成为淡淡的水印效果。

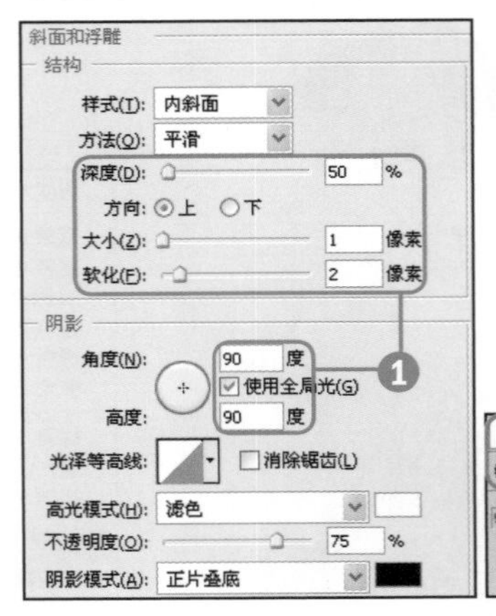

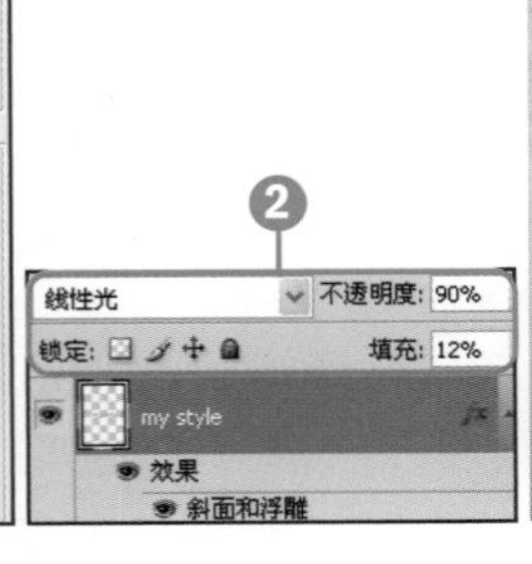

知识要点

画笔工具、磁性套索工具

“自然饱和度”命令

操作难度 ★★　综合应用 ★★★★　发散性思维 ★★★★

039 画笔的组合操作

原始文件 随书光盘\素材\05\39\01.jpg

最终文件 随书光盘\源文件\05\39\为人物添加魅力妆容.psd

❶利用“画笔工具”在图像上绘制图案。❷通过打开“画笔”面板重新对画笔的形状动态以及散布等参数进行设置，在图像中绘制更多图案。❸通过变换图案的形状和混合模式，进一步对图像进行调整。

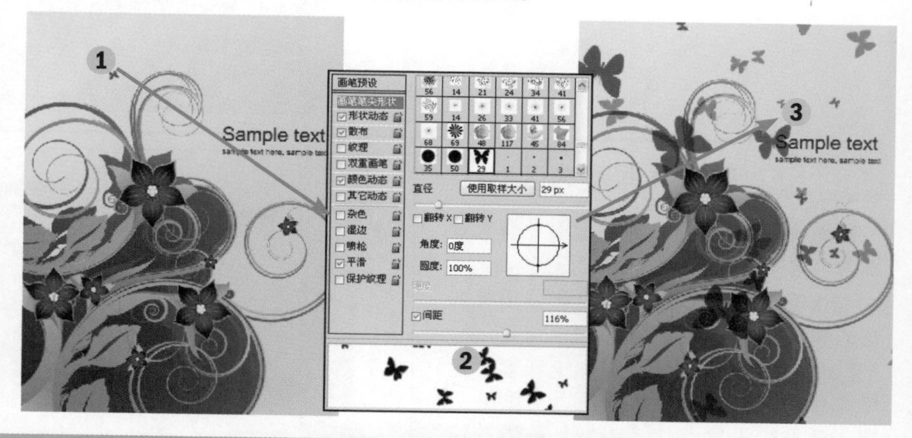

衍生应用——为人物添加魅力妆容

STEP 01 打开素材并新建图层

❶打开随书光盘\素材\05\39\01.jpg素材图片。

❷打开“图层”面板，单击“创建新图层”按钮，新建“图层1”。

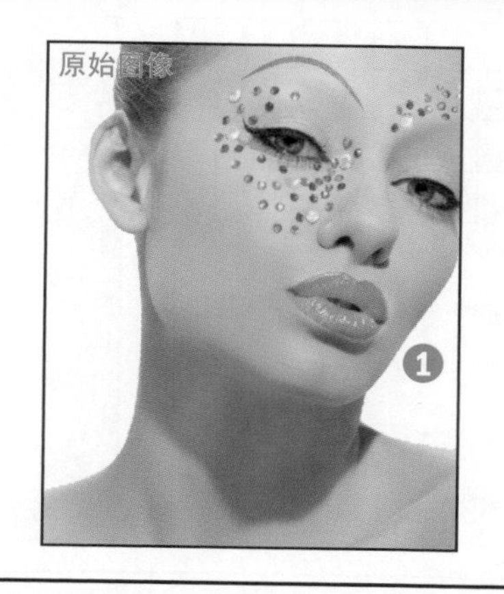

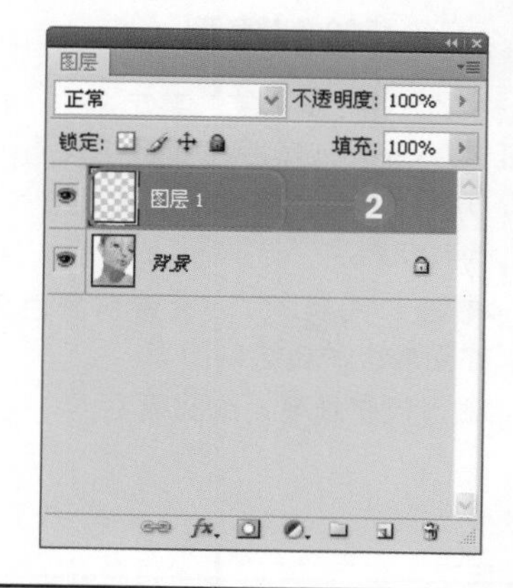

STEP 02 设置画笔并绘制图像

❶选择工具箱中的“画笔工具”，在选项栏中设置“画笔”为150、“不透明度”为28%、“流量”为29%。

❷单击“拾色器”图标，打开“拾色器（前景色）”对话框，在对话框中设置前景色为R249、G48、B79。

❸在图像上单击并拖曳，以绘制图像。

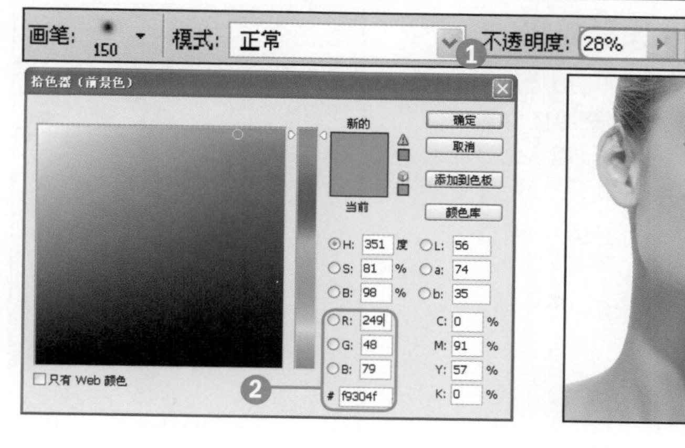

STEP 03 擦除多余图像

❶选择“橡皮擦工具”，在“橡皮擦工具”选项栏中设置“不透明度”为12%、“流量”为22%。

❷在左眼眼球位置涂抹，擦除红色图像。

❸继续涂抹，擦除眼球位置上的红色图像。

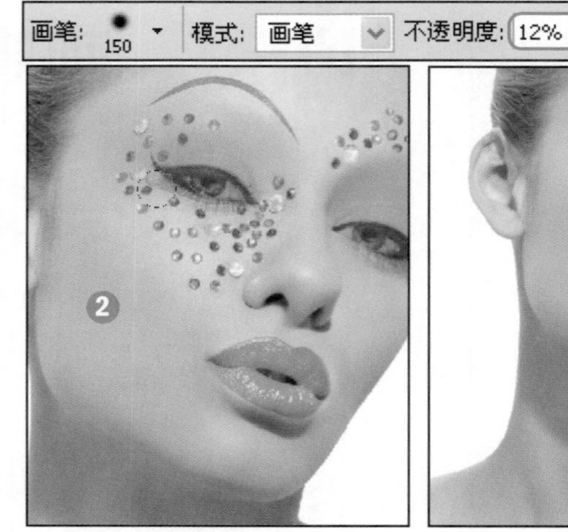

STEP 04 创建并调整选区

❶选择“图层1”，将图层混合模式设置为“变暗”。

❷选择“磁性套索工具”，沿着人物的嘴唇拖曳，创建选区。

❸执行“图像>调整>自然饱和度”菜单命令，打开“自然饱和度”对话框，在对话框中设置参数，以增加图像的饱和度。

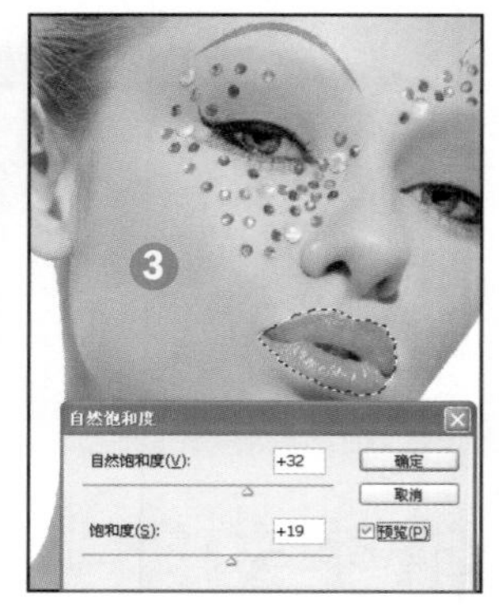

STEP 05 绘制睫毛

❶执行“窗口>画笔”菜单命令，打开“画笔”面板，然后在面板中设置“直径”为34px、“角度”为42度、“间距”为1000%。

❷新建“图层2”，设置前景色为黑色，在图像上单击绘制图案。

❸适当调整画笔，绘制睫毛。

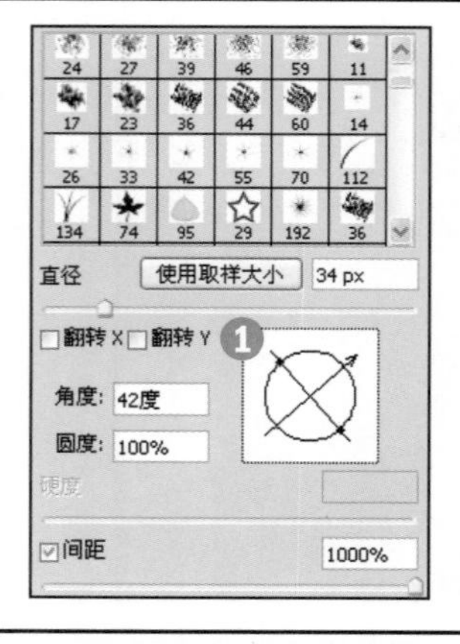

STEP 06 复制并变形图像

❶按快捷键Ctrl+J复制睫毛图像。

❷利用“移动工具”调整图像位置，再执行“编辑>变换>变形”菜单命令变形图像。

知识要点

修复画笔工具、画笔工具

图层混合模式

操作难度	综合应用	发散性思维
★★	★★★	★★★★

040 保护原图效果在其他图层修饰瑕疵

原始文件 随书光盘\素材\05\40\01.jpg

最终文件 随书光盘\源文件\05\40\将皮肤处理得自然细腻.psd

1 选择“修复画笔工具”，打开“图层”面板，新建一个透明图层，按住Alt键在图像上无瑕疵的位置单击，创建取样源。2 在瑕疵位置连续单击，以修饰图像。

衍生应用——将皮肤处理得自然细腻

STEP 01 打开素材并放大图像

❶打开随书光盘\素材\05\40\01.jpg素材图片。

❷按快捷键Ctrl++放大图像，此时在人物的脸部可以清晰地看到较多的斑点。

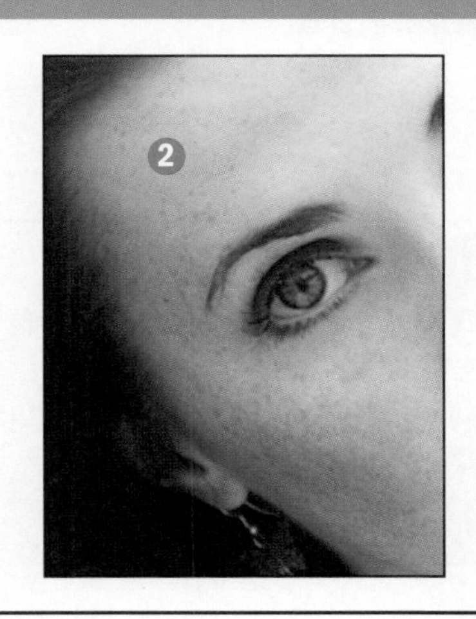

STEP 02 创建取样源

❶选择“修复画笔工具”，在“修复画笔工具”选项栏中选中“取样”单选按钮，样式为“所有图层”。

❷打开“图层”面板，单击“创建新图层”按钮，新建“图层1”。

❸按住Alt键不放，在人物脸上光洁的皮肤上单击，创建取样点。

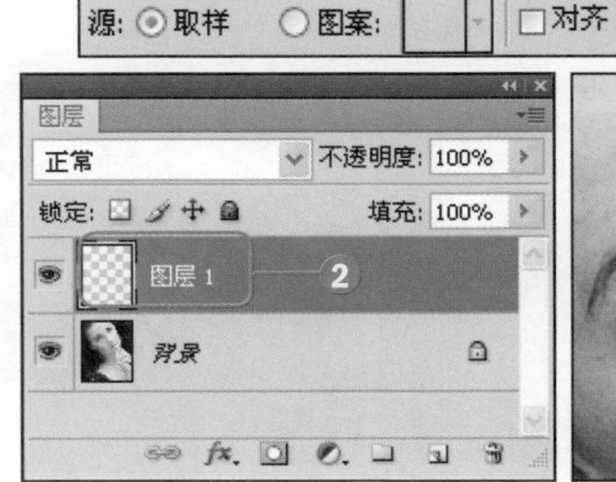

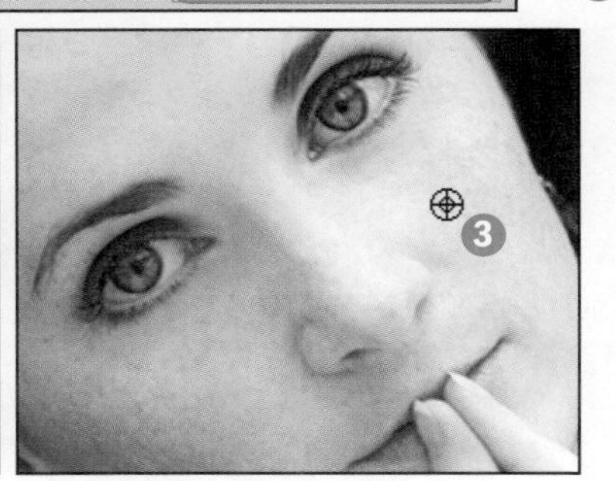

STEP 03 修复脸部图像

❶在获得取样点后，在脸上的斑点位置单击。

❷连续在脸上的其他部位单击，修复脸上所有的斑点。

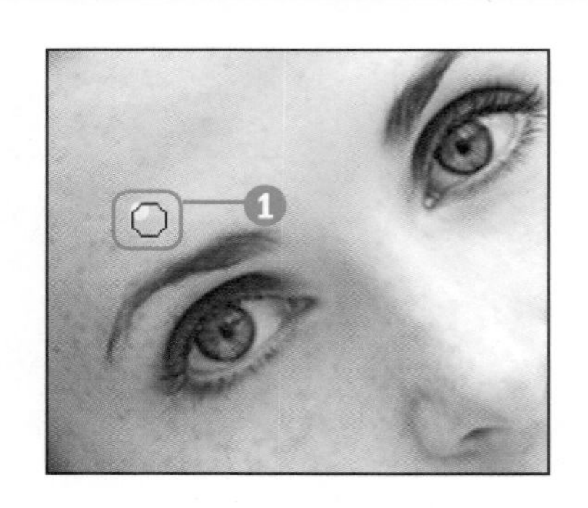

STEP 04 创建取样源

❶再选择“修复画笔工具”，然后在“修复画笔工具”选项栏中设置“取样”源。

❷打开“图层”面板，单击“创建新图层”按钮，新建“图层2”。

❸按住Alt键不放，在颈部光洁的皮肤上单击，创建取样源。

模式: 正常 源: ⊙取样 ○图案: □对齐 样本: 所有图层

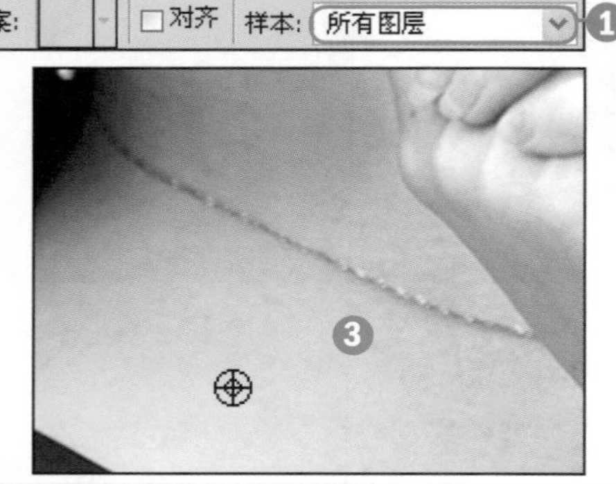

STEP 05 修复颈部图像

❶在获得取样点后，在颈部的斑点位置单击。

❷连续在颈部的其他部位单击，修复颈部所有的斑点。

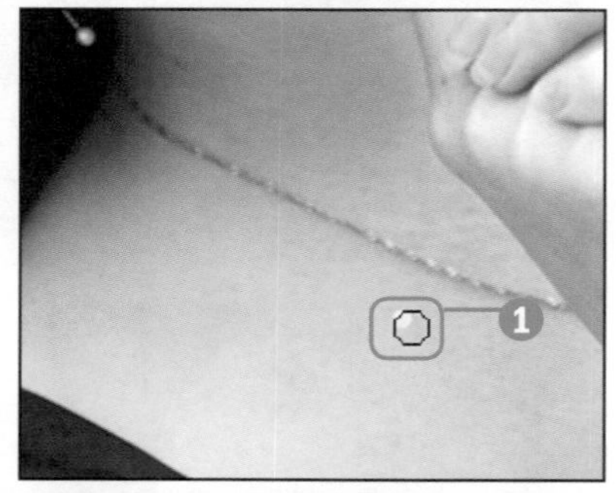

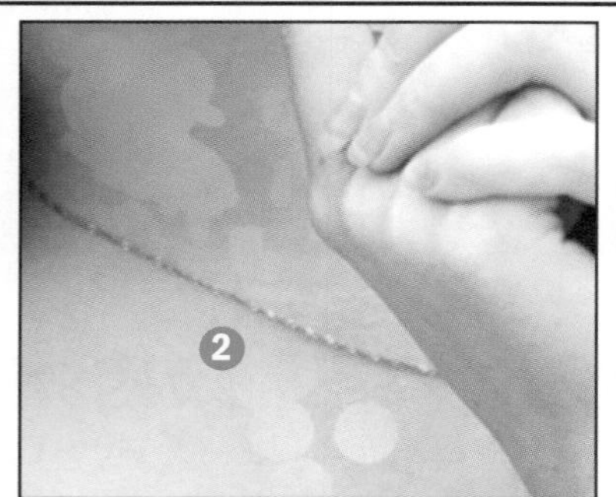

STEP 06 修复手臂图像

❶打开“图层”面板，单击“创建新图层”按钮，新建“图层3”。

❷继续选择“修复画笔工具”，修复手臂上的斑点。

STEP 07 修饰皮肤颜色

❶选择柔角画笔，然后在“画笔工具”选项栏上将“流量”设置为5%。

❷打开“图层”面板，新建“图层4”，将该图层混合模式设置为“滤色”。

❸在人物颜色不均的脸部和颈部区域进行涂抹，修饰图像。

画笔: 25 模式: 正常 不透明度: 100% 流量: 5%

知识要点

以快速蒙版模式编辑、红眼工具

“亮度/对比度”命令

操作难度	综合应用	发散性思维
★★	★★★	★★★

041 去除图像中的红眼效果

原始文件 随书光盘\素材\05\41\01.jpg

最终文件 随书光盘\源文件\05\41\去除其他色彩的眼睛反光效果.jpg

❶选择夜晚闪光所拍摄的照片。❷运用“红眼工具”在反光的其中一红眼上单击并拖曳鼠标，框选脸部眼球上的红眼。❸释放鼠标后，去除红眼，通过再次拖曳鼠标可以去除另一红眼图像。

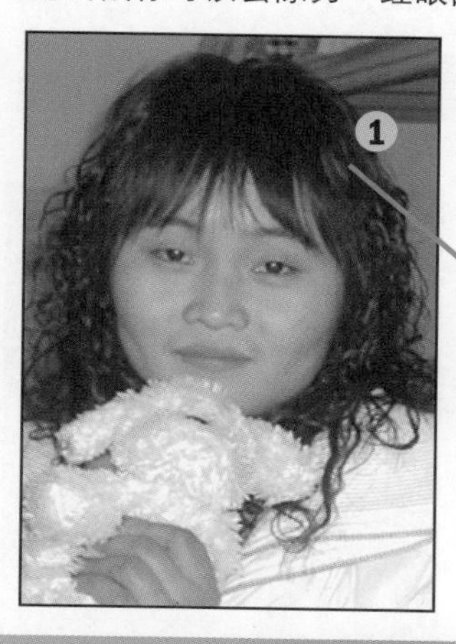

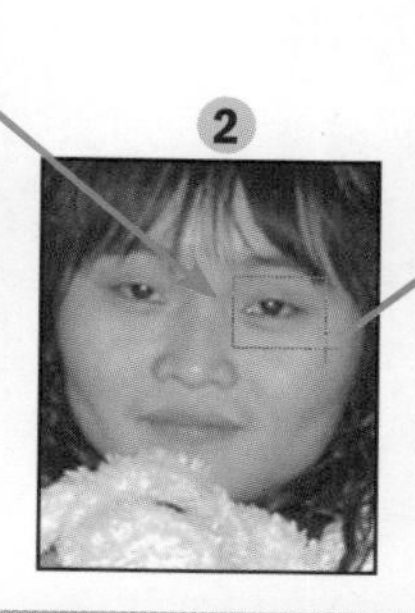

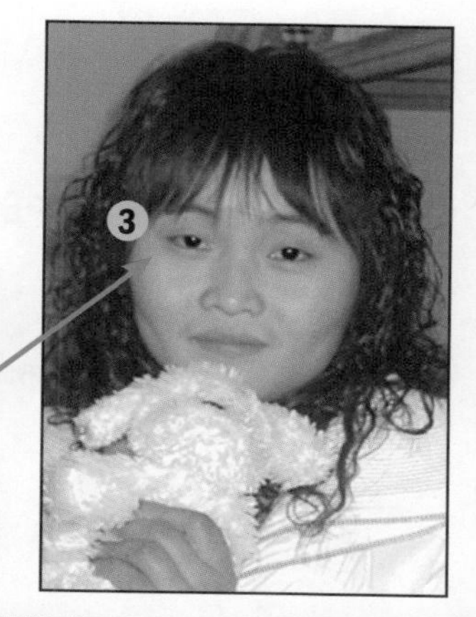

衍生应用——去除其他色彩的眼睛反光效果

STEP 01 打开素材并放大图像

❶打开随书光盘\素材\05\41\01.jpg素材图片。

❷按快捷键Ctrl++放大照片，此时可以清楚地看到红眼图像。

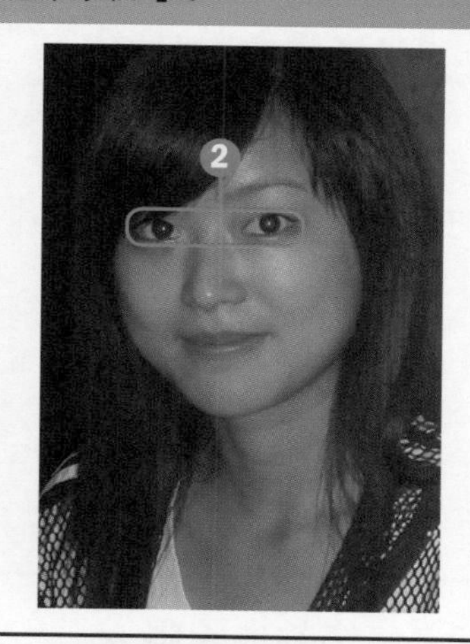

STEP 02 涂抹并创建选区

❶单击工具箱下方的“以快速蒙版模式编辑”按钮或按下Q键，在红眼图像上涂抹。

❷单击工具箱下方的“以标准模式编辑”按钮。

❸创建选区，按快捷键Ctrl+Shift+I反选选区。

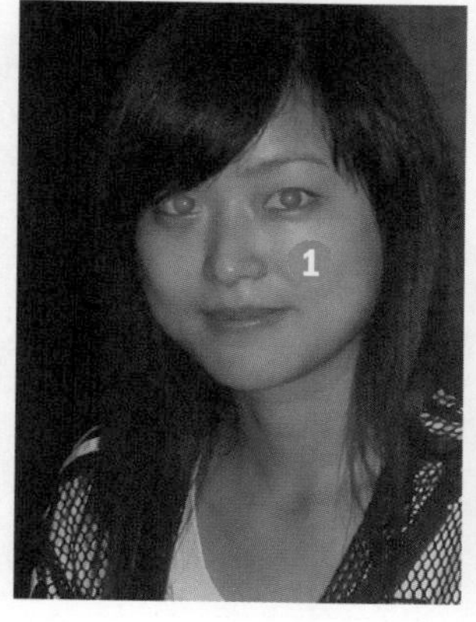

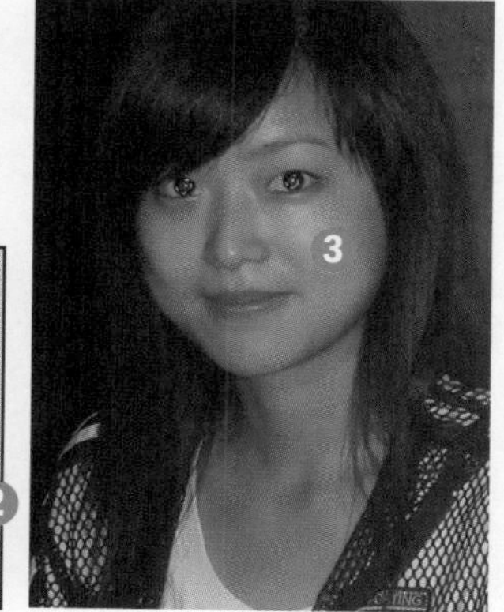

STEP 03 去除右眼中的红眼

❶选择“红眼工具”，在选项栏中将“变暗量”设置为35%。

❷在右眼的红眼位置上单击并拖曳鼠标。

❸释放鼠标，去除右眼选区内的红眼。

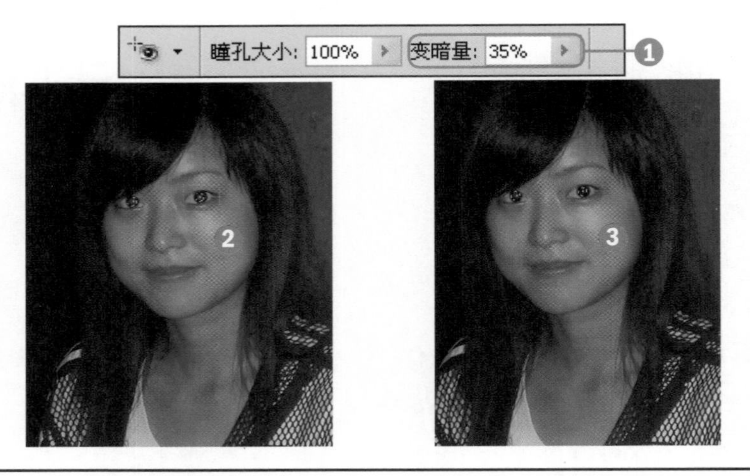

STEP 04 去除左眼中的红眼

❶在左眼的红眼位置上单击并拖曳鼠标。

❷释放鼠标，去除左眼选区内的红眼。

STEP 05 设置亮度/对比度

❶执行“图像>调整>亮度/对比度”菜单命令，打开“亮度/对比度”对话框，在对话框中设置“亮度”为32、“对比度”为-32。

❷通过设置，增加图像的亮度。

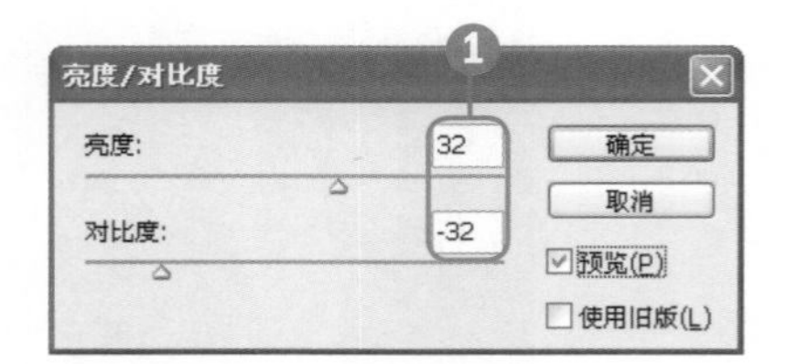

STEP 06 修饰并去除眼袋

❶设置前景色为R208、G165、B148，选择“画笔工具”，在“画笔工具”选项栏上设置“不透明度”为19%、“流量”为16%。

❷在下眼位置单击并涂抹对象。

❸连续涂抹，去除眼睛下方的眼袋。

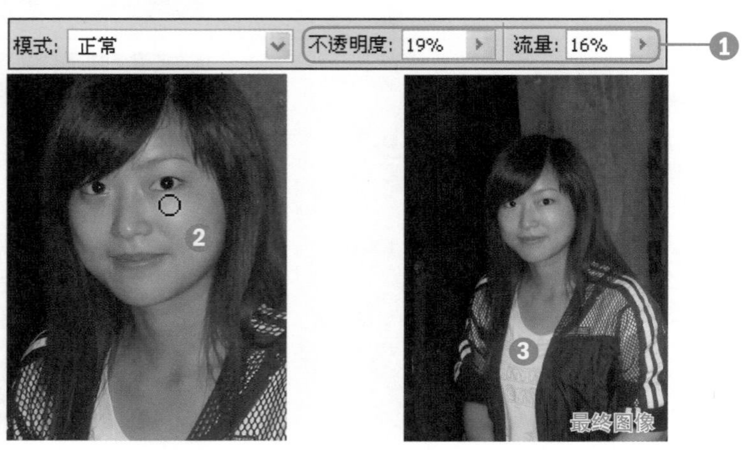

042 修补工具不单单是针对局部

原始文件 随书光盘\素材\05\42\01.jpg
最终文件 随书光盘\源文件\05\42\用周围的图像将多余人物覆盖掉.psd

1 运用“修补工具”单击并拖曳创建不规则选区。2 将选区内的图像拖曳至图像中需要修补的图像上。3 释放鼠标，修饰图像。

知识要点

修补工具、移动选区图像

操作难度	综合应用	发散性思维
★★	★★★	★★★

衍生应用——用周围的图像将多余人物覆盖掉

STEP 01 打开素材并选择工具

1打开随书光盘\素材\05\42\01.jpg素材图片。

2按住工具箱中的“污点修复画笔工具”按钮，在弹出的隐藏工具选项中选择“修补工具”。

STEP 02 单击并创建选区

1按住鼠标左键不放在图像中拖曳。

2继续拖曳创建闭合的路径，当终点与起点位置重合后，释放鼠标，绘制的轨迹会自动创建为选区。

STEP 03 移动选区修补图像

1向左拖曳选区内的图像至左侧的无人像区域上，再释放鼠标，以修复图像。

2继续使用相同的方法修复另外两个人像。

知识要点

“新建”命令、铅笔工具

“灰度”命令、“位图”命令

操作难度 ★★ 综合应用 ★★★ 发散性思维 ★★★

043 将彩色图像转换为灰度图像

原始文件 随书光盘\素材\05\43\01.jpg

最终文件 随书光盘\源文件\05\43\制作特殊的纹理效果.psd

❶执行“图像>模式>灰度”菜单命令，将图像转换为灰度图像。❷执行“图像>模式>位图”菜单命令，打开“位图”对话框，在对话框中设置分辨率为72像素/英寸，“使用”设置为“图案仿色”。❸将图像转换为灰度图像，同时添加上纹理效果。

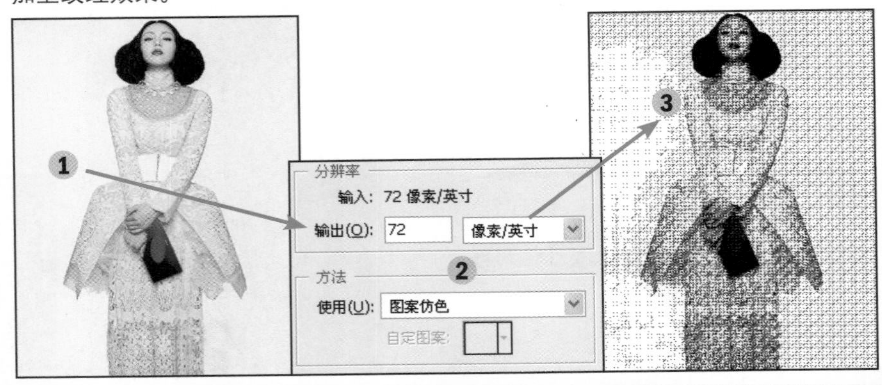

衍生应用——制作特殊的纹理效果

STEP 01 新建图像并放大图像

❶执行“文件>新建”菜单命令，打开“新建”对话框，在对话框中设置“宽度”和“高度”为4像素、“背景内容”为“透明”。

❷按快捷键Ctrl++将图像放大至3200%。

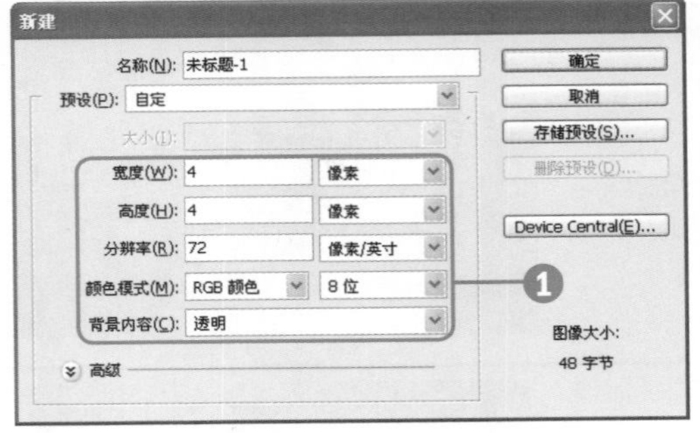

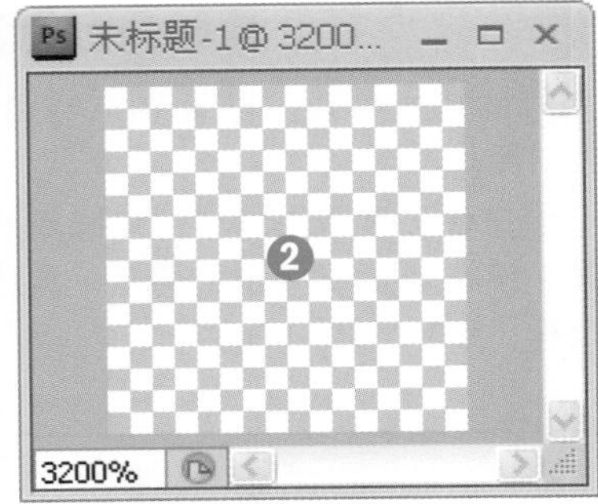

STEP 02 选择工具绘制图案

❶选择“铅笔工具”，在选项栏上选择“方形1像素”画笔。

❷设置前景色为黑色，在透明的背景图像上单击，沿着文档的对角画出45°斜线。

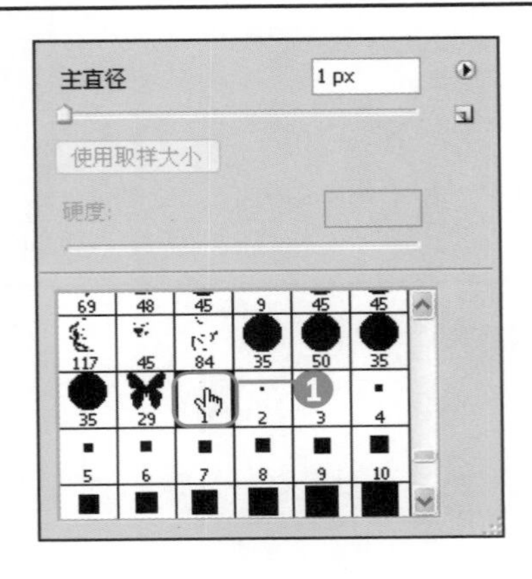

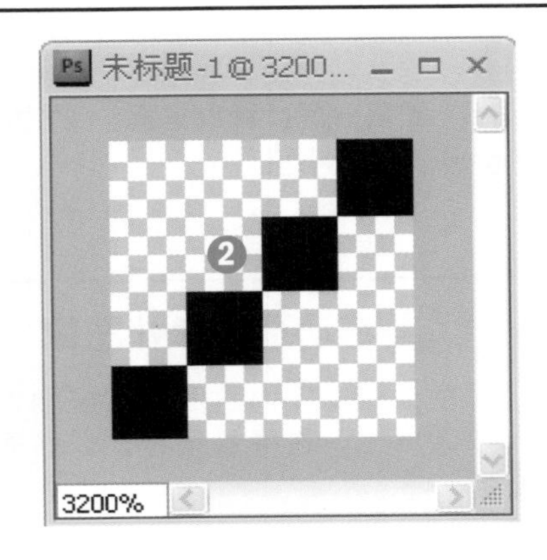

STEP 03 定义图案

❶执行“编辑>定义图案”菜单命令。

❷打开“图案名称”对话框，在对话框中输入图案名，单击“确定”按钮。

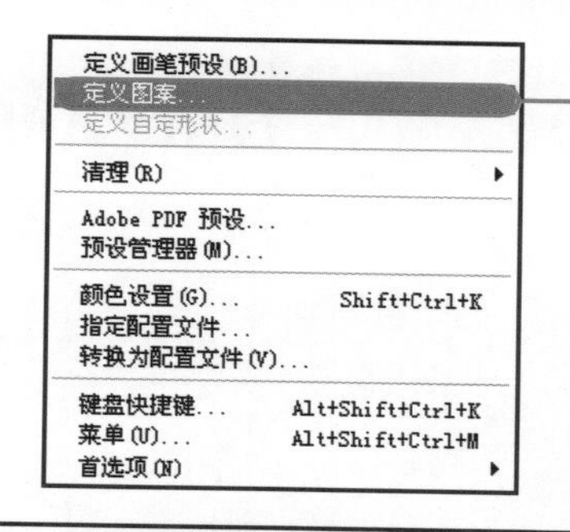

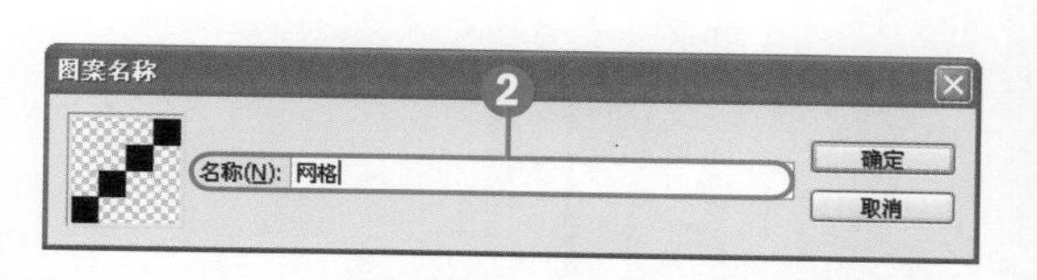

STEP 04 打开图像并转换模式

❶打开随书光盘\素材\05\43\01.jpg素材图片。

❷执行“图像>模式>灰度”菜单命令，弹出“信息”对话框，单击“扔掉”按钮。

❸将图像转换为灰度图像。

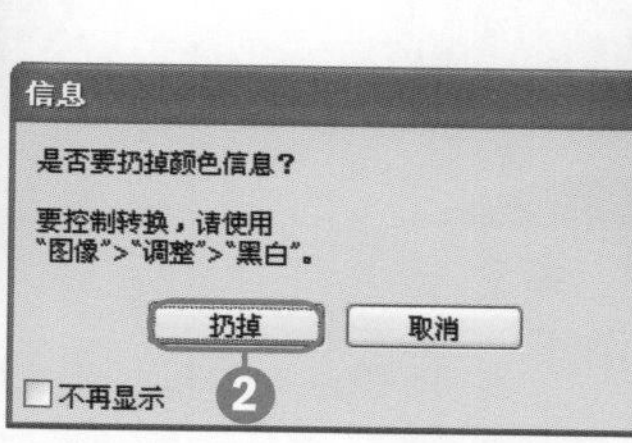

STEP 05 设置位图模式参数

❶执行“图像>模式>位图”菜单命令，打开“位图”对话框，选择“自定图案”选项。

❷单击“自定图案”列表，选择定义的图案。

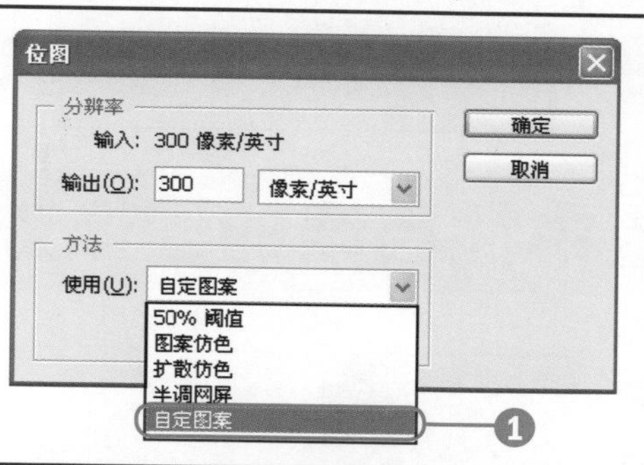

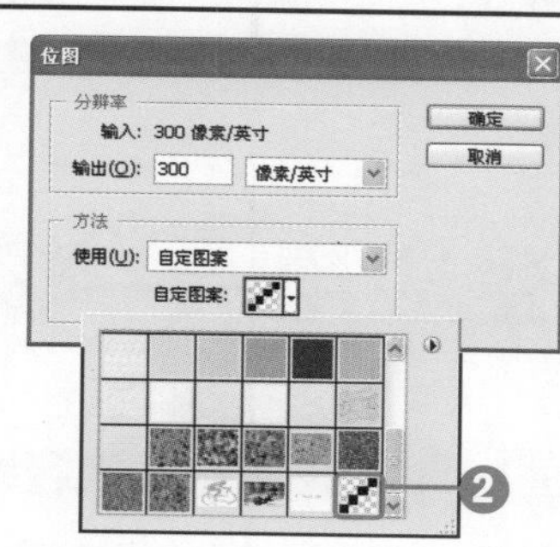

STEP 06 转换为灰度图像

❶将图像转换为带纹理的位图图像。

❷执行“图像>模式>灰度”菜单命令，弹出“灰度”对话框，设置“大小比例”为1，单击“确定”按钮。

❸将图像再次转换为灰度图像。

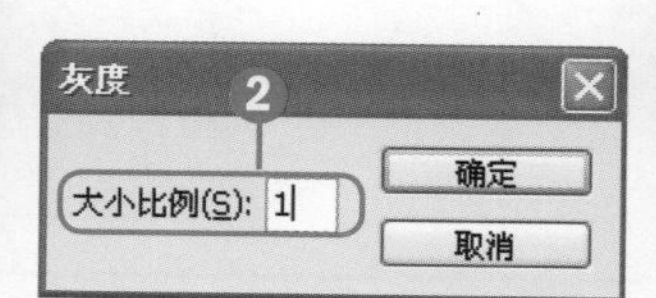

STEP 07 为图像添加上颜色

❶执行“图像>模式>RGB颜色”菜单命令，将图像转换为RGB图像，选择“魔棒工具”，按Shift键，连续单击，创建选区。

❷设置前景色为R211、G227、B203。

❸按快捷键Alt+Delete填充选区。

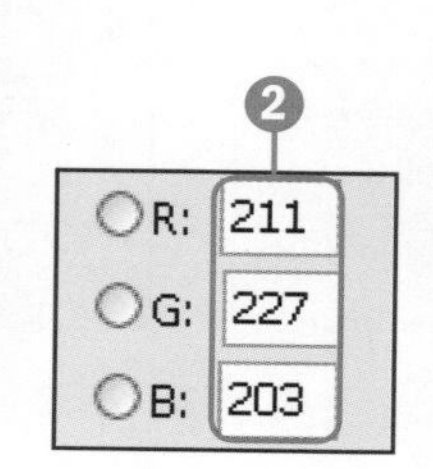

知识要点

混合选项、“色相/饱和度”命令

“色彩平衡”图标、盖印图层

操作难度	综合应用	发散性思维
★★	★★★	★★★

044 CMYK模式下的图像处理

原始文件 随书光盘\素材\05\44\01.jpg

最终文件 随书光盘\源文件\05\44\设置中性色调的图像效果.psd

❶执行“图像>模式>CMYK颜色”菜单命令，将图像转换为CMYK颜色模式图像。❷单击“调整”面板上的“色相/饱和度”图标，在弹出的面板中设置色相/饱和度参数。❸通过设置不同的色相/饱和度值，调整图像颜色。

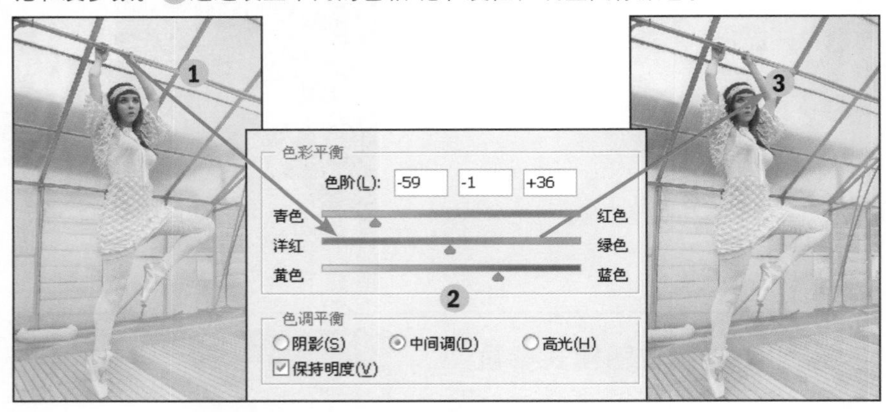

衍生应用——设置中性色调的图像效果

STEP 01 打开素材并执行命令

❶打开随书光盘\素材\05\44\01.jpg素材图片。

❷执行“图像>模式>CMYK颜色”菜单命令，弹出提示对话框，单击“确定”按钮。

❸将RGB图像转换为CMYK图像。

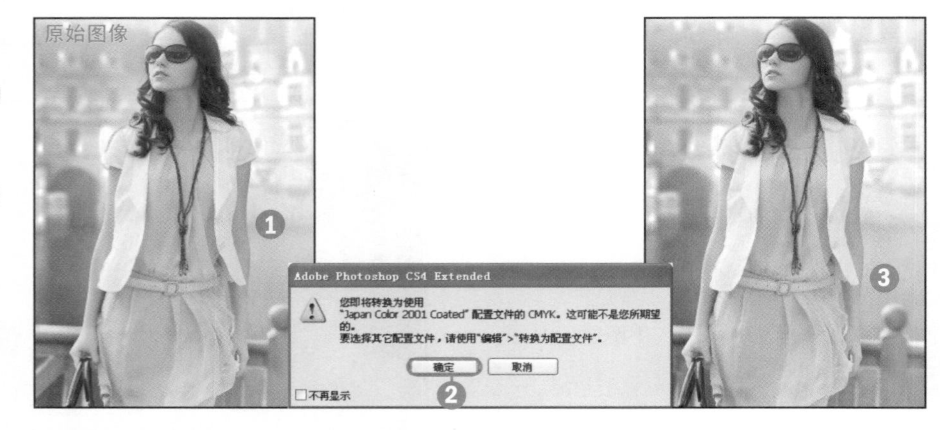

STEP 02 复制并创建新图层

❶打开“图层”面板，将“背景”图层拖曳至“创建新图层”按钮上，复制得到“背景 副本”图层。

❷单击“创建新图层”按钮，新建“图层1”。

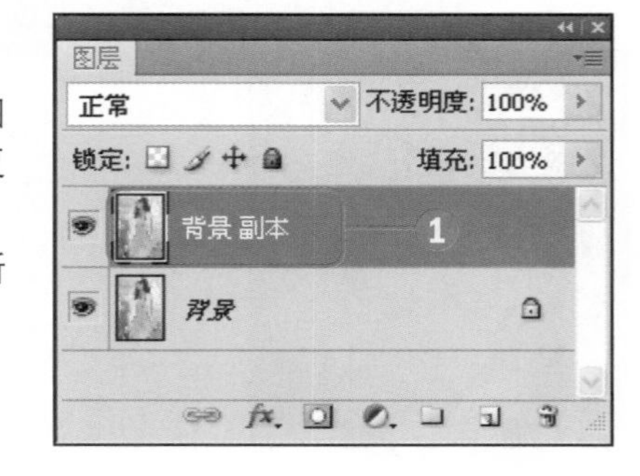

STEP 03 填充灰度图像

❶执行“编辑>填充”菜单命令，打开“填充”对话框，在对话框中选择“50%灰色”，单击“确定”按钮。

❷将“图层1”填充为50%灰度图像。

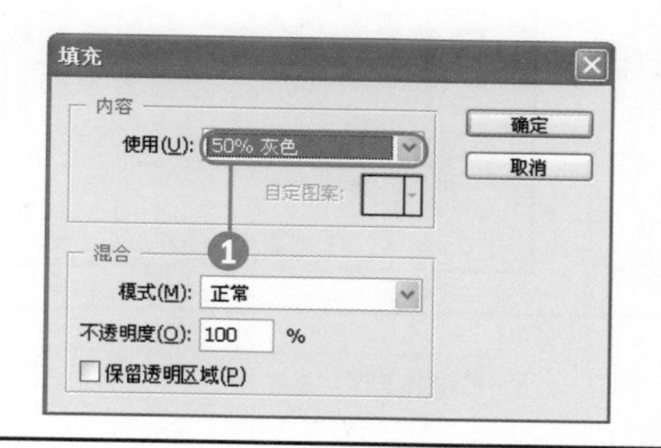

STEP 04 设置图层混合模式

❶选择“图层1”，将该图层的混合模式设置为“色相”。

❷设置图层混合模式后，图像的饱和度降低。

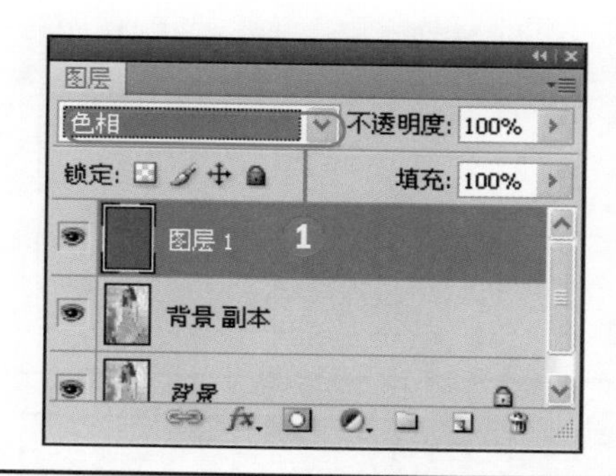

STEP 05 设置混合选项

❶双击“图层1”，打开“图层样式”对话框，在“混合选项”下的“高级混合”区域内取消M的选中状态。

❷设置后，图像中的红色区域增加。

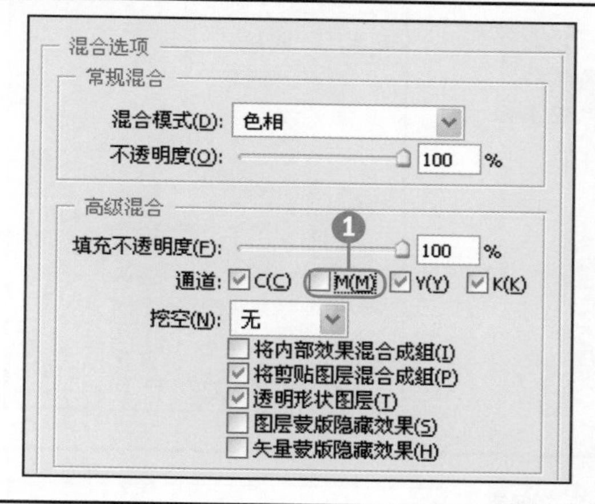

STEP 06 新建图层组并设置混合模式

❶打开“图层”面板，单击“创建新组”按钮，新建“组1”。

❷将“图层1”和“背景 副本”图层移至“组1”内，然后将该组的混合模式设置为“饱和度”。

❸设置混合模式后即可混合图像。

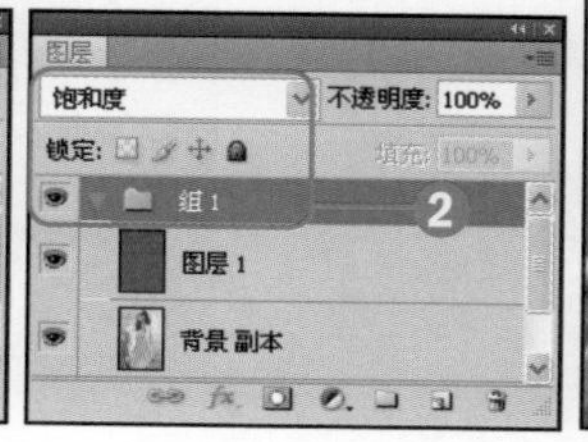

STEP 07 盖印新图层

❶打开“图层”面板，单击“创建新图层”按钮，新建“图层2”图层。

❷按快捷键Ctrl+Shift+Alt+E盖印图层。

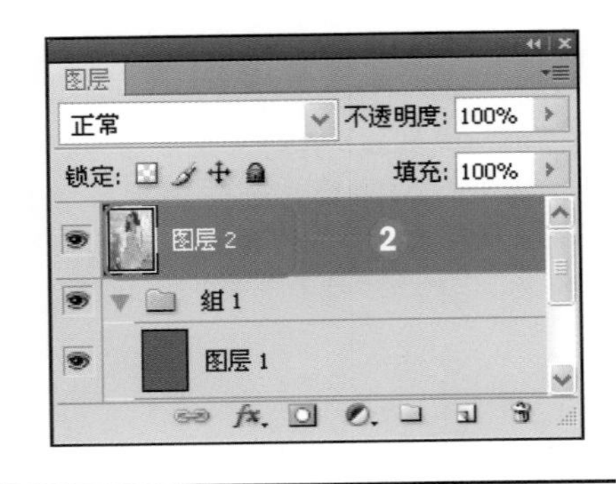

STEP 08 设置色相/饱和度

❶切换至“调整”面板，单击“色相/饱和度”图标，在弹出的面板中设置参数。

❷参数设置后，图像中的饱和度降低。

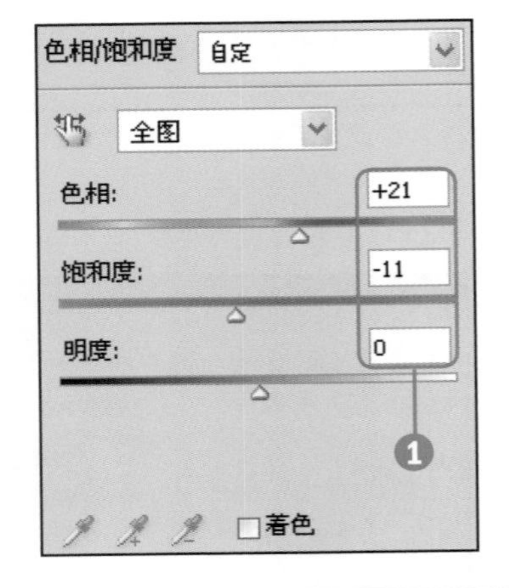

STEP 09 设置色彩平衡

❶再打开“调整”面板，单击“色彩平衡”图标，在弹出的面板中设置参数。

❷设置后，应用所设置的色彩平衡参数调整图像的颜色。

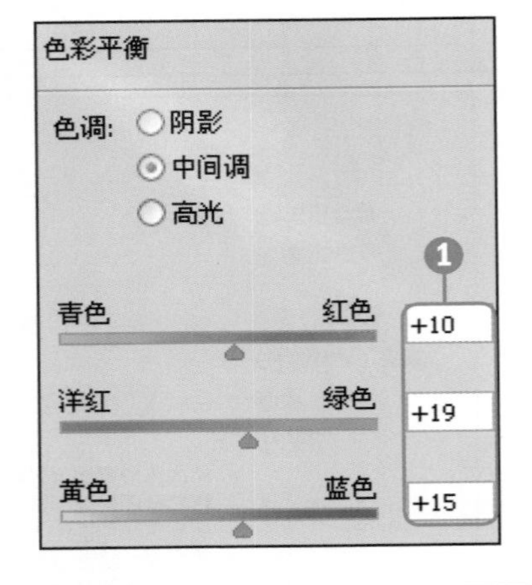

STEP 10 应用“智能锐化”滤镜

❶执行“滤镜>锐化>智能锐化”菜单命令，打开“智能锐化”对话框，选中“高级”单选按钮，设置参数。

❷选择“阴影”选项卡，在该选项卡下设置参数。

❸应用设置的锐化参数锐化图像。

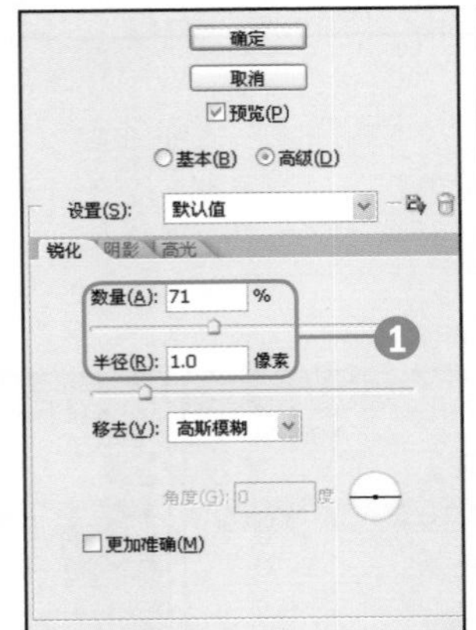

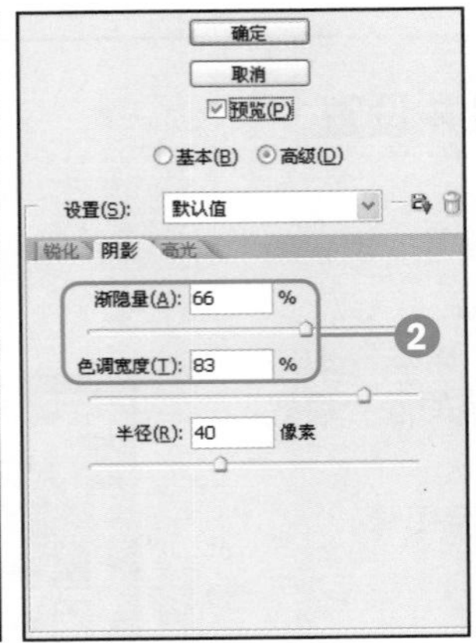

知识要点

"去色"命令、"调整"面板

"水彩"命令、"特殊模糊"命令

操作难度	综合应用	发散性思维
★★	★★	★★★

045 灰度图像的应用

原始文件 随书光盘\素材\05\45\01.jpg

最终文件 随书光盘\源文件\05\45\制作水墨画效果.psd

1 复制一个背景图层。2 执行"图像>调整>去色"菜单命令，去除图像中的颜色信息，将其转换为黑白图像。3 通过应用色阶等调整命令进一步对去色后的图像进行修饰。

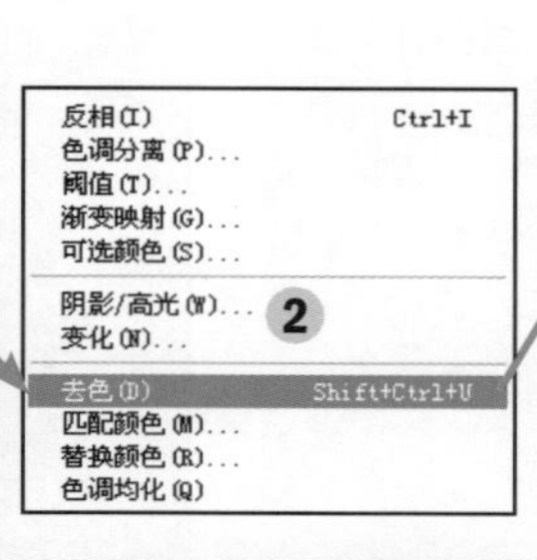

衍生应用——制作水墨画效果

STEP 01 打开素材并复制图层

1打开随书光盘\素材\05\45\01.jpg素材图片。

2打开"图层"面板，选择"背景"图层，将其拖曳至"创建新图层"按钮上，新建"背景 副本"图层。

STEP 02 转换为灰度图像

1执行"图像>调整>去色"菜单命令。

2将"背景 副本"图层中的图像去色，转换为灰度图像。

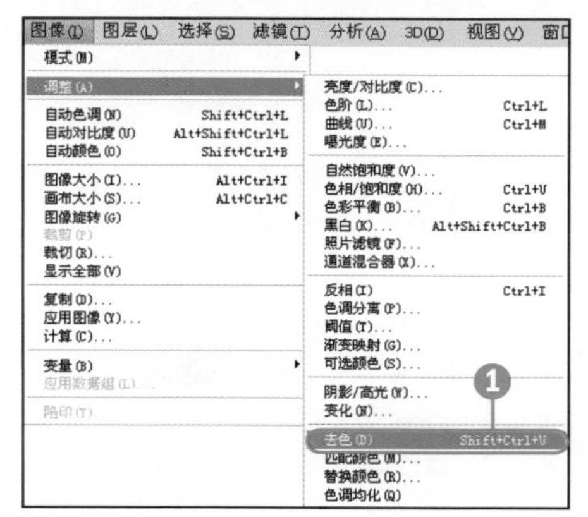

STEP 03 模糊图像并设置混合模式

①执行“滤镜>模糊>特殊模糊”菜单命令，打开“特殊模糊”对话框，设置“半径”为12.3、“阈值”为48.7。

②应用“特殊模糊”滤镜模糊图像。

③按快捷键Ctrl+J复制图层，并将图层混合模式设置为“滤色”。

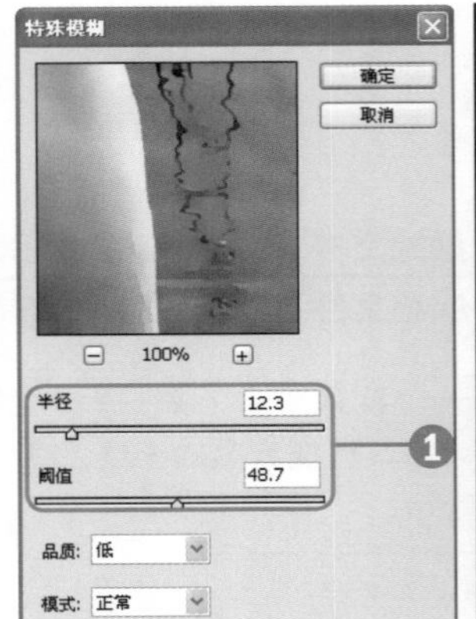

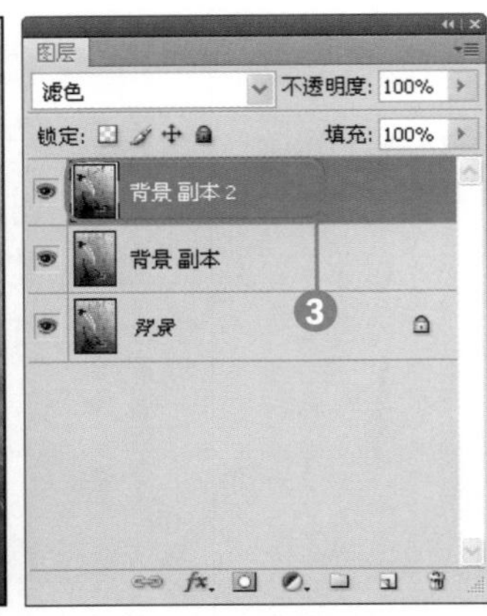

STEP 04 添加“水彩”滤镜

①通过设置混合模式后，增加图像的黑白对比度。

②执行“滤镜>艺术效果>水彩”菜单命令，打开“水彩”对话框，设置参数。

③应用“水彩”滤镜突出图像轮廓。

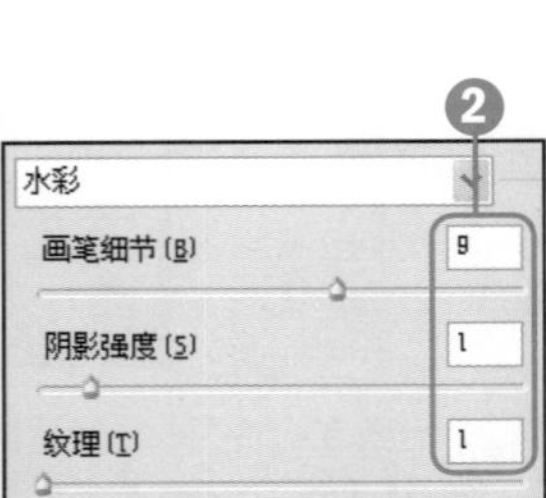

STEP 05 调整曲线

①切换至“调整”面板，单击“曲线”图标，在弹出的面板中单击并拖曳以调整曲线。

②通过向上拖曳曲线后，增加图像的亮度。

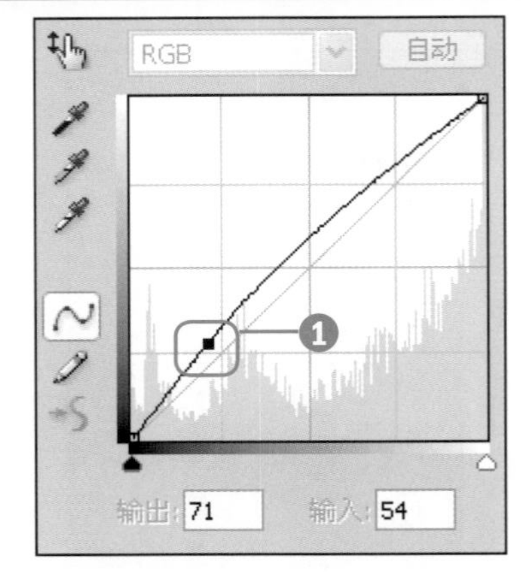

STEP 06 输入修饰文字

①选择“直排文字工具”，单击“切换字符和段落面板”按钮，打开“字符”面板，在面板中设置文字大小和颜色等属性。

②在图像的右侧输入修饰文字。

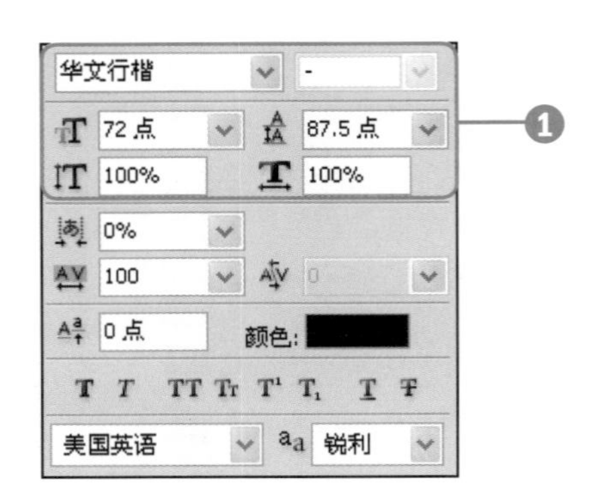

知识要点

"调整"命令、通道混合器

"羽化"命令、"亮度/对比度"命令

图层混合模式

操作难度	综合应用	发散性思维
★★	★★★	★★★

046 黑白图像的另类创造

原始文件 随书光盘\素材\05\46\01.jpg

最终文件 随书光盘\源文件\05\46\打造黑白影像的画展效果.psd

①执行"图像>调整>通道混合器"菜单命令。②打开"通道混合器"对话框，选中"单色"复选框，将图像转换为单色图像，再设置各颜色通道参数。③通过设置参数，将图像打造成另类的黑白图像。

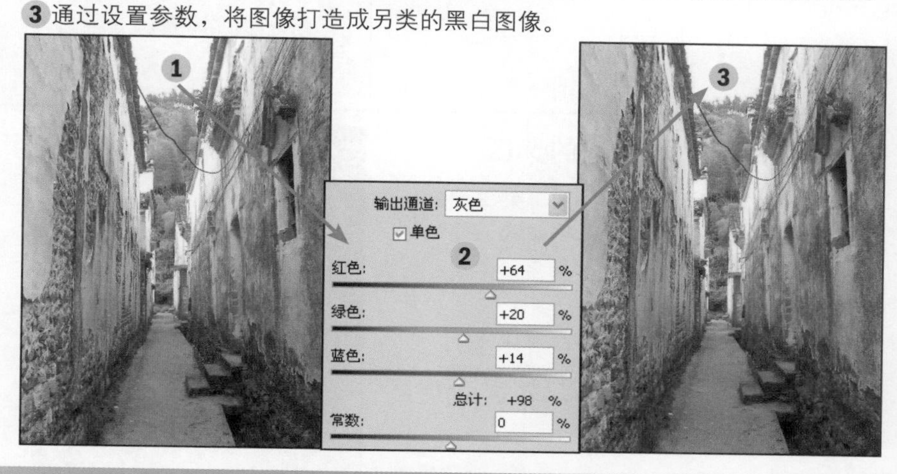

衍生应用——打造黑白影像的画展效果

STEP 01 打开素材并复制图层

①打开随书光盘\素材\05\46\01.jpg素材图片。

②打开"图层"面板，选择"背景"图层，将其拖曳至"创建新图层"按钮上，复制得到"背景 副本"图层。

③执行"窗口>调整"菜单命令，打开"调整"面板，单击"通道混合器"图标。

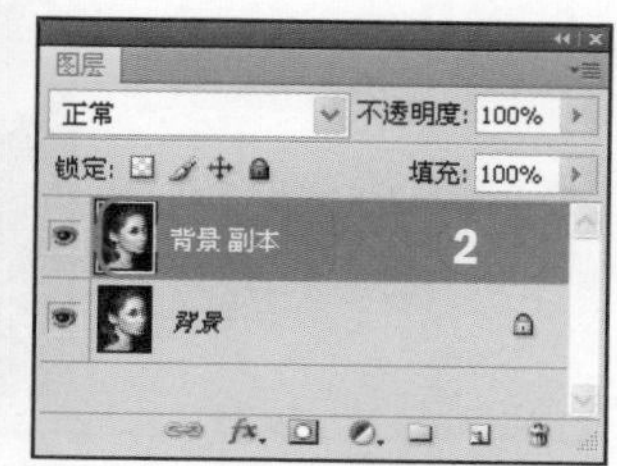

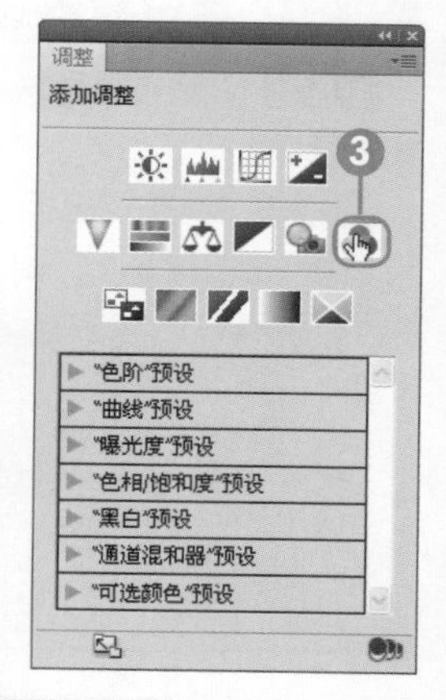

STEP 02 设置通道混合器参数

①弹出"通道混合器"面板，在面板中选中"单色"复选框，然后在下方设置通道参数。

②通过"通道混合器"将图像转换为黑白图像。

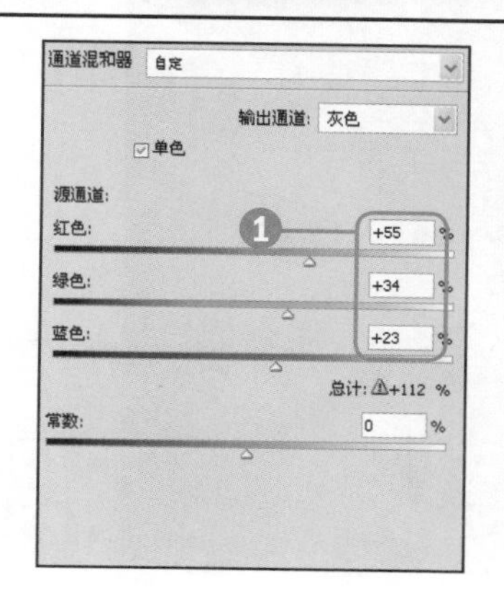

STEP 03 选择工具并绘制选区

❶打开“图层”面板，选择“背景 副本”图层。

❷选择“椭圆选框工具”，按住Shift键不放单击并拖曳鼠标，绘制正圆选区。

STEP 04 羽化所创建的选区

❶执行“选择>修改>羽化”菜单命令，打开“羽化选区”对话框，在对话框中设置“羽化半径”为30像素，单击“确定”按钮，羽化选区。

❷执行“图像>调整>亮度/对比度”菜单命令，打开“亮度/对比度”对话框，在对话框中设置“亮度”和“对比度”值。

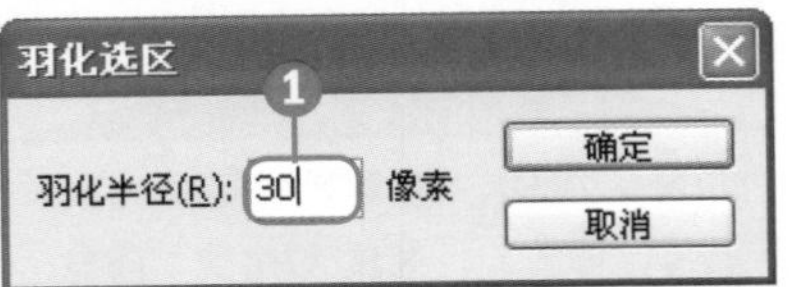

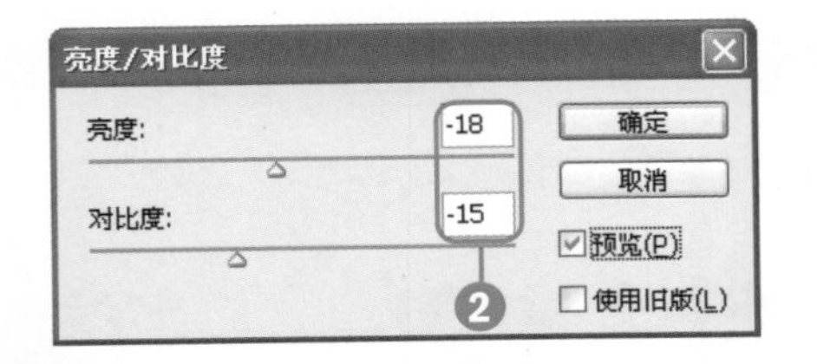

STEP 05 设置通道混合器参数

❶通过设置后，选区内图像的亮度/对比度降低。

❷打开“调整”面板，再次单击“通道混合器”按钮，设置“源通道”参数。

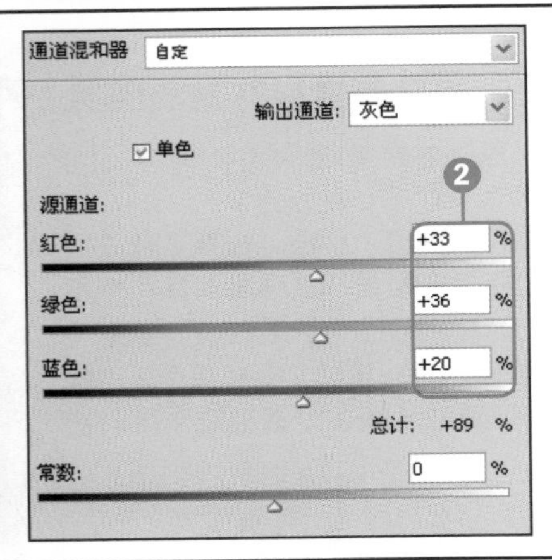

STEP 06 设置图层混合模式

❶应用所设置的参数，降低图像整体亮度。

❷选择“通道混合器2”图层，将该图层混合模式设置为“差值”、“不透明度”为10%。

❸应用混合模式提亮脸部图像。

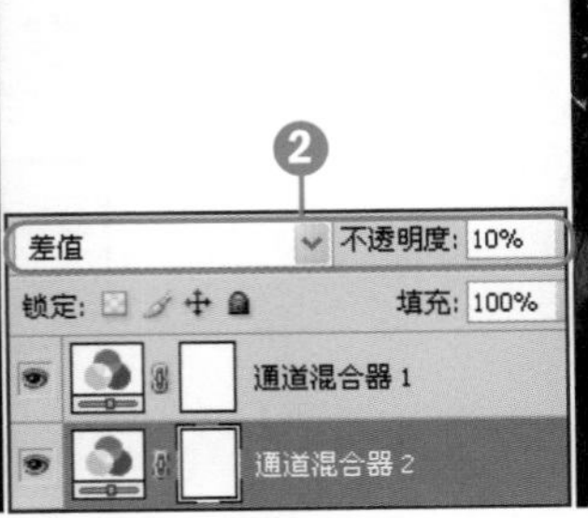

知识要点

渐变编辑器、“渐变映射”调整图层

画笔工具、图层混合模式

操作难度	综合应用	发散性思维
★★	★★★	★★★

047 渐变映射打造梦幻色调

原始文件 随书光盘\素材\05\47\01.jpg

最终文件 随书光盘\源文件\05\47\制作特殊的晚景照片.psd

❶执行“滤镜>模糊>高斯模糊”菜单命令，模糊图像。❷单击“调整”面板上的“渐变映射”图标，创建“渐变映射”调整图层，再设置调整图层的混合模式。❸通过设置“渐变映射”图层的混合模式，将图像打造成梦幻色调。

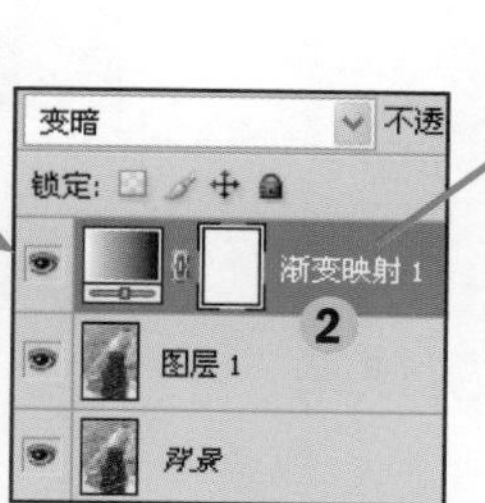

衍生应用——制作特殊的晚景照片

STEP 01 打开素材并复制图层

❶打开随书光盘\素材\05\47\01.jpg素材图片。

❷打开“图层”面板，选择“背景”图层，将其拖曳至“创建新图层”按钮上，复制得到“背景 副本”图层。

STEP 02 打开渐变编辑器

❶单击“调整”面板中的“渐变映射”图标，弹出“渐变映射”面板，单击面板上的渐变条。

❷弹出“渐变编辑器”窗口，在窗口上方选择“橙，黄，橙渐变”，弹出渐变条。

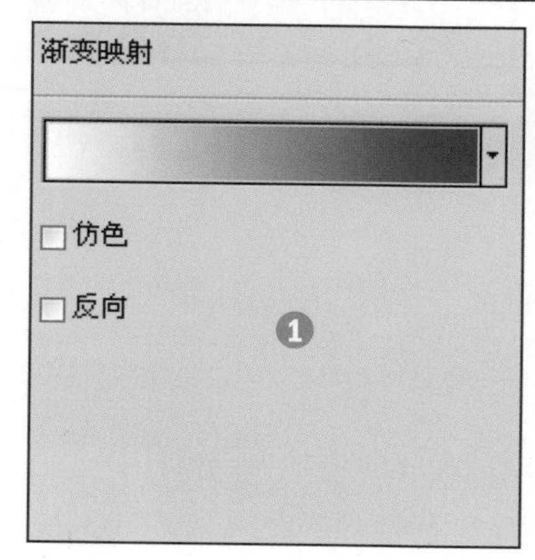

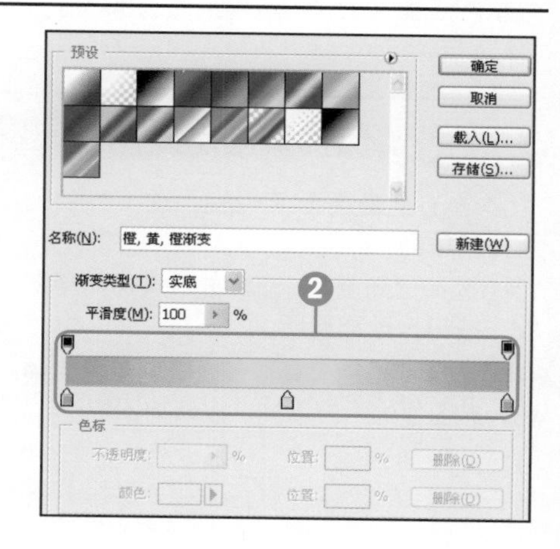

STEP 03 设置渐变条颜色

❶双击渐变条上的第一个颜色滑块，弹出“选择色标颜色”对话框，设置颜色为R6、G64、B1，单击“确定”按钮。

❷双击渐变条上的第二个颜色滑块，弹出“选择色标颜色”对话框，设置颜色为R124、G54、B3，单击“确定”按钮。

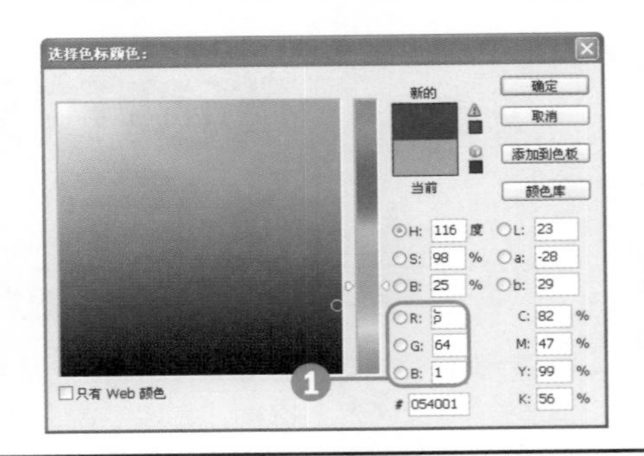
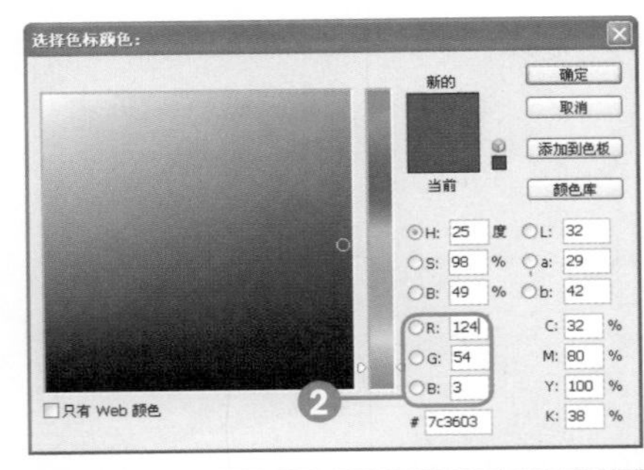

STEP 04 设置出渐变颜色条

❶双击渐变条上的最后一个颜色滑块，弹出“选择色标颜色”对话框，设置颜色为R121、G79、B48，单击“确定”按钮。

❷返回“渐变编辑器”窗口，在窗口中单击“确定”按钮。

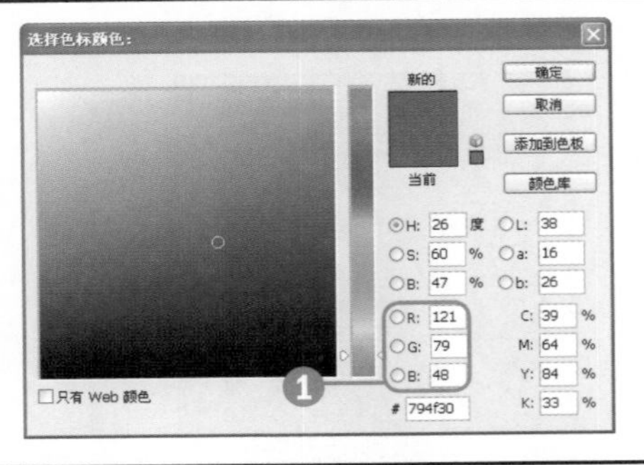
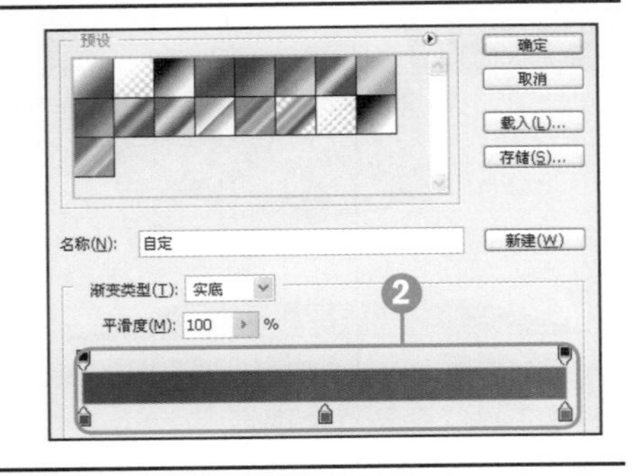

STEP 05 创建渐变映射效果

❶在图像上创建一个渐变映射调整图层。

❷选择“渐变映射1”调整图层，将混合模式设置为“柔光”。

❸通过上一步混合模式的设置，变换图像色调。

STEP 06 盖印并设置混合模式

❶复制“渐变映射1”调整层，将该图层的混合模式设置为“强光”、“不透明度”为39%，变换色调。

❷按快捷键Ctrl+Shift+Alt+E盖印生成“图层1”。

❸选择“图层1”，将混合模式设置为“颜色减淡”、“不透明度”为36%。

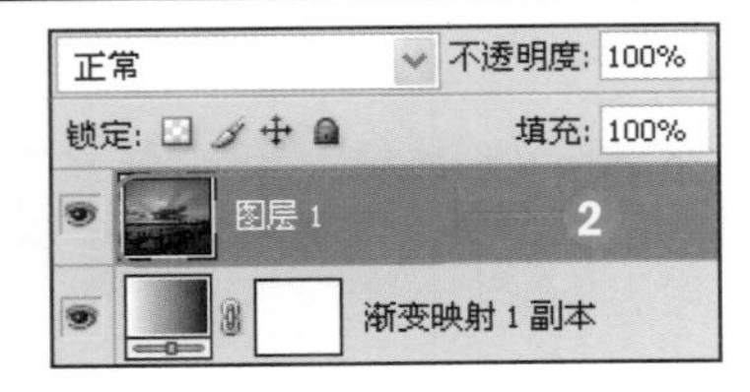
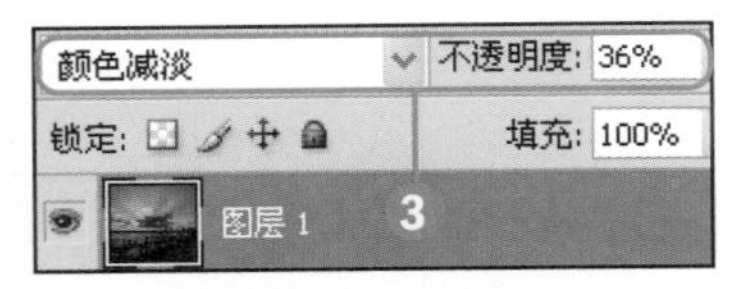

STEP 07 添加蒙版隐藏图像

❶通过设置混合模式后，进一步加强天空颜色。

❷选择“图层1”，单击“添加图层蒙版”按钮，添加蒙版。

❸选择“画笔工具”，设置前景色为黑色，在图像的上方涂抹，以修饰图像。

知识要点

"Lab颜色"命令、"通道"面板

"曲线"命令、"亮度/对比度"命令

操作难度	综合应用	发散性思维
★★	★★★	★★★

048 通过曲线打造迷人色调

原始文件 随书光盘\素材\05\48\01.jpg

最终文件 随书光盘\源文件\05\48\在Lab模式下调出个性色调.psd

1单击"调整"面板中的"曲线"图标，在原图像上层创建"色阶"调整图层。2双击"色阶"调整图层的缩览图，在弹出的面板中单击并拖曳曲线点，调整曲线。3通过调整曲线形状，对图像的颜色进行加深或提亮。

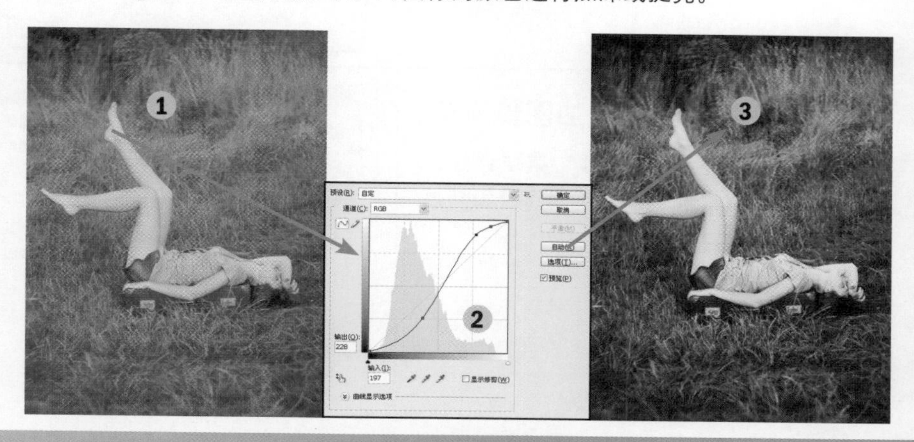

衍生应用——在Lab模式下调出个性色调

STEP 01 打开素材并执行命令

1打开随书光盘\素材\05\48\01.jpg素材图片。

2执行"图像>模式>Lab颜色"菜单命令。

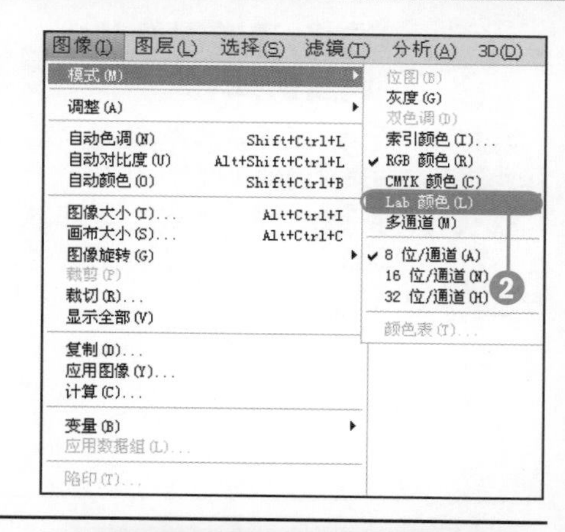

STEP 02 复制"背景"图层

1将图像转换为Lab颜色模式图像。

2打开"图层"面板，选择"背景"图层，将该图层拖曳至"创建新图层"按钮上，复制图层。

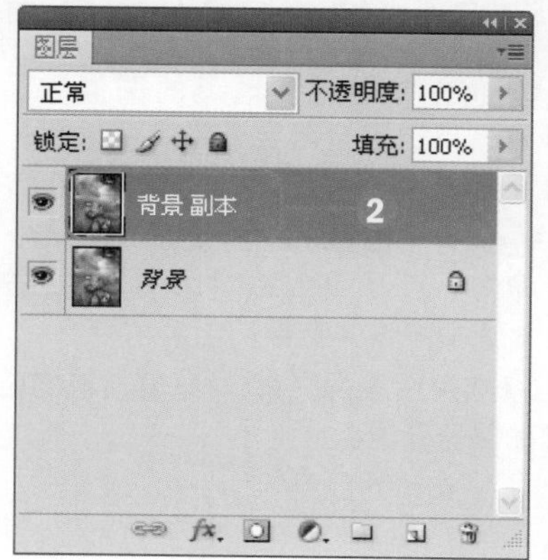

STEP 03 选择“明度”通道内的图像

❶打开“通道”面板，选择“明度”通道。
❷选择“明度”通道内的灰度图像。

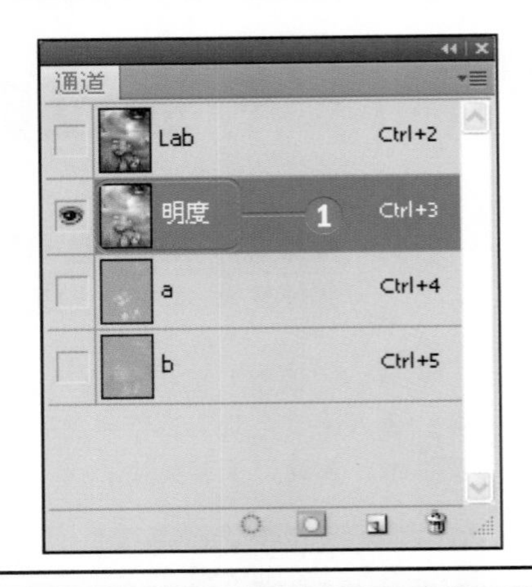

STEP 04 应用曲线增加图像亮度

❶执行“图像>调整>曲线”菜单命令，打开“曲线”对话框，在对话框中单击并拖曳曲线，然后单击“确定”按钮。

❷应用所设置的曲线参数，调整“明度”通道内的图像。

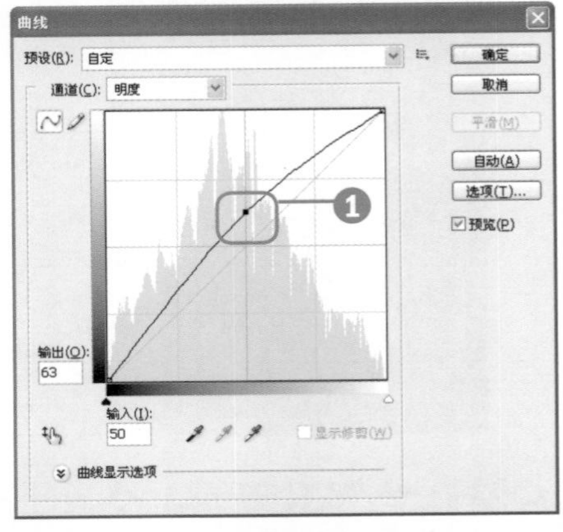

STEP 05 选择a通道图像并调整曲线

❶打开“通道”面板，选择a通道，选择此通道内的灰度图像。

❷执行“图像>调整>曲线”菜单命令，打开“曲线”对话框，在对话框中单击并调整曲线。

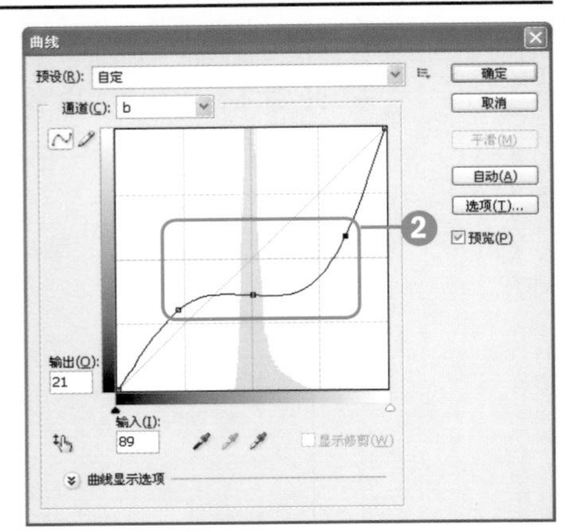

STEP 06 调整图像的亮度

❶通过曲线对各通道的图像进行调整后，单击复合颜色通道，返回到“图层”面板，查看调整后的图像颜色。

❷执行“图像>调整>亮度/对比度”菜单命令，打开“亮度/对比度”对话框，在对话框中设置参数。

❸应用设置的亮度/对比度，以增强图像的颜色强度。

知识要点

“铜版雕刻”命令、“阈值”命令

“动感模糊”命令、图层混合模式

操作难度	综合应用	发散性思维
★	★★★	★★

049 阈值功能的应用

原始文件 随书光盘\素材\05\49\01.jpg

最终文件 随书光盘\源文件\05\49\为图像添加下雪效果.psd

❶执行“图像>调整>阈值”菜单命令。❷打开“阈值”对话框，在对话框中拖曳滑块，对图像中的黑白区域进行调整。❸通过设置阈值后，将图像转换为黑白效果。

衍生应用——为图像添加下雪效果

STEP 01 打开素材并新建图层

❶打开随书光盘\素材\05\49\01.jpg素材图片。

❷打开“图层”面板，单击“创建新图层”按钮，新建“图层1”。

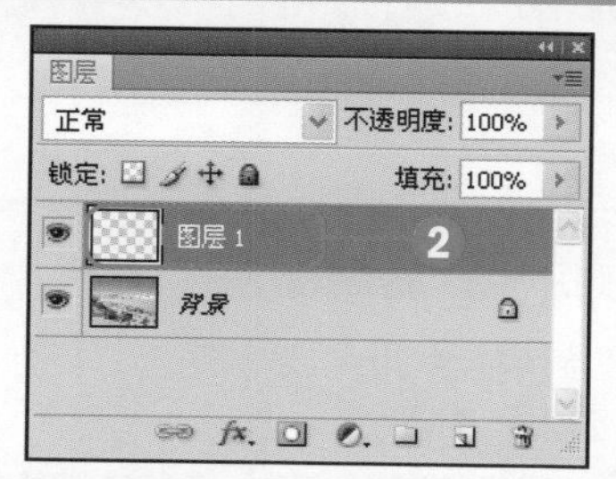

STEP 02 将图像填充为黑色

❶单击“拾色器”图标，打开“拾色器（前景色）”对话框，设置颜色为黑色。

❷选择“油漆桶工具”，在图像上单击将图像填充为黑色。

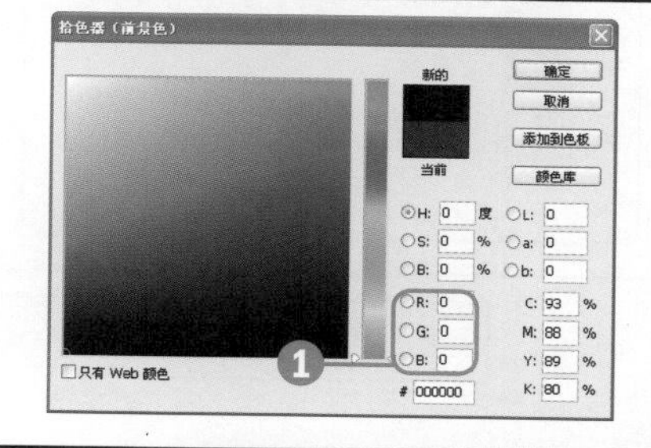

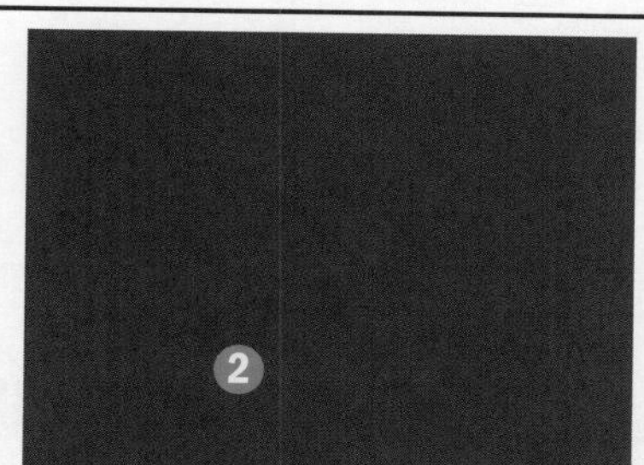

STEP 03 添加“铜版雕刻”滤镜效果

❶执行“滤镜>像素化>铜版雕刻”菜单命令，打开“铜版雕刻”对话框，选择“类型”为“粗网点”，单击“确定”按钮。

❷在黑色图像上应用“铜版雕刻”滤镜效果。

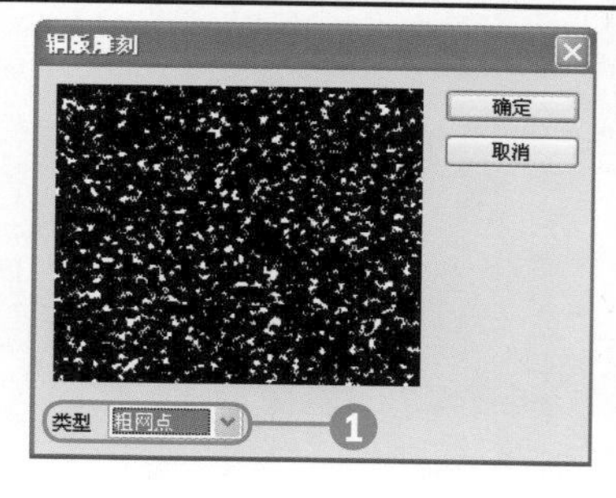

STEP 04 设置阈值

❶执行“图像>调整>阈值”菜单命令，打开“阈值”对话框，在对话框中设置“阈值色阶”为47。

❷通过设置阈值色阶，精细图像上的小点。

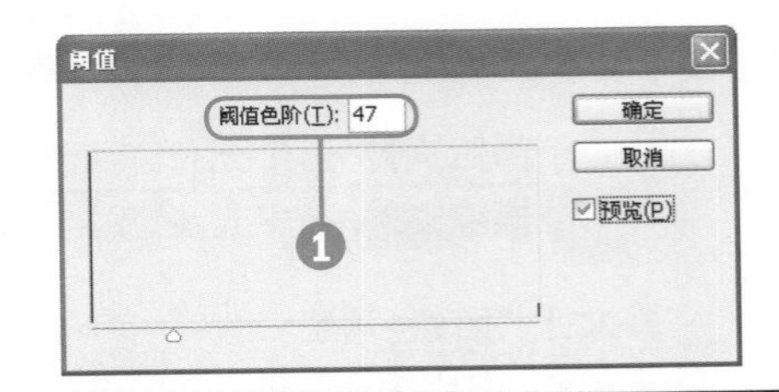

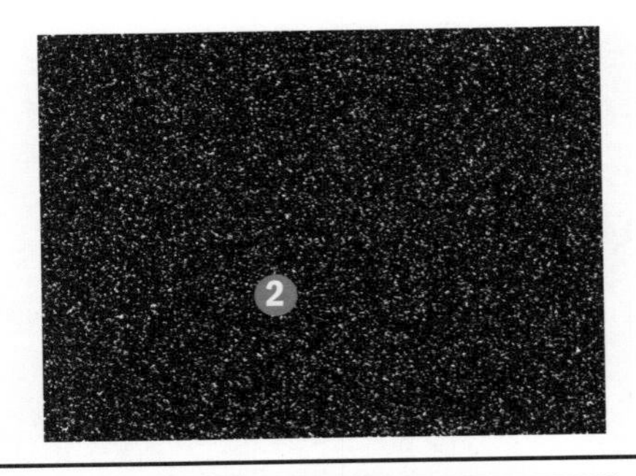

STEP 05 设置图层混合模式

❶选择“图层1”，将该图层的混合模式设置为“滤色”。

❷通过设置后，在图像上添加了雪点效果。

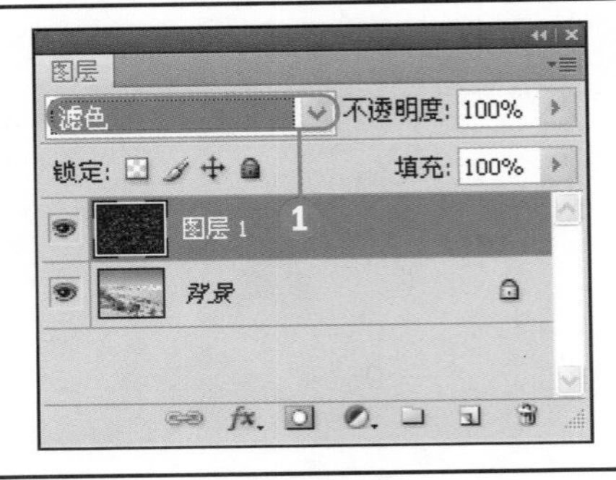

STEP 06 应用“动感模糊”滤镜

❶执行“滤镜>模糊>动感模糊”菜单命令，打开“动感模糊”对话框，在对话框中设置模糊“角度”和“距离”。

❷应用“动感模糊”滤镜，增强雪花的动感效果。

STEP 07 复制图层

❶按快捷键Ctrl+J复制图层，得到“图层1 副本”图层。

❷通过复制图层，增加雪花的密集度。

STEP 08 应用橡皮擦工具擦除部分图像

❶选择“橡皮擦工具”，在选项栏中设置“画笔”为70、“硬度”为0%、“不透明度”为31%、“流量”为58%。

❷在图像上涂抹对象。

❸连续单击或涂抹，适当减少雪花图像。

画笔: 70 模式: 画笔 不透明度: 31% 流量: 58% ❶

知识要点

"色阶"命令、"设置白场"按钮

"设置黑场"按钮

操作难度 ★★

综合应用 ★★★

发散性思维 ★★★

050 通过色阶修复照片

原始文件 随书光盘\素材\05\50\01.jpg

最终文件 随书光盘\源文件\05\50\处理图像的明暗效果.psd

1 执行"图层>调整>色阶"菜单命令。2 打开"色阶"对话框，在对话框中拖曳最左侧的滑块，增加图像的暗部区域，拖曳最右侧的滑块增加图像中的亮部区域。3 通过应用色阶调整图像后，还可以应用其他的调整命令进一步调整图像。

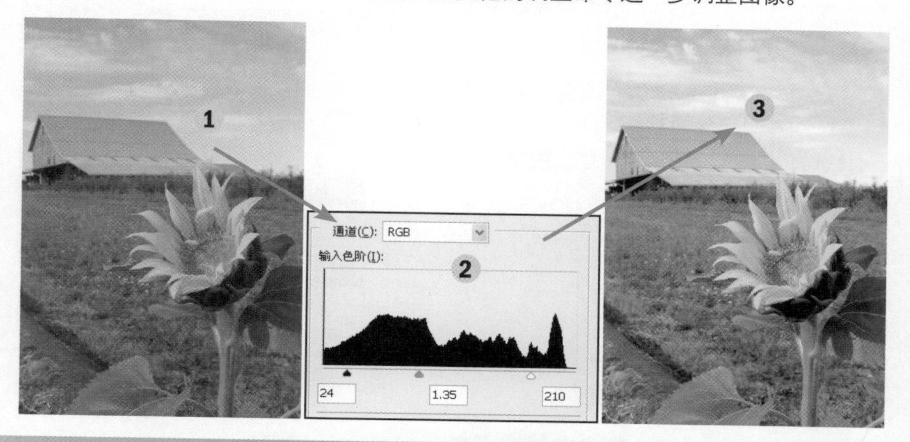

衍生应用——处理图像的明暗效果

STEP 01 打开素材并复制图层

❶打开随书光盘\素材\05\50\01.jpg素材图片。

❷选择"背景"图层，将其拖曳至"创建新图层"上，得到"背景 副本"图层。

STEP 02 增加图像暗部细节

❶执行"图像>调整>色阶"菜单命令，打开"色阶"对话框，单击"设置黑场"按钮。

❷在图像上较暗的区域单击，加深图像的暗部细节。

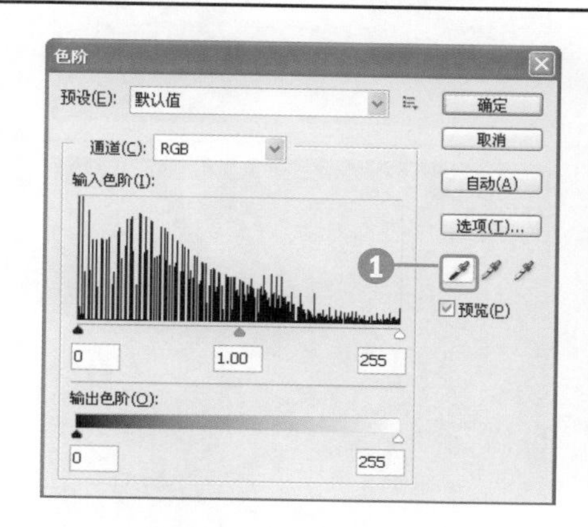

STEP 03 调整图像的色调

❶继续在对话框中单击“设置灰度”按钮。

❷在图像上的中间调上单击，调整图像的色调。

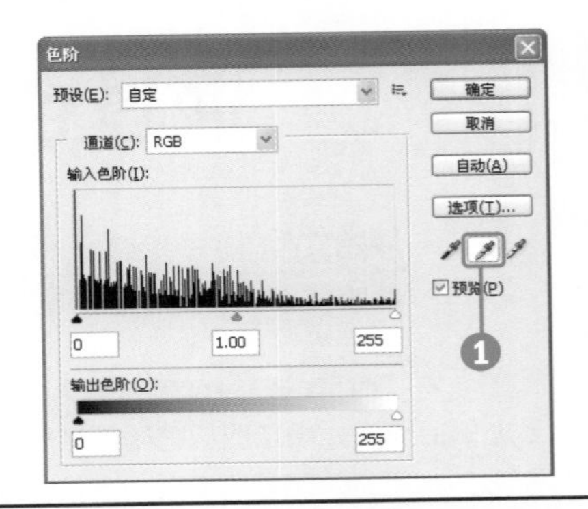

STEP 04 调整滑块

❶在对话框中选择RGB通道，再向左拖曳其下方的高光滑块。

❷选择“红”通道，拖曳曲线图下方的滑块。

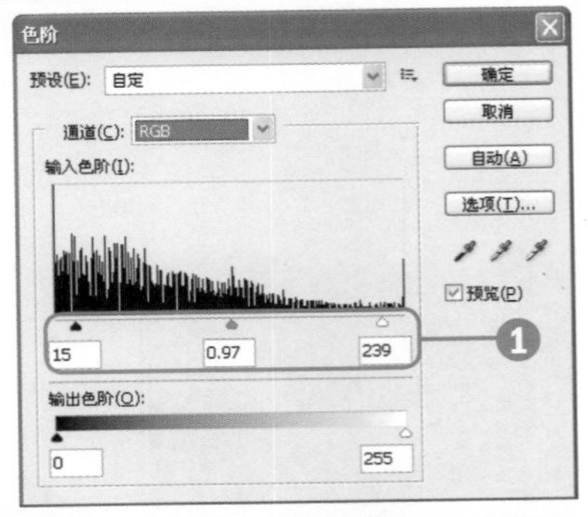

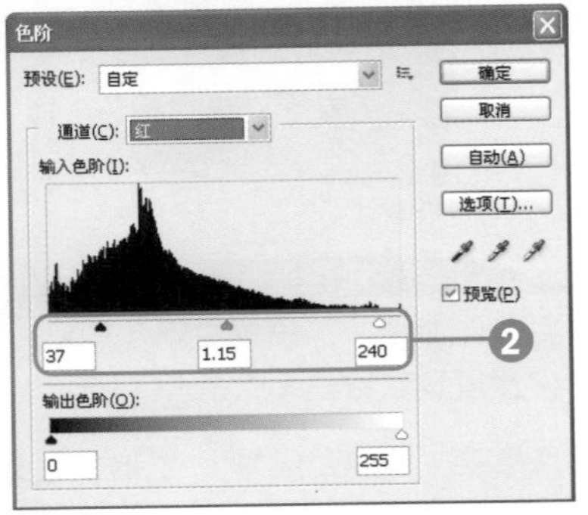

STEP 05 继续调整滑块

❶选择“绿”通道，拖曳曲线图下方的滑块。

❷选择“蓝”通道，拖曳曲线图下方的滑块，再单击“确定”按钮。

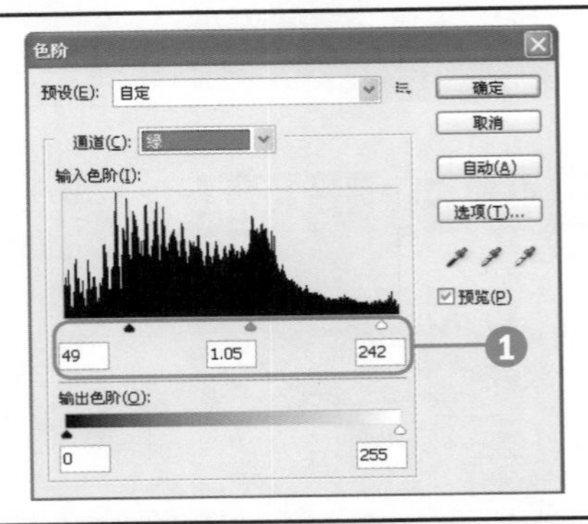

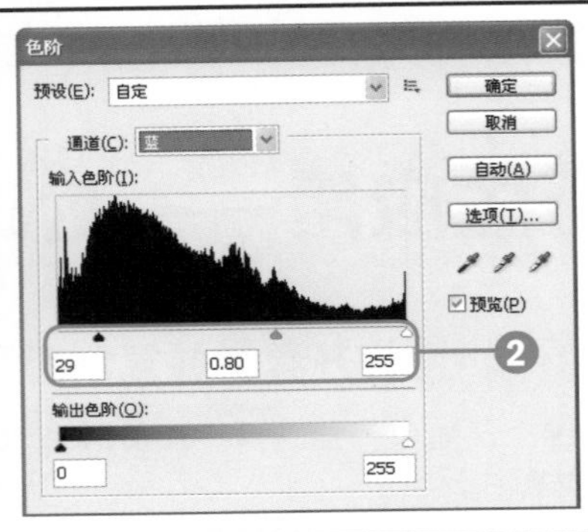

STEP 06 绘制正圆选区

❶应用所设置的曲线参数加深图像。

❷选择“椭圆选框工具”，按住Shift键不放，单击并拖曳以绘制正圆选区。

STEP 07 羽化选区并调整图像

❶执行“选择>修改>羽化”菜单命令，设置“羽化”半径为100，以羽化选区。

❷执行“图像>调整>亮度/对比度”菜单命令，在打开的对话框中设置参数，降低亮度和对比度。

知识要点

图层混合模式、“色彩范围”命令
“羽化”命令、“可选颜色”图标

操作难度	综合应用	发散性思维
★	★★	★★★

051 可选颜色的基本处理法

原始文件 随书光盘\素材\05\51\01.jpg
最终文件 随书光盘\源文件\05\51\调整图像的颜色.psd

❶单击“调整”面板中的“可选颜色”图标。❷弹出参数设置面板，在面板中选择颜色，再设置参数，创建“可选择颜色”调整图层。❸通过设置可选择颜色调整图像的色调，更改图像的颜色。

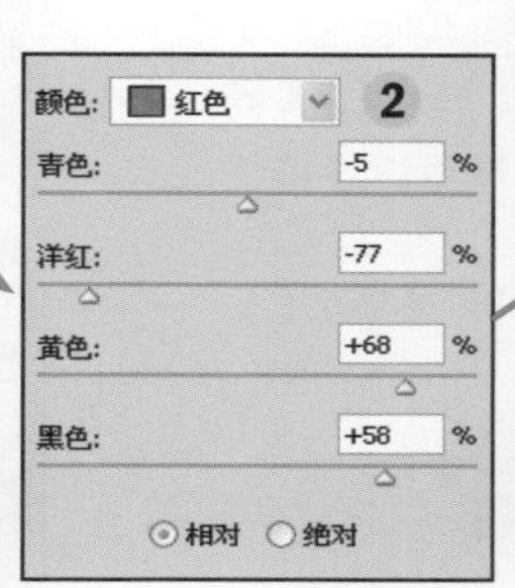

衍生应用——调整图像的颜色

STEP 01 打开素材并设置图层混合模式

❶打开随书光盘\素材\05\51\01.jpg素材图片。

❷复制“背景”图层为“背景 副本”图层，再将其混合模式设置为“叠加”。

STEP 02 创建花朵选区

❶执行“选择>色彩范围”菜单命令，打开“色彩范围”对话框，在对话框中的花朵图像上单击并设置“颜色容差”。

❷设置色彩范围后，返回图像上，得到花朵选区。

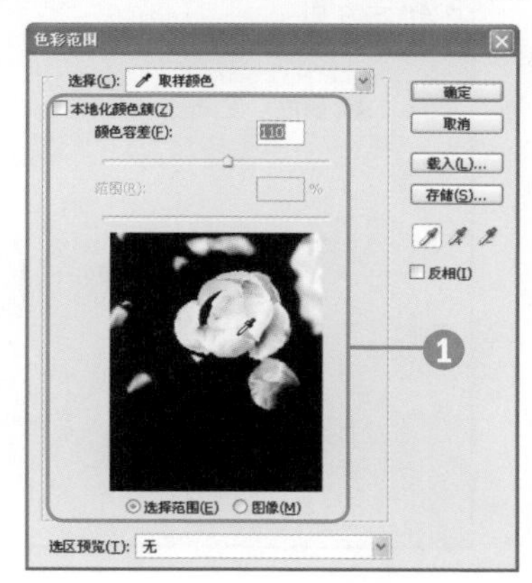

STEP 03 羽化选区图像

❶执行“选择>修改>羽化”菜单命令。

❷打开“羽化选区”对话框，在对话框中设置“羽化半径”为4像素，单击“确定”按钮。

❸通过设置羽化半径，羽化创建的花朵选区。

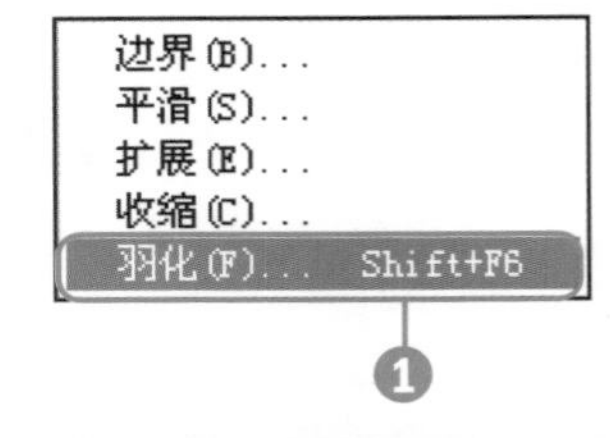

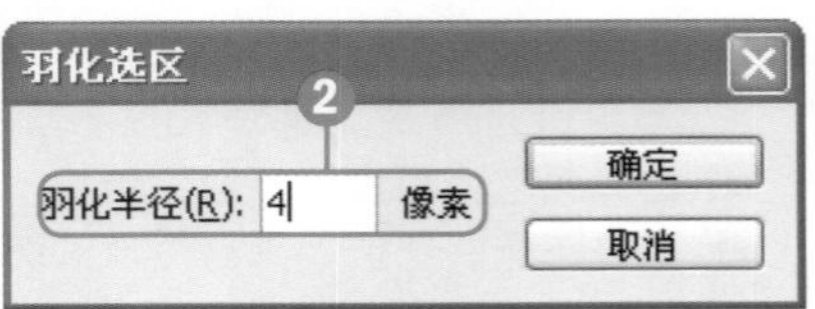

STEP 04 设置可选颜色调整花朵图像

❶单击“调整”面板上的“可选颜色”图标，在弹出的参数面板上选择“红色”，并设置参数。

❷设置后，图像的红色饱和度增加。

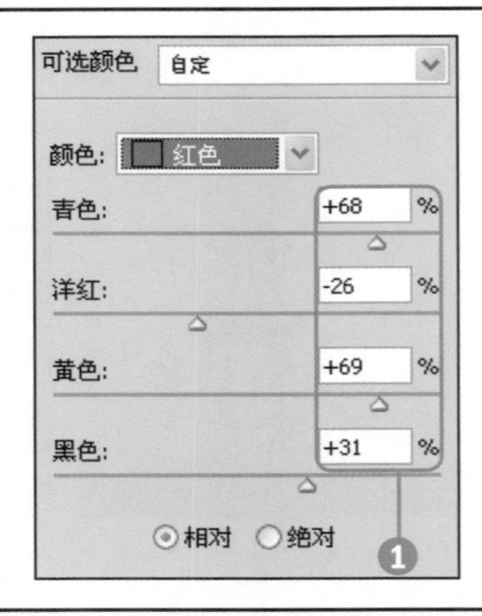

STEP 05 载入并反选选区

❶按住Ctrl键单击“可选颜色1”缩览图，载入花朵选区。

❷执行“选择>反向”菜单命令，或按快捷键Ctrl+Shift+I，反选选区。

STEP 06 设置可选颜色加深背景图像

❶单击“调整”面板上的“可选颜色”图标，在弹出的参数面板上选择“黑色”，设置参数。

❷设置参数后，背景图像加深。

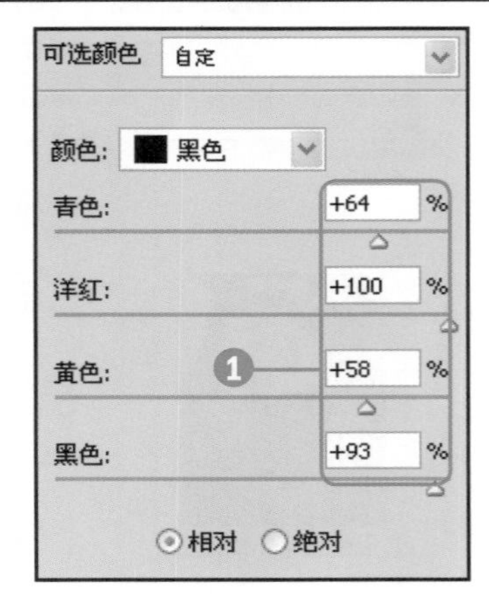

052 双色调处理图像

原始文件 随书光盘\素材\05\52\01.jpg

最终文件 随书光盘\源文件\05\52\双色调图像的调整.psd

❶执行“图像>模式>灰度”菜单命令，将图像转换为灰度图像。❷执行“图像>模式>双色调”菜单命令，弹出“双色调选项”对话框，在对话框中设置色调类型，并对颜色进行设置。❸将图像转换为双色调效果。

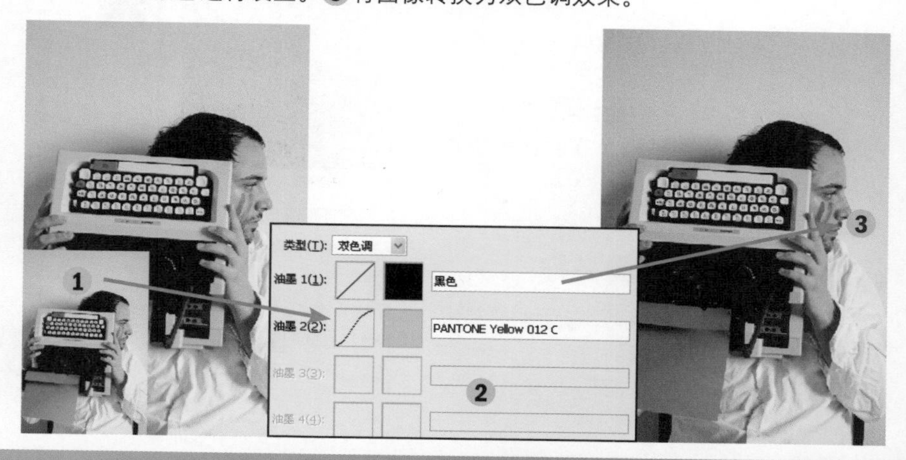

知识要点

“灰度”命令、“双色调”命令

“羽化”命令、“亮度/对比度”命令

操作难度	综合应用	发散性思维
★★	★★★	★★★

衍生应用——双色调图像的调整

STEP 01 打开素材并转换为灰度图像

❶打开随书光盘\素材\05\52\01.jpg素材图片。

❷执行“图像>模式>灰度”菜单命令，弹出“信息”对话框，单击“扔掉”按钮。

❸将图像转换为黑白图像。

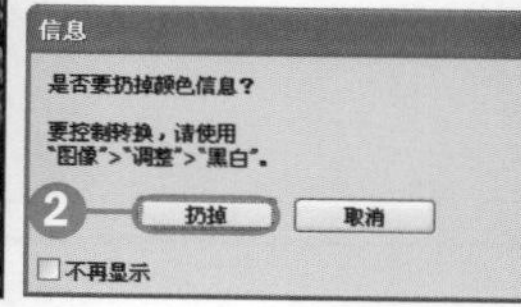

STEP 02 选择“双色调”类型

❶执行“图像>调整>双色调”菜单命令，打开“双色调选项”对话框。

❷在“类型”下拉列表中选择“双色调”类型，创建两个油墨颜色，单击下方“油墨2”后的颜色块。

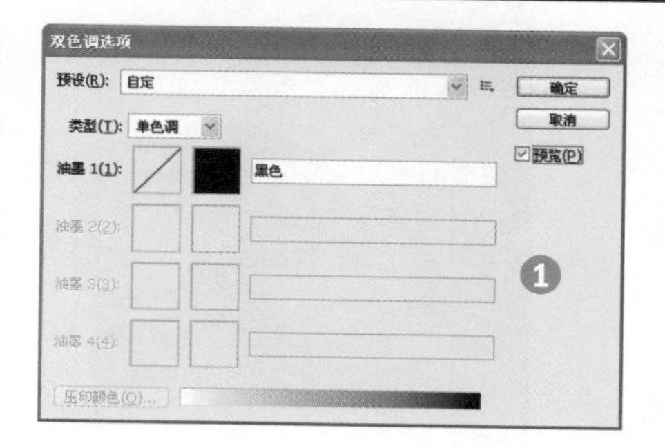

STEP 03 调整“油墨2”颜色

❶弹出“颜色库”对话框，在对话框中选择油墨颜色为L87、a1、b66。

❷单击“曲线”，打开“双色调曲线”对话框，在对话框中调整双色调曲线。

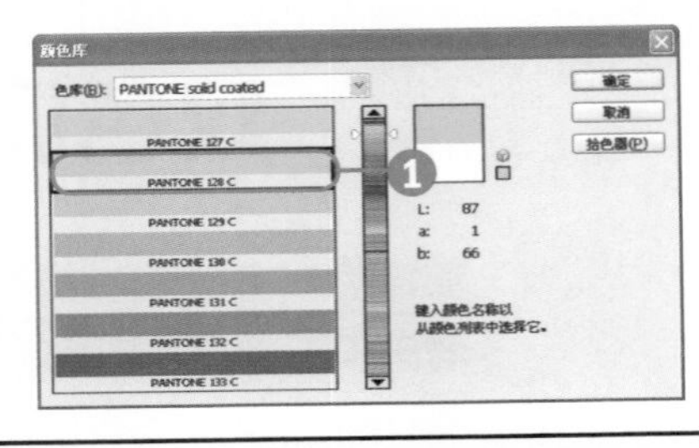

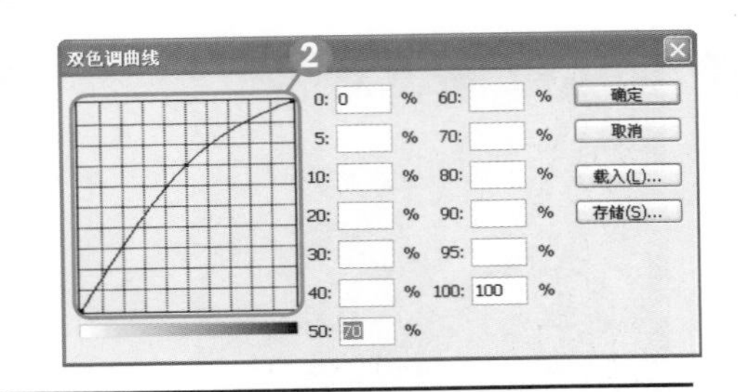

STEP 04 调整“油墨1”颜色

❶单击“油墨1”颜色块，弹出“选择油墨颜色”对话框，在对话框中设置油墨颜色。

❷单击“油墨1”后的“曲线”，打开“双色调曲线”对话框，在对话框中调整双色调曲线。

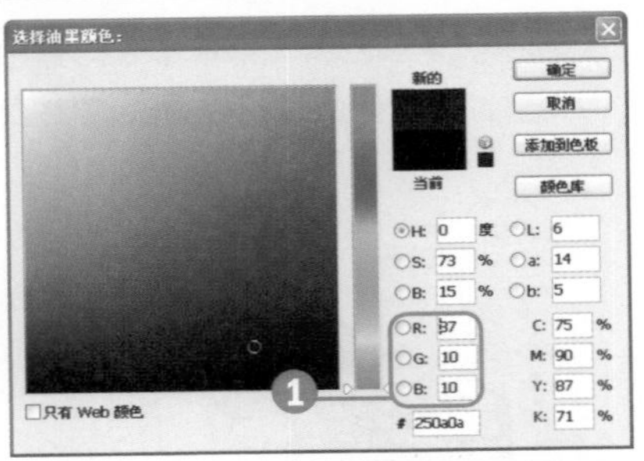

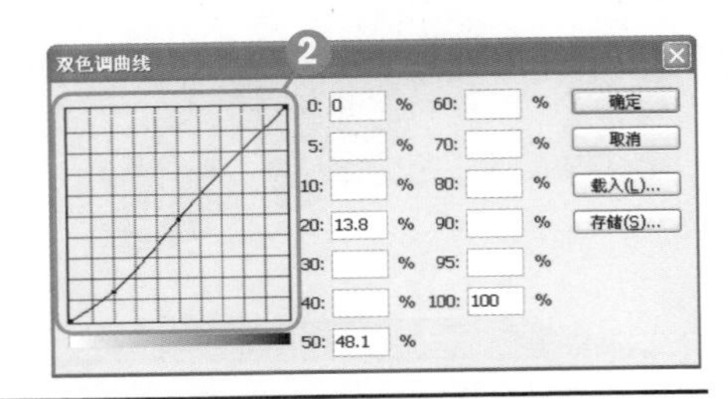

STEP 05 设置油墨名称

❶返回 “双色调选项”对话框，单击“油墨1”后的文本框。

❷输入油墨名为“黑”，单击“确定”按钮。

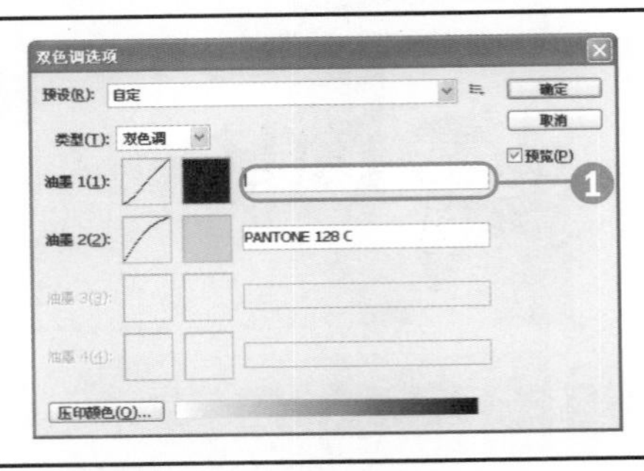

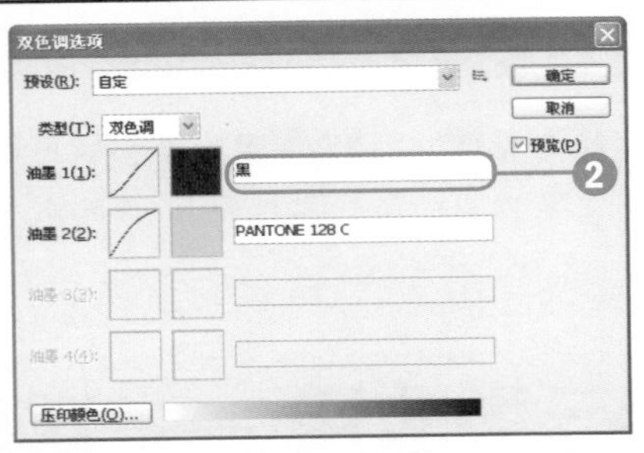

STEP 06 绘制正圆选区

❶将图像转换为双色调图像。

❷选择工具箱中的“椭圆选框工具”◯，按住Shift键单击并拖曳，以创建正圆选区。

STEP 07 羽化选区并调整图像的亮度

❶执行“选择>修改>羽化”菜单命令，打开“羽化选区”对话框，在对话框中设置“羽化半径”为100像素，单击“确定”按钮。

❷执行“图像>调整>亮度/对比度”菜单命令，在打开的对话框中设置参数，降低选区图像的亮度和对比度。

知识要点

"匹配颜色"命令、"自然饱和度"命令

"色彩范围"命令、"调整"面板

操作难度	综合应用	发散性思维
★★★	★★★★	★★★

053 巧用"匹配颜色"

原始文件 随书光盘\素材\05\53\01.jpg、02.jpg

最终文件 随书光盘\源文件\05\53\为照片进行颜色替换.psd

❶执行"图像>调整>匹配颜色"菜单命令。❷打开"匹配颜色"对话框，在对话框中设置"明亮度"、"颜色强度"以及"渐隐"等参数。❸通过设置参数，变换图像颜色或色调。

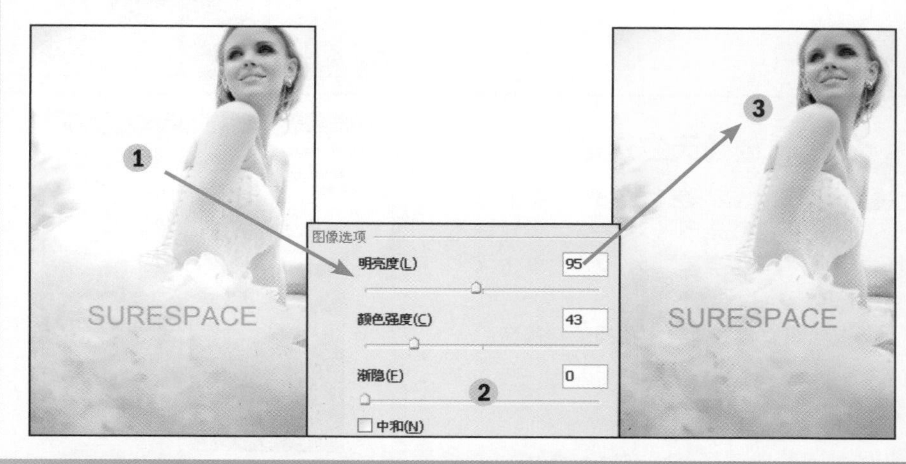

衍生应用——为照片进行颜色替换

STEP 01 打开素材并复制图层

❶打开随书光盘\素材\05\53\01.jpg素材图片。

❷选择"背景"图层，单击并拖曳至"创建新图层"按钮，复制得到"背景 副本"图层。

❸打开随书光盘\素材\05\53\02.jpg素材图片。

STEP 02 设置匹配颜色选项

❶执行"图像>调整>匹配颜色"菜单命令，打开"匹配颜色"对话框，在对话框的"源"下拉列表中选择02.jpg。

❷在对话框上方设置"明亮度"为163、"颜色强度"为127、"渐隐"为22。

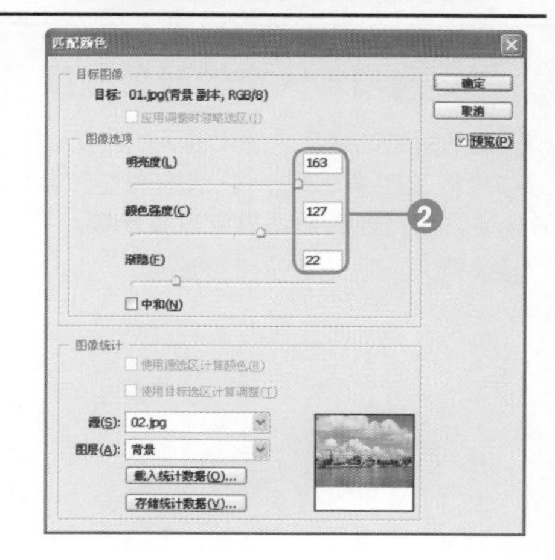

STEP 03 匹配图像中的颜色

❶应用02图像中的颜色信息匹配颜色。

❷执行"图像>调整>自然饱和度"菜单命令，在打开的对话框中设置饱和度。

❸通过设置参数，增加图像的饱和度。

STEP 04 创建天空选区

❶执行"选择>色彩范围"菜单命令，打开"色彩范围"对话框，在对话框中设置"颜色容差"为70%，单击天空图像。

❷返回图像中，得到复杂的天空选区。

STEP 05 羽化创建的选区

❶执行"选择>修改>羽化选区"菜单命令，打开"羽化选区"对话框，在对话框中设置"羽化半径"为2，单击"确定"按钮。

❷打开"调整"面板，单击"色彩平衡"图标，选择"中间调"选项，设置色彩平衡参数。

❸选择"阴影"选项，设置色彩平衡参数。

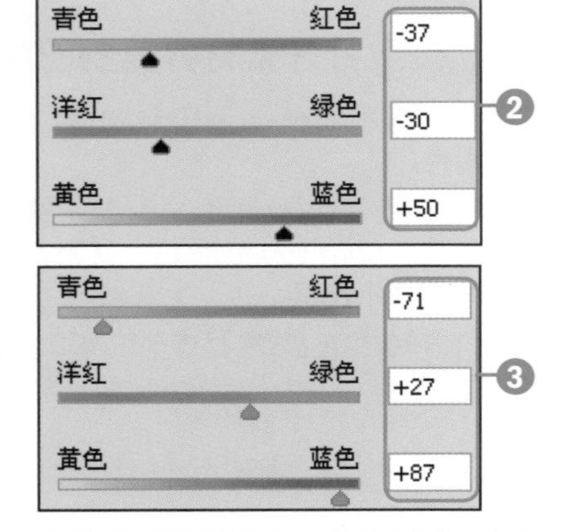

STEP 06 增加天空的颜色深度

❶图像背景的颜色发生了很大的改变。

❷执行"图像>调整>自然饱和度"菜单命令，在打开的对话框中设置参数。

❸设置完成后，天空变得更蓝。

第6章 运用图层设置特效

图层是Photoshop操作中一个最重要的功能，是图像信息的交流平台。熟练掌握图层的操作，在处理图像时将会大大提高工作效率。图层的操作包括各类图层的创建、图层的显示/隐藏以及图层样式的添加等。

利用调整图层能够实现图像颜色的调整，应用不同的色彩或色调来表现特殊的图像效果；通过设置图层与图层之间的混合模式，可以实现图像颜色的混合；通过在图层蒙版中应用画笔工具涂抹对象，能够控制图像的显示或隐藏，制作合成效果；应用“自动对齐图层”和“自动混合图层”可以将多张照片拼合成宽幅的图像效果；通过在图层对象中添加图层样式，可以制作出更为逼真的各类图像。掌握了以上关于图层的知识，就可以在图像上设置各种特效。

招式示意

多个图像的自然融合

制作暗夜的图像效果

打造梦幻般的影像效果

快速将图像变得更为清晰

添加图层蒙版合成照片

为图像添加恰当的晕影效果

知识要点

"渐变"命令、图层混合模式

橡皮擦工具

操作难度 ★

综合应用 ★★

发散性思维 ★★

054 颜色填充图层的作用

原始文件 随书光盘\素材\06\54\01.jpg、02.jpg

最终文件 随书光盘\源文件\06\54\应用颜色填充图层增强照片色调.psd

①运用"矩形选框工具"创建矩形选区。②利用"贴入"命令为矩形选区添加图像，根据矩形选区的形状为贴入图像图层设置自动创建图层蒙版。③通过变换复制图像的形状，可以进一步对选区中的图像进行调整。

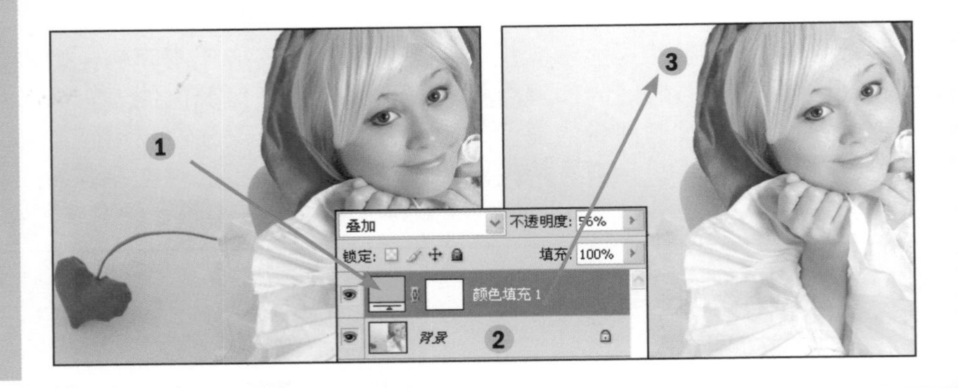

衍生应用——应用颜色填充图层增强照片色调

STEP 01 打开素材并执行命令

①打开随书光盘\素材\06\54\01.jpg素材图片。

②打开"图层"面板，单击其下方的"创建新的填充或调整图层"按钮，在弹出的菜单中选择"渐变"命令。

STEP 02 创建渐变填充

①弹出"渐变填充"对话框，在对话框中选择由黑色至白色的渐变颜色。

②在图像上创建渐变填充调整图层。

STEP 03 混合图层并擦除过亮区域

①选择"渐变填充1"调整图层，将该图层的混合模式设置为"颜色减淡"。

②选择"橡皮擦工具"，在图像上涂抹，将过亮区域的图像擦除。

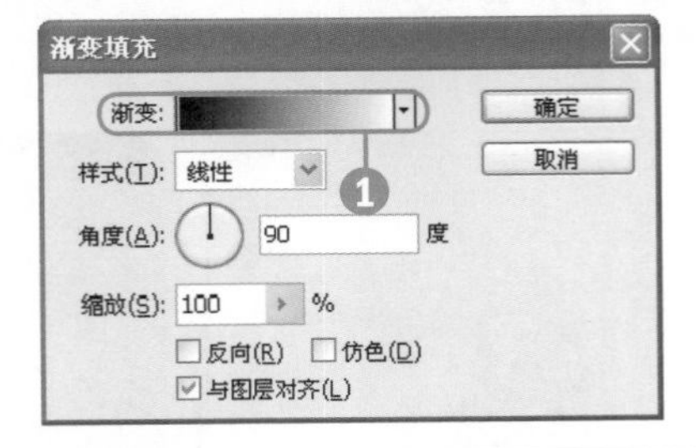

STEP 04 创建黄色调整图层

❶单击“图层”面板下方的“创建新的填充或调整图层”按钮，在弹出的菜单中选择“纯色”命令，弹出“拾取实色”对话框，在对话框中设置颜色。

❷创建一个黄色的调整图层。

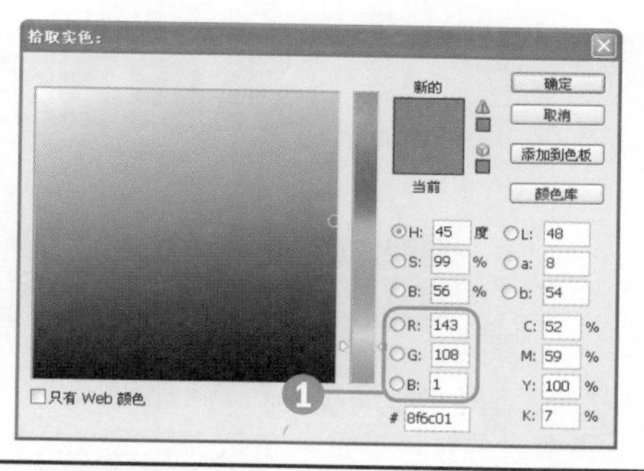

STEP 05 混合图层并设置颜色

❶选择“纯色”调整图层，将该图层的混合模式设置为“颜色减淡”。

❷单击“图层”面板下方的“创建新的填充或调整图层”按钮，在弹出的菜单中选择“纯色”命令，弹出“拾取实色”对话框，在对话框中设置颜色。

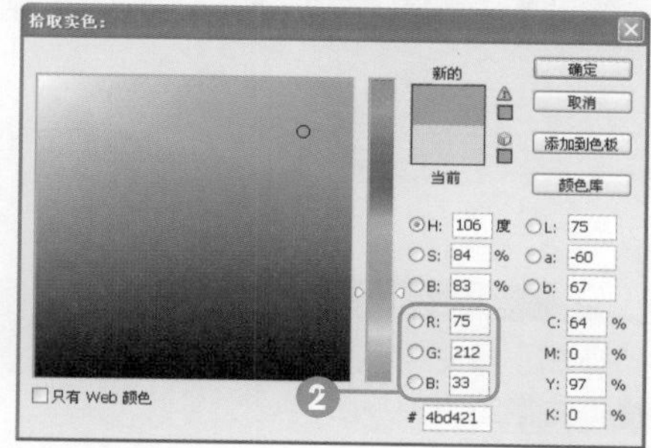

STEP 06 新建调整图层并混合图层

❶通过添加纯色图层后，在图像上方创建一个绿色的调整图层。

❷选择“纯色”调整图层，将该图层的混合模式设置为“颜色加深”、不透明度设置为33%。

STEP 07 还原墙面颜色

❶ 选择“橡皮擦工具”，在选项栏上将“不透明度”设置为34%、“流量”设置为20%。

❷在墙面图像上涂抹。

❸继续在图像上涂抹，以还原墙面颜色。

画笔: 300 模式: 正常 不透明度: 34% 流量: 20%

STEP 08 添加素材并涂抹图像

❶打开随书光盘\素材\06\54\02.jpg素材图片。

❷选择“移动工具”，将图像移至01图像上，然后选择“橡皮擦工具”，设置“不透明度”为56%、“流量”为46%。

❸在图像上涂抹，将遮挡的图像擦除。

画笔: 68 模式: 画笔 不透明度: 56% 流量: 46%

知识要点

“去色”命令、“纯色”命令

横排文字工具

操作难度	综合应用	发散性思维
★★	★★★	★★★

055 透明图层的应用

原始文件 随书光盘\素材\06\55\01.jpg、02.psd、03.psd

最终文件 随书光盘\源文件\06\55\多个图像的自然融合.psd

❶运用“移动工具”将一幅图像移至另一幅图像上。❷利用“橡皮擦工具”将多余的区域擦除，使被擦除区域成透明状态，通过添加图层样式和混合模式，进一步对图像进行修饰。

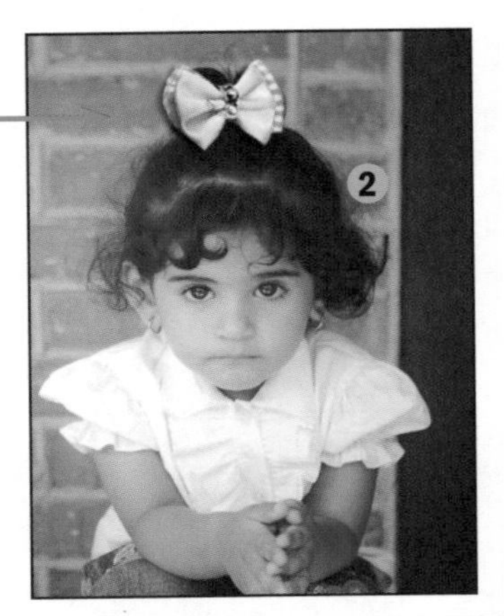

衍生应用——多个图像的自然融合

STEP 01 打开素材并去色处理

❶打开随书光盘\素材\07\55\01.jpg素材图片。

❷打开“图层”面板，选择“背景”图层，执行“图层>复制图层”菜单命令，复制得到“背景 副本”图层，按快捷键Ctrl+U对图像进行去色。

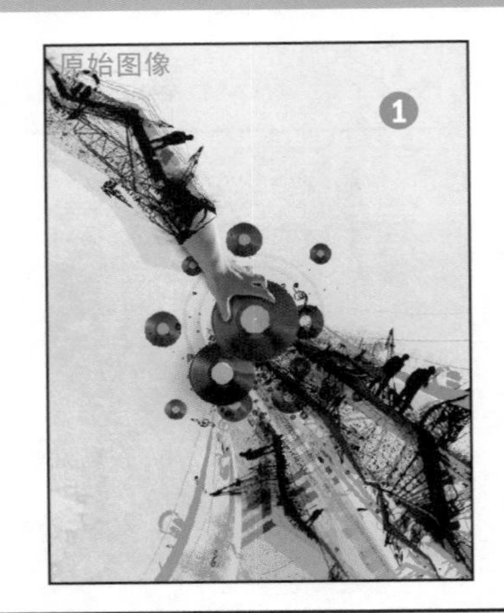

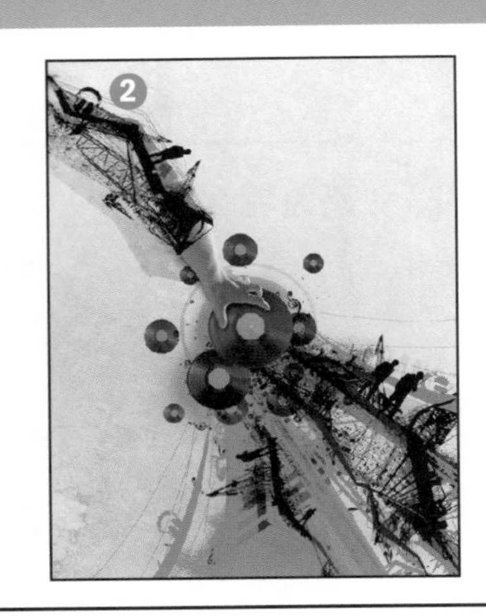

STEP 02 设置投影样式

❶打开随书光盘\素材\06\55\02.psd素材图片，并将其移至01图像上。

❷打开“图层”面板，双击“图层1”图层，打开“图层样式”对话框，选择“投影”选项，并设置其参数。

❸通过设置投影参数，为车子添加投影效果。

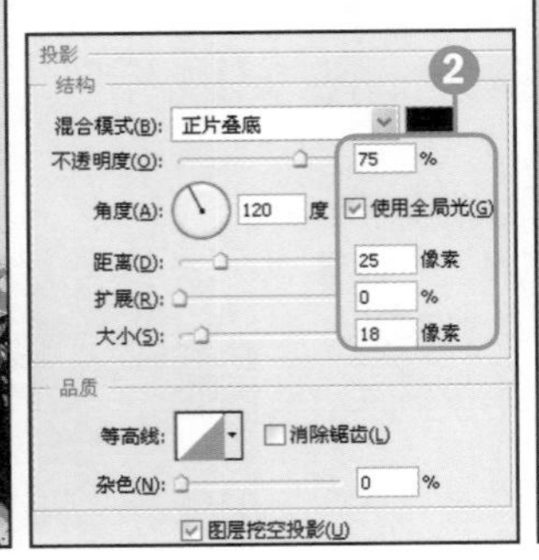

STEP 03 添加纯色调整层

❶单击“图层”面板下方的“创建新的填充或调整图层”按钮，在弹出的菜单中选择“纯色”命令，弹出“拾取实色1”对话框，在对话框中设置颜色。

❷创建一个深色的调整图层。

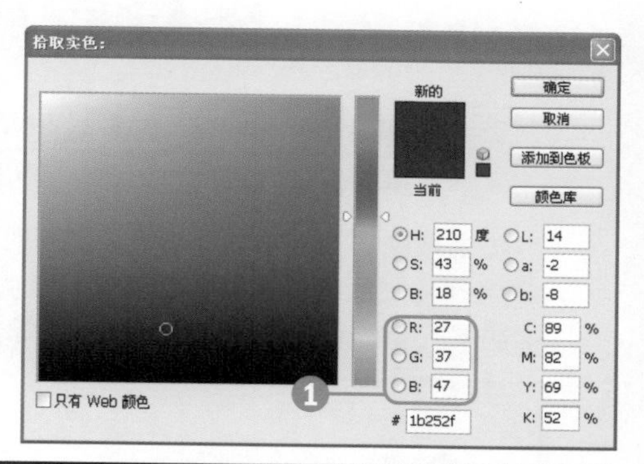

STEP 04 混合图层并打开素材

❶选择“颜色填充1”图层，将该图层的混合模式设置为“叠加”、“不透明度”为57%。

❷通过设置混合模式，加深汽车的光泽感。

❸打开随书光盘\素材\06\55\03.psd素材图片。

STEP 05 移动图像并调整顺序

❶选择“移动工具”，将花纹图像移至01图像中。

❷选择“图层2”，将其拖曳至“图层1”下方。

❸调整图层顺序后，部分花朵图案被车子遮挡而隐藏。

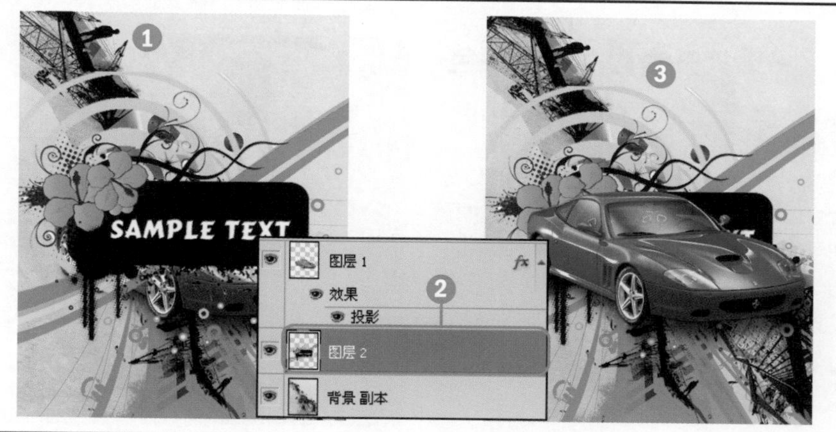

STEP 06 输入文字修饰图像

❶选择“横排文字工具”[T]，单击“切换字符和段落面板”按钮[■]，单击“字符”选项，然后设置文字属性。

❷在图像的右上角输入修饰性文字。

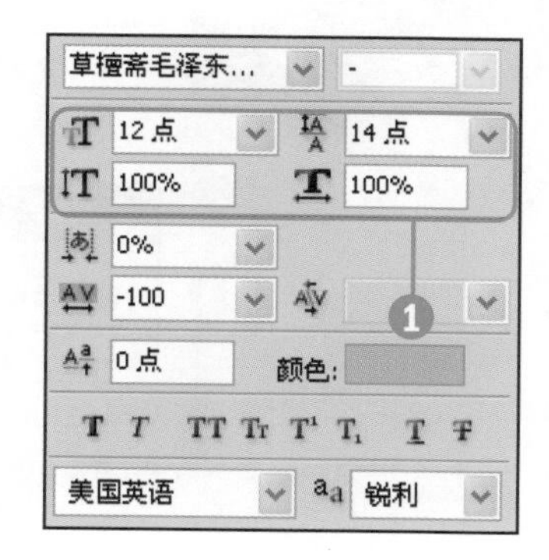

知识要点

CMYK颜色模式、"色彩平衡"图标

画笔工具、"正片叠底"混合模式

操作难度 ★★★ 综合应用 ★★ 发散性思维 ★★★

056 设置图像加深效果

原始文件 随书光盘\素材\06\56\01.jpg

最终文件 随书光盘\源文件\06\56\制作暗夜的图像效果.psd

❶选取图层，并执行"图层>复制图层"菜单命令，复制一个相同的图层。❷选择复制的图层，将混合模式设置为"颜色加深"，同时进一步调整图层不透明度。❸通过设置混合模式加深图像效果。

衍生应用——制作暗夜的图像效果

STEP 01 打开素材并调整颜色

❶打开随书光盘\素材\06\56\01.jpg素材图片。

❷执行"图像>调整>CMYK模式"菜单命令，将图像转换为CMYK图像。执行"图像>调整>通道混合器"菜单命令，弹出"通道混合器"对话框，在对话框中设置参数后，单击"确定"按钮。

❸将图像转换成蓝色调图像。

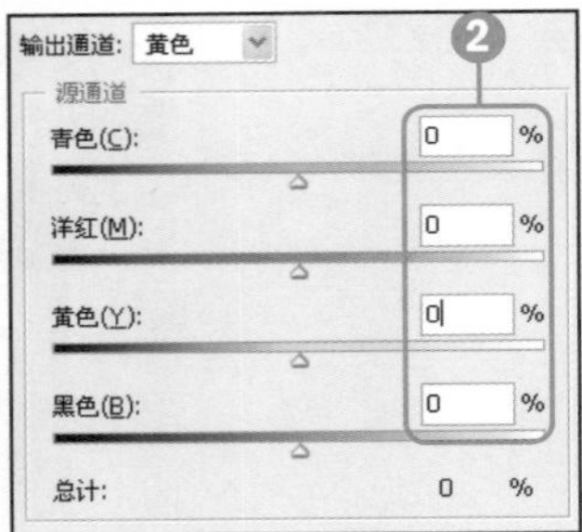

STEP 02 调整颜色并填充渐变

❶将图像重新转换为RGB图像，单击"调整"面板上的"色彩平衡"图标，重新设置参数，调整图像颜色。

❷新建"图层1"，单击"添加图层蒙版"按钮，添加蒙版。

❸选择"渐变工具"，设置黑色至白色的渐变色，单击"线性渐变"按钮，从上往下拖曳，绘制渐变色。

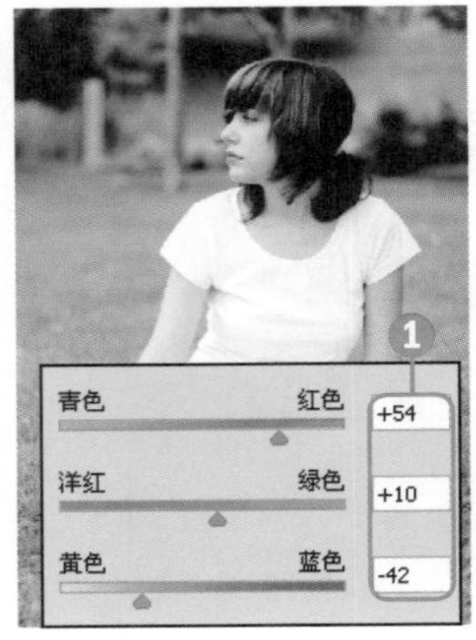

STEP 03 设置混合模式并擦除图像

❶选择“图层1”，将该图层的混合模式设置为“正片叠底”。

❷设置混合模式后，在图像中查看设置后的图像效果。

❸选择“画笔工具”，在选项栏上将“不透明度”设置为22%、“流量”设置为22%，在图像上单击并涂抹。

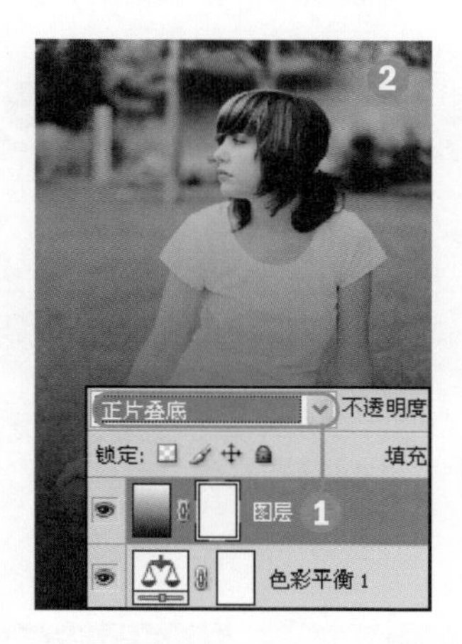

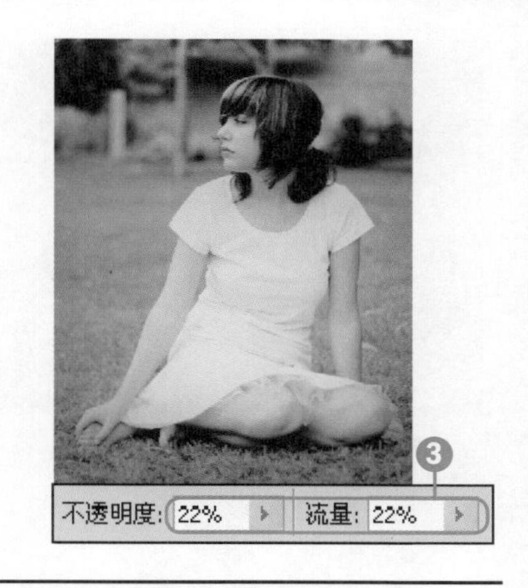

STEP 04 应用色阶加深图像

❶单击“调整”面板上的“曲线”图标，在弹出的面板中调整曲线。

❷加深图像的边缘效果。

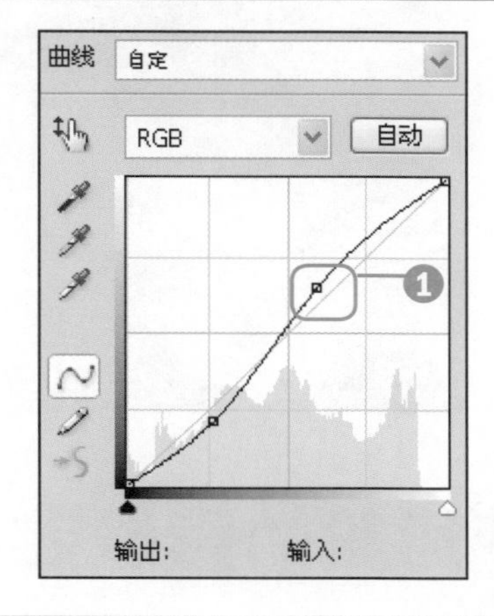

STEP 05 设置画笔属性

❶选择柔角画笔，打开“画笔”面板，单击“形状动态”选项，设置动态参数。

❷单击“散布”选项，设置画笔散布情况。

STEP 06 绘制白色小圆点

❶新建“图层1”，在图像上连续单击，绘制小白点。

❷双击“图层1”，打开“图层样式”对话框，选择“外发光”选项，并设置外发光参数。

❸为小圆点图像添加发光效果。

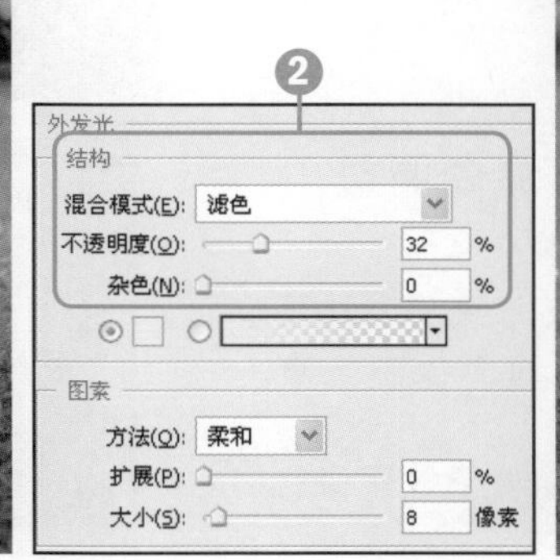

知识要点

"高斯模糊"命令、"调整"面板

图层混合模式

操作难度 ★★　综合应用 ★★★　发散性思维 ★★★

057 滤色模式的妙用

原始文件 随书光盘\素材\06\57\01.jpg

最终文件 随书光盘\源文件\06\57\打造梦幻般的影像效果.psd

❶选择"背景"图层，并复制该图层。❷将复制图层的混合模式设置为"滤色"，以提高图像的整体亮度。

衍生应用——打造梦幻般的影像效果

STEP 01 打开素材并执行命令

❶打开随书光盘\素材\06\57\01.jpg素材图片。

❷复制"背景"图层，执行"滤镜>模糊>高斯模糊"菜单命令，打开"高斯模糊"对话框，设置半径后，单击"确定"按钮。

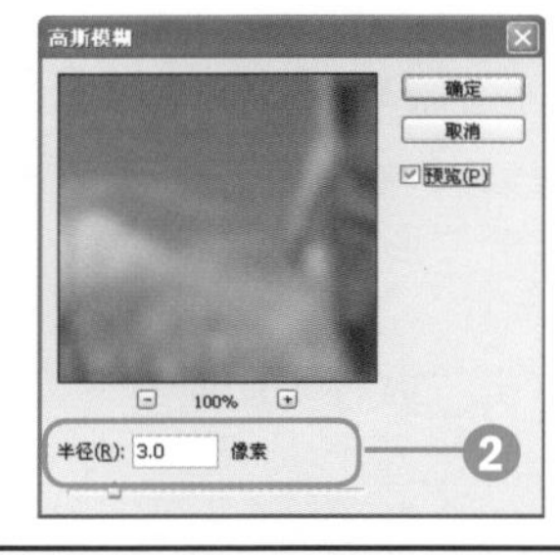

STEP 02 模糊图像并设置混合模式

❶应用"高斯模糊"滤镜模糊图像。

❷选择"背景 副本"图层，将其混合模式设置为"滤色"。

STEP 03 应用调整命令调整图像颜色

❶单击"调整"面板上的"色彩平衡"图标，在弹出的面板中设置参数。

❷应用"色彩平衡"参数更改图像的色调。

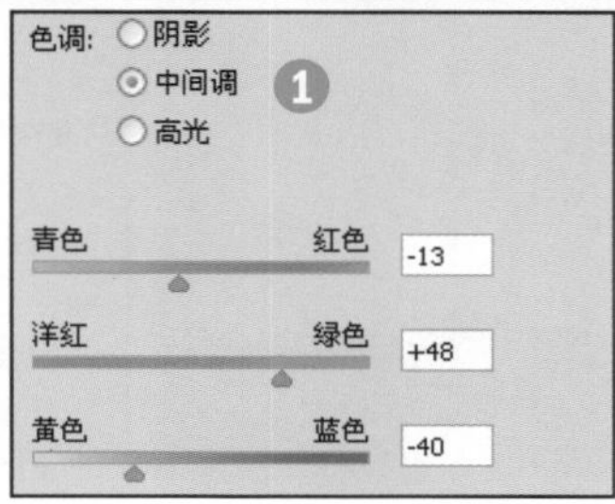

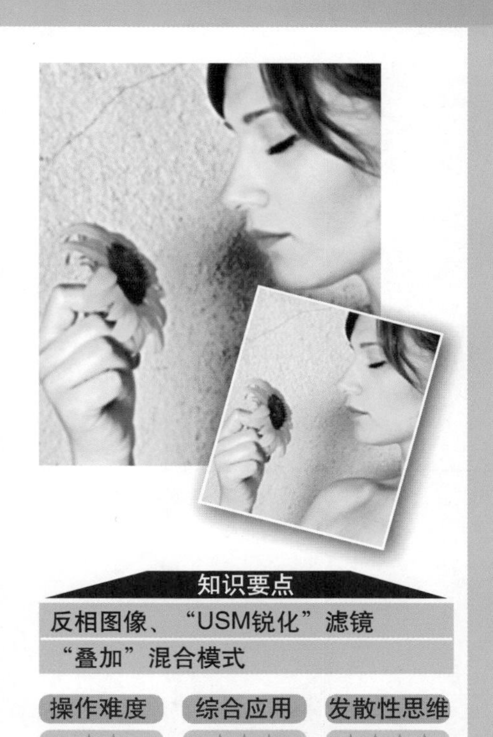

知识要点

反相图像、“USM锐化”滤镜
“叠加”混合模式

操作难度	综合应用	发散性思维
★★	★★★	★★★★

058 叠加混合模式

原始文件 随书光盘\素材\06\58\01.jpg
最终文件 随书光盘\源文件\06\58\快速将图像变得更为清晰.psd

①将需要创建混合模式的图像添加至同一图像文件内。②在“图层”面板中选取图层，将所选图层的混合模式设置为“叠加”。③设置后，该图层中的图像自动与下层图像进行叠加混合颜色。

衍生应用——快速将图像变得更为清晰

STEP 01 打开素材并复制图层

①打开随书光盘\素材\06\58\01.jpg素材图片。

②执行“图层>复制图层”菜单命令，复制得到“背景 副本”图层。

STEP 02 执行“USM锐化”滤镜

①执行“滤镜>锐化>USM锐化”菜单命令，打开“USM锐化”对话框，在对话框中设置参数。

②单击“确定”按钮后，即可看到应用“USM锐化”滤镜锐化图像的效果。

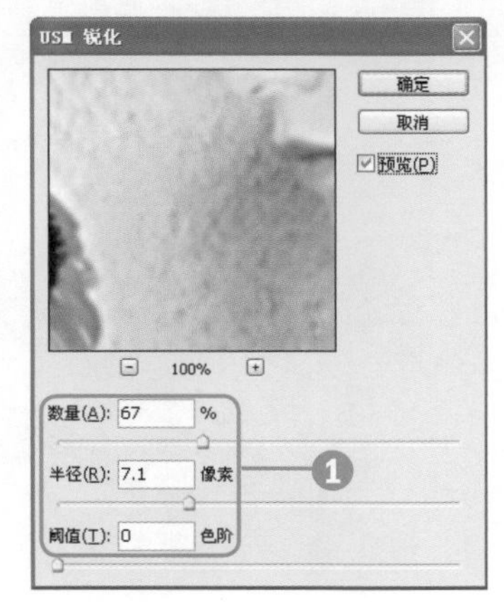

STEP 03 设置混合模式

❶选择“背景 副本”图层，将该图层的混合模式设置为“叠加”、“不透明度”设置为30%。

❷通过设置混合模式，对图像进行颜色轮廓的加深。

STEP 04 继续设置混合模式

❶按快捷键Ctrl+J，复制得到“背景副本2”图层，将混合模式设置为“线性加深”、“不透明度”设置为15%。

❷设置混合模式后，进一步加深了轮廓。

STEP 05 反相图像并混合图层

❶ 单击“调整”面板中的“反相”图标，反相图像。

❷选择“反相1”图层，将该图层的混合模式设置为“差值”。

❸设置“差值”模式后，在图像上添加了黑色图案。

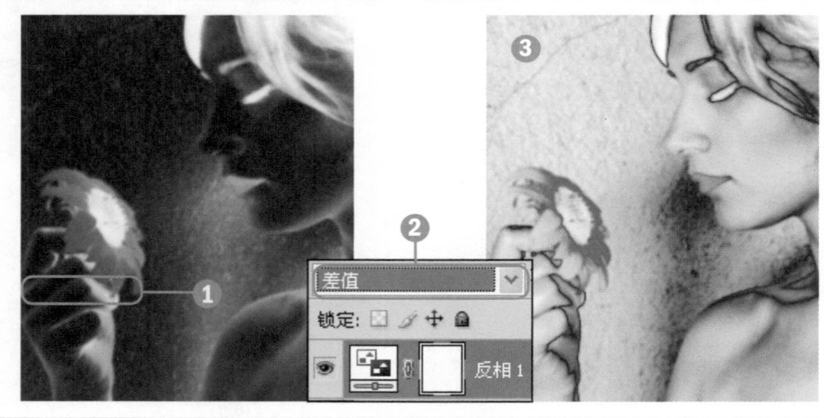

STEP 06 擦除多余的图像

❶选择“橡皮擦工具”，在选项栏上设置“不透明度”为39%、“流量”为48%。

❷在人物图像上单击并涂抹，以擦除图像。

❸按 [或]键调整画笔大小，继续擦除多余的图像。

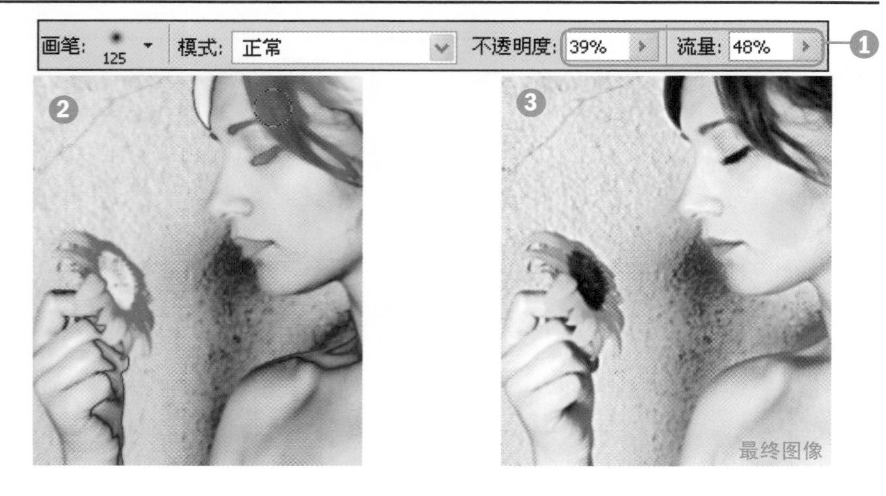

知识要点

移动图像、添加图层蒙版、投影样式

操作难度	综合应用	发散性思维
★★	★★★	★★★

059 控制图像的显现和隐藏

原始文件 随书光盘\素材\06\59\01.jpg、02.jpg

最终文件 随书光盘\源文件\06\59\添加图层蒙版合成照片.psd

❶运用“移动工具”将两幅图像添加至同一幅图像中。❷在“图层”面板中选择图层，单击“添加图层蒙版”按钮，为图层添加图层蒙版。❸选择“画笔工具”，将画笔颜色设置为黑色，在蒙版对象上涂抹即可隐藏图像。

衍生应用——添加图层蒙版合成照片

STEP 01 打开素材图片

❶打开随书光盘\素材\06\59\01.jpg素材图片。

❷打开随书光盘\素材\06\59\02.jpg素材图片，并将图像移至01图像的中间位置。

STEP 02 添加图层蒙版并涂抹图像

❶打开“图层”面板，单击“添加图层蒙版”按钮，为“图层1”添加图层蒙版。

❷设置前景色为黑色，选择“画笔工具”，在人物的背景图像上涂抹，隐藏图像。

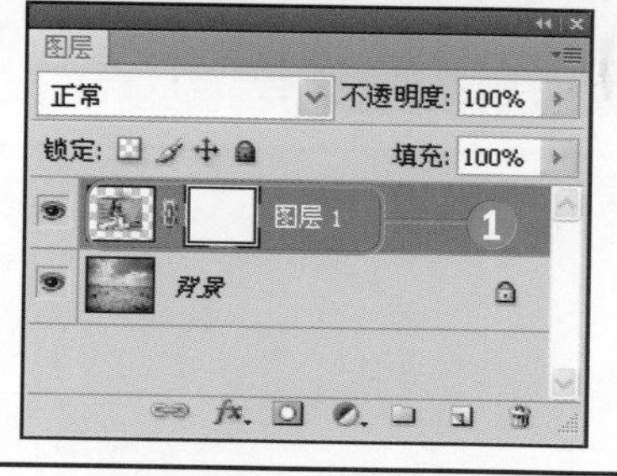

STEP 03 添加投影效果

❶双击“图层1”，打开“图层样式”对话框，选择“投影”选项，设置投影参数。

❷为人物图像添加真实的投影效果。

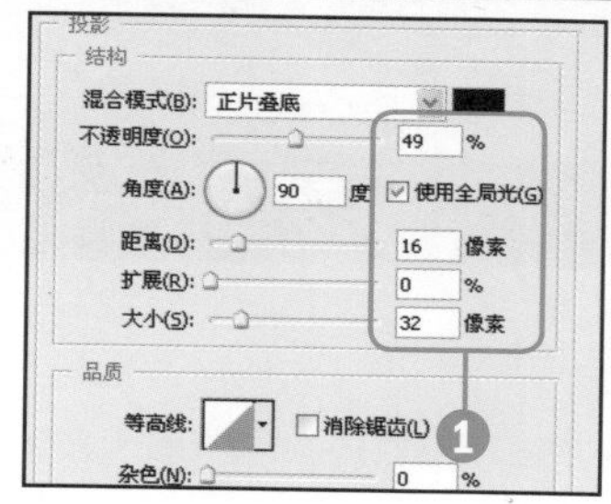

知识要点

"新建"命令、"自动对齐图层"命令

"自动混合图层"命令

操作难度	综合应用	发散性思维
★	★★	★★★

060 设置宽幅的图像效果

原始文件 随书光盘\素材\06\60\01.jpg、02.jpg、03.jpg

最终文件 随书光盘\源文件\06\60\打造气势恢宏的全景图.psd

❶选取需要合成全景的原照片。❷将两个图像移至同一图像内，选择原照片所在的两个图层，执行"编辑>自动对齐图层"菜单命令，先对齐图层，再执行"编辑>自动混合图层"菜单命令，选择"全景图"，将图像合并成一个宽幅的图像效果。

衍生应用——打造气势恢宏的全景图

STEP 01 打开素材图片

❶打开随书光盘\素材\06\60\01.jpg素材图片。

❷打开随书光盘\素材\06\60\02.jpg素材图片。

STEP 02 打开素材并新建文件

❶打开随书光盘\素材\06\60\03.jpg素材图片。

❷执行"文件>新建"菜单命令，打开"新建"对话框，在对话框中设置参数，单击"确定"按钮。

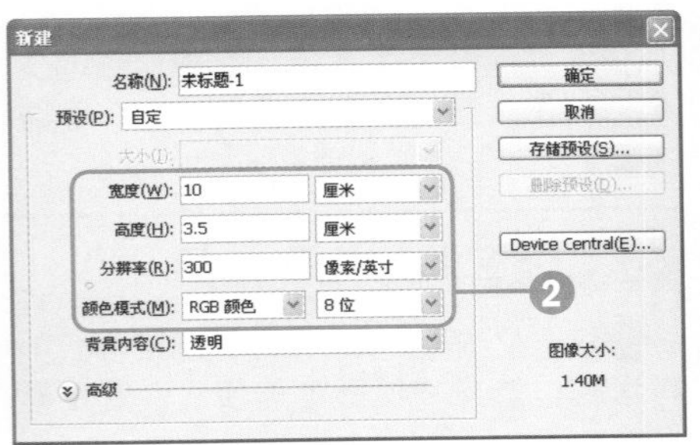

STEP 03 移动图像

❶新建一个宽10cm、高3.5cm的透明图像。

❷选择“移动工具”，将3个素材图像移至新建的图像上，再分别调整它们的大小。

STEP 04 自动对齐图层

❶打开“图层” 面板，按下 Shift键，选取“图层2”、“图层3”和“图层4”。

❷执行“编辑>自动对齐图层”菜单命令，打开“自动对齐图层”对话框，单击“确定”按钮。

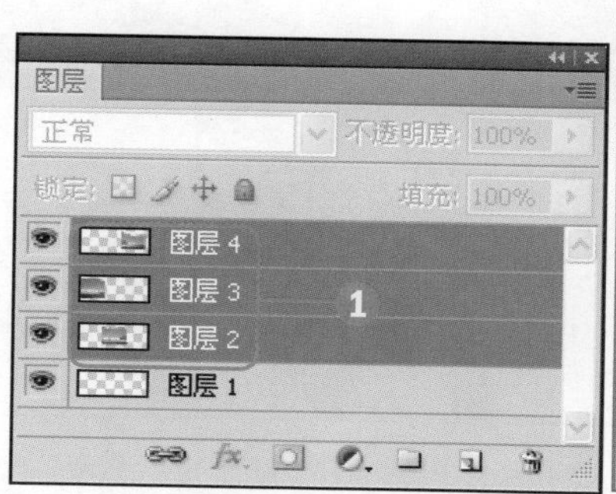

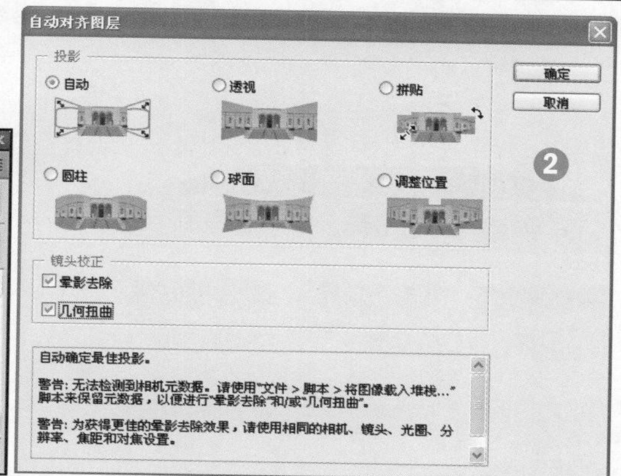

STEP 05 对齐并移动图像

❶将3个图层中的图像进行自动对齐操作。

❷选择“移动工具”，将对齐后的图像移至图像的中间位置。

STEP 06 自动混合图层

❶执行“编辑>自动混合图层”菜单命令，打开“自动混合图层”对话框，选中“全景图”单选按钮，单击“确定”按钮。

❷自动混合3个图层中的图像。

❸选择“裁剪工具”，将多余的透明区域裁剪掉。

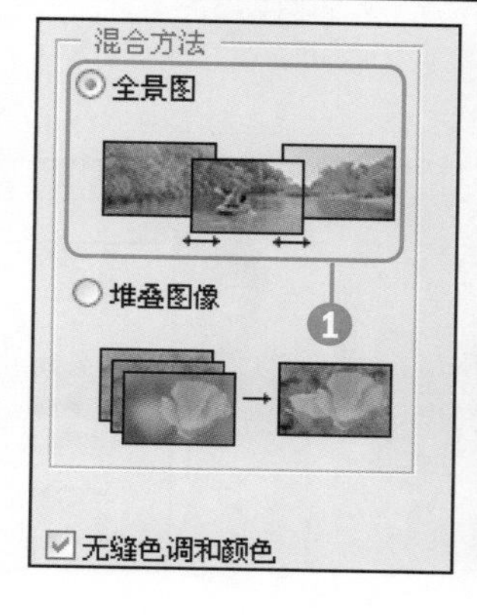

知识要点

色彩平衡、画笔工具、"描边"命令

操作难度 ★★　综合应用 ★★★　发散性思维 ★★★

061 为图像设置特殊的描边

原始文件 随书光盘\素材\06\61\01.jpg
最终文件 随书光盘\源文件\06\61\为图像填充画框效果.psd

❶选取要添加描边效果的图像。❷双击"图层"面板中的图层，打开"图层样式"对话框，选择"描边"选项，设置描边参数。❸通过设置描边样式为图像添加描边效果。

衍生应用——为图像填充画框效果

STEP 01 打开素材并调整颜色

❶打开随书光盘\素材\06\61\01.jpg素材图片。

❷单击"调整"面板上的"色彩平衡"图标，在弹出的面板中选择"中间调"，然后设置颜色信息。

❸通过应用"色彩平衡"更改原图像的色调。

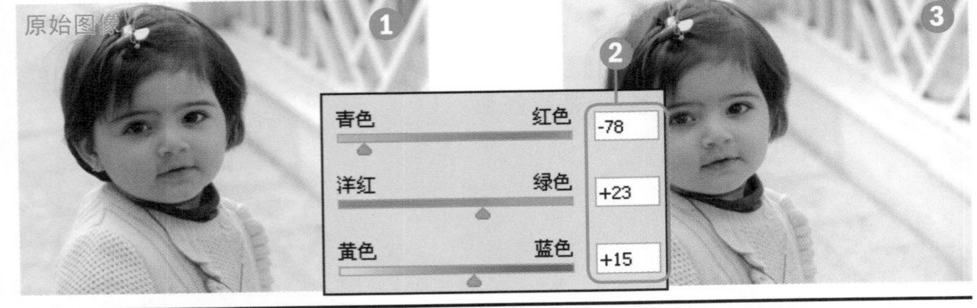

STEP 02 还原皮肤颜色并创建选区

❶打开"图层"面板，选择"色彩平衡1"的蒙版图像，选择"柔角画笔"，设置前景色为黑色，在人物图像上涂抹，还原皮肤颜色。

❷选择"矩形选框工具"，沿着人物图像单击并拖曳，创建矩形选区。

STEP 03 描边并复制图像

❶按快捷键 Ctrl+J复制图像，再按快捷键Ctrl+T调整图像。

❷双击"图层1"，打开"图层样式"对话框，选择"描边"选项，设置描边参数。

❸添加描边样式，然后复制一个图像，并调整其大小和位置。

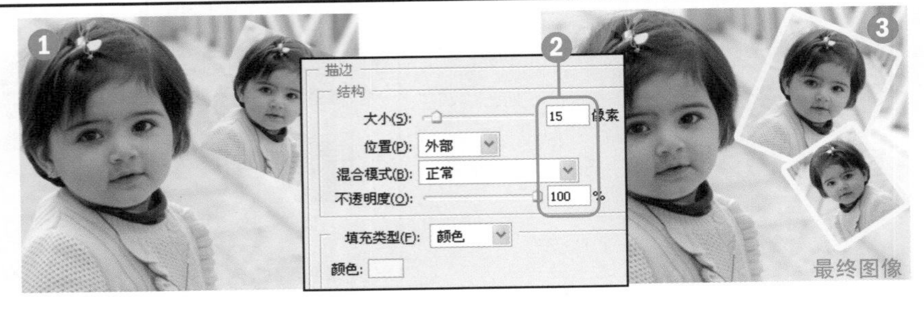

062 添加投影效果

原始文件 随书光盘\素材\06\62\01.jpg、02.jpg
最终文件 随书光盘\源文件\06\62\打造立体的3D效果.psd

1选择需要添加投影的图像。2双击该图像所在的图层，打开“图层样式”对话框，在对话框中选择“投影”选项，然后在对话框右侧设置投影参数。3设置投影参数后，单击“确定”按钮，即可将所设置的投影样式应用到图像中。

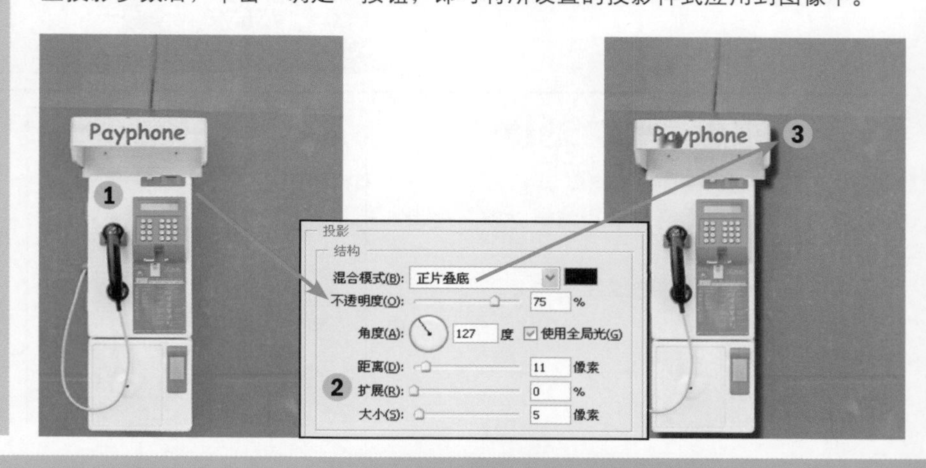

知识要点

魔棒工具、投影样式、“玻璃”命令
“USM锐化”命令

操作难度	综合应用	发散性思维
★★	★★★	★★★

衍生应用——打造立体的3D效果

STEP 01 打开素材设置混合模式

1打开随书光盘\素材\06\62\01.jpg素材图片。

2选择“背景”图层，并将其拖曳至“创建新图层”按钮上，复制图层。

3将“背景 副本”图层的混合模式设置为“强光”。

STEP 02 创建瓶子选区

1打开随书光盘\素材\06\62\02.jpg素材图片，选择“魔棒工具”，在背景区域单击，创建选区。

2按快捷键Ctrl+Shift+I反选选区，并进一步对选区进行调整。

STEP 03 移动图像并添加投影样式

①选择“移动工具”，将瓶子选区移至背景图像，按快捷键Ctrl+T等比例缩放图像。

②双击“图层1”，打开“图层样式”对话框，选择“投影”选项，设置投影参数。

③对瓶子图像应用“投影”样式。

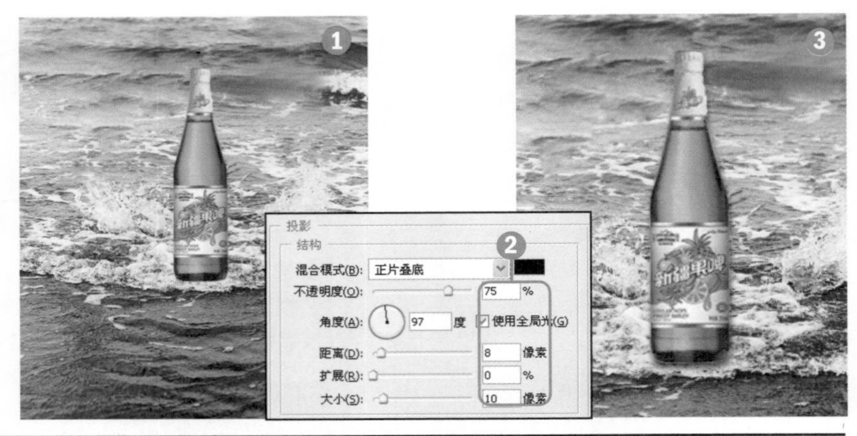

STEP 04 添加“玻璃”滤镜

①执行“滤镜>扭曲>玻璃”菜单命令，打开“玻璃”滤镜对话框，设置滤镜参数，单击“确定”按钮。

②在瓶身图像上添加玻璃纹理效果。

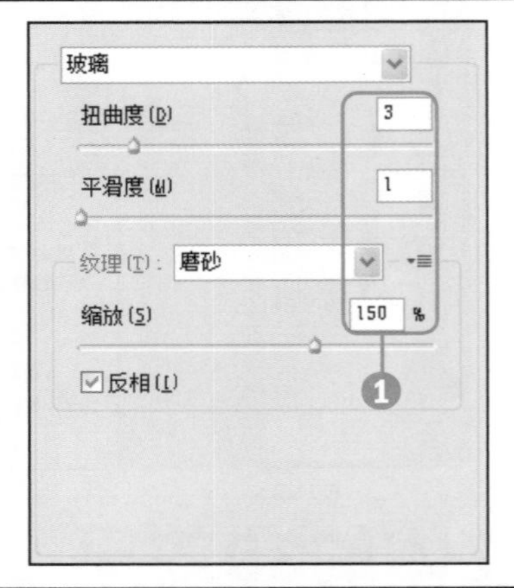

STEP 05 锐化瓶子图像

①执行“编辑>渐隐玻璃”菜单命令，打开“渐隐”对话框，设置“不透明度”为20%，渐隐“玻璃”滤镜。

②执行“滤镜>锐化>USM锐化”菜单命令，打开“USM锐化”对话框，设置锐化参数。

③应用“USM锐化”滤镜锐化瓶子上的纹理。

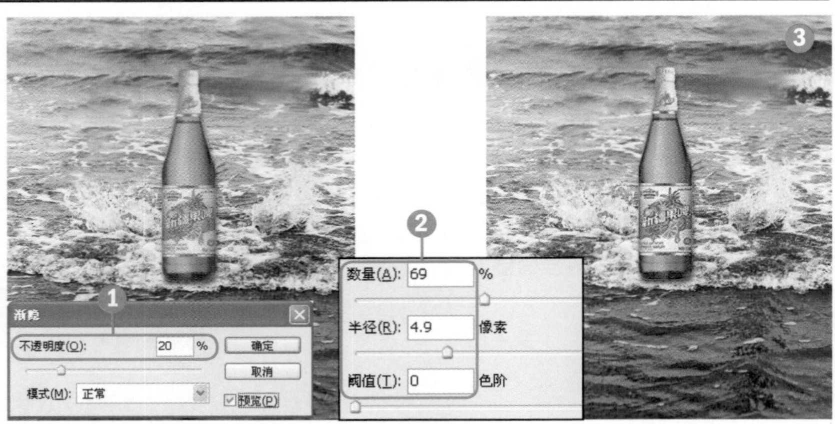

STEP 06 复制并隐藏部分图像

①按快捷键Ctrl+J复制一个瓶子，并分别对两个瓶子的位置进行调整。

②选择“图层1副本”图层，单击“添加图层蒙版”按钮，添加蒙版。

③设置前景色为黑色，选择“画笔工具”，在蒙版对象上涂抹，隐藏图像。

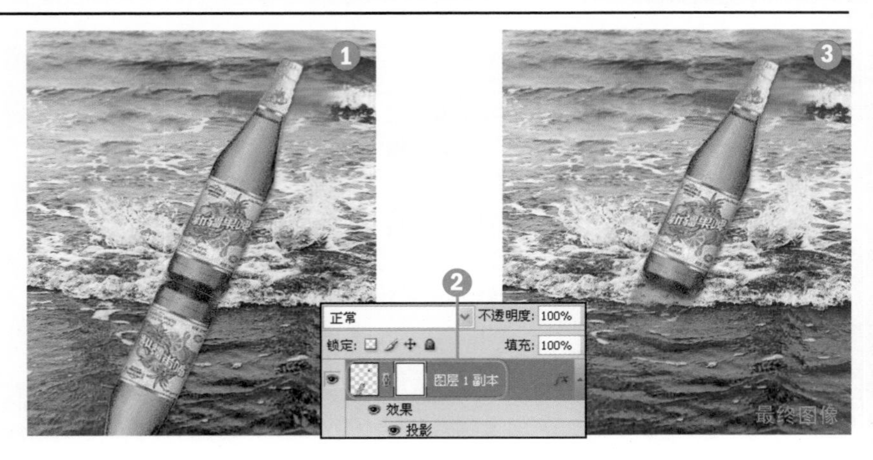

知识要点

通道混合器、渐变映射、羽化选区
图层混合模式

操作难度	综合应用	发散性思维
★★★	★★★	★★★

063 设置不同混合模式下的渐变叠加

原始文件 随书光盘\素材\06\63\01.jpg
最终文件 随书光盘\源文件\06\63\为图像添加恰当的晕影效果.psd

❶单击“调整”面板中的“渐变映射”图标，为图像添加渐变调整层。❷选择创建的渐变调整层，将其混合模式设置为“叠加”。❸设置混合模式后，在图像上创建渐变叠加效果，同时变换图像颜色。

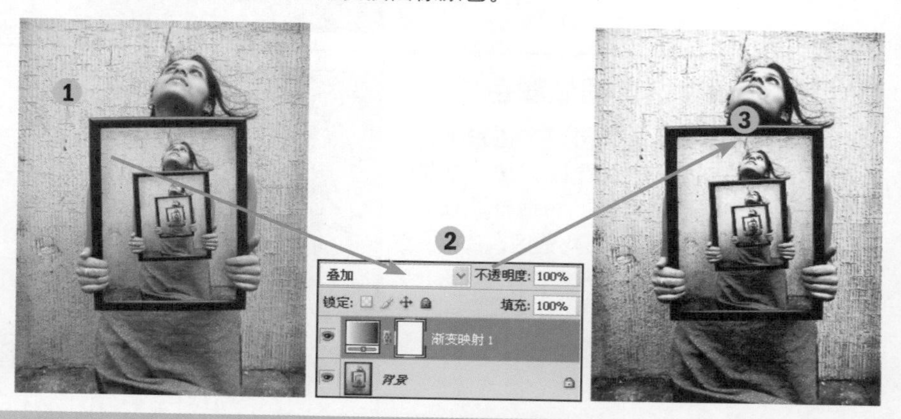

衍生应用——为图像添加恰当的晕影效果

STEP 01 打开素材并调整色调

❶打开随书光盘\素材\06\63\01.jpg素材图片。

❷单击“调整”面板上的“通道混合器”按钮，在弹出的面板中选择“红”通道，再设置各项参数。

❸应用“通道混合器”变换照片色调。

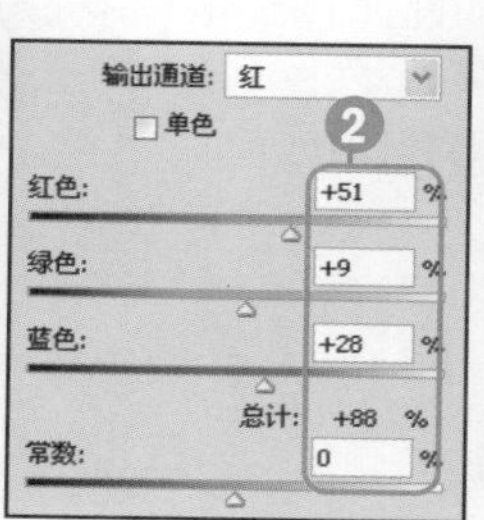

STEP 02 添加映射渐变效果

❶单击“调整”面板上的“渐变映射”图标，单击“渐变编辑器”图标，在弹出的对话框中设置“从黑色至透明”的渐变，创建渐变调整图层，加深图像。

❷选择“渐变映射1”图层，将该图层的混合模式设置为“滤色”。

❸设置后，整个图像的亮度提高。

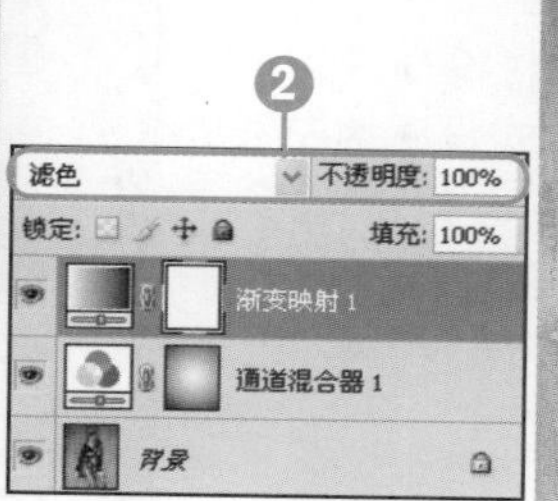

STEP 03 创建渐变加深边缘图像

❶新建“图层1”，单击“径向渐变”按钮，从内向外拖曳鼠标，创建渐变，选择“柔角画笔”，将脸部的渐变颜色擦除。

❷打开“图层”面板，将“图层1”的混合模式设置为“线性加深”、“不透明度”设置为41%。

❸按快捷键Ctrl+J复制一个图层。

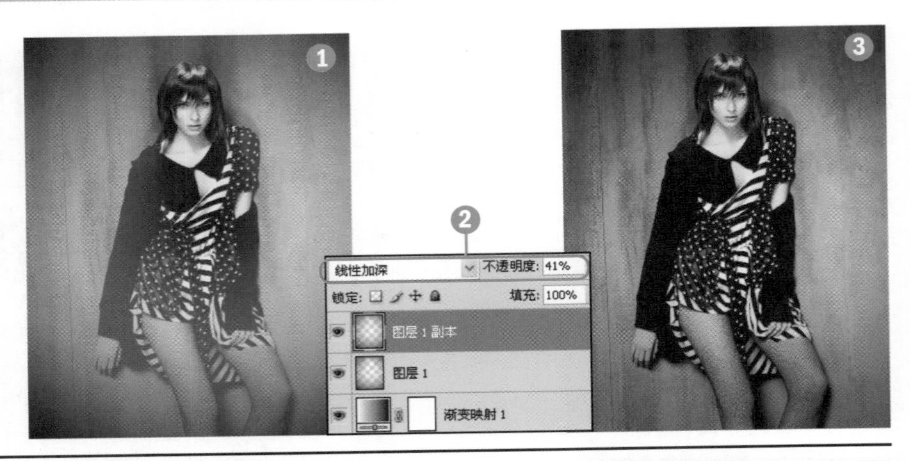

STEP 04 调整选区图像颜色

❶按住Ctrl键，单击“图层”面板上的“图层1”缩览图，载入选区，按快捷键Shift+F6打开“羽化选区”对话框，设置“羽化半径”为50像素，羽化选区。

❷单击“图层”面板中“色阶”图标，设置色阶参数。

❸应用所设置的色阶参数调整图像颜色。

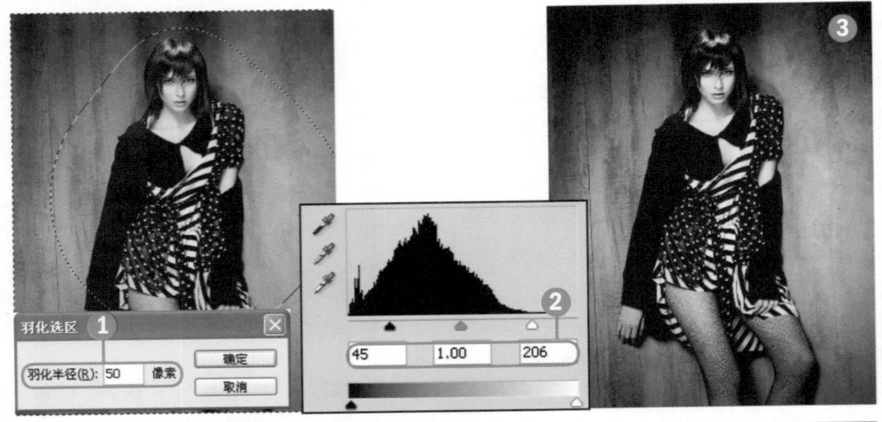

STEP 05 复制背景并擦除部分图像

❶选择并复制“背景”图层，按快捷键Ctrl+J复制图层，将其移至图层最上层。

❷选择“橡皮擦工具”，设置“不透明度”为40%、“流量”为49%。

❸在图像的中间位置涂抹，擦除图像。

STEP 06 复制图像更改混合模式

❶选择“背景 副本”图层，将图层的混合模式设置为“滤色”、“不透明度”为45%。

❷按快捷键Ctrl+J，复制得到“背景副本2”图层，将其混合模式设置为“正常”。

❸通过复制图层，进一步还原皮肤颜色。

第7章 路径与文字的组合与应用

路径是创建特殊图形的一种手段，通过对路径进行编辑可以绘制不同形状的图形。对一幅图像而言，文字是最能直接表达并传达信息的重要元素，而怎样将路径与文字进行有效的结合，则是本章所学习的主要知识。

利用形状绘制工具可以创建较为规整的路径；利用自由钢笔工具能创建一种更好、更精细的路径效果，在需要创建图像区域拖曳鼠标即可创建任意形状的路径；对于创建的路径，通过“路径”面板将实现路径与选区之间的转换；应用文字工具可在图像上输入文字，可以通过菜单命令将文字转换为路径或形状，或将图像添加至文字中，再对这些路径或形状进行编辑，以得到特殊的文字效果。

招式示意

制作黄黑相间的警戒线效果

打造复杂的花朵形状

漫画风格的图像制作

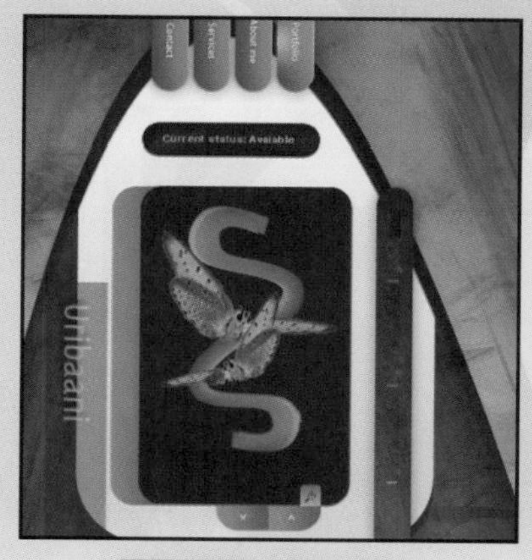

制作夸张的图形文字

为招贴画添加POP文字

制作梯形文字效果

知识要点

直线工具、 横排文字工具

椭圆工具

操作难度 ★★
综合应用 ★★★★
发散性思维 ★★★★

064 斜线条的快速绘制

原始文件 随书光盘\素材\07\64\01.jpg

最终文件 随书光盘\源文件\07\64\制作黄黑相间的警戒线效果.psd

❶运用“直线工具”并设置线条粗细后，创建倾斜的线条。❷通过设置不同粗细的线条，在多个图层中绘制更多的线条，然后将绘制的所有线条图层进行合并。❸运用“橡皮擦工具”将不需要的线条擦除。

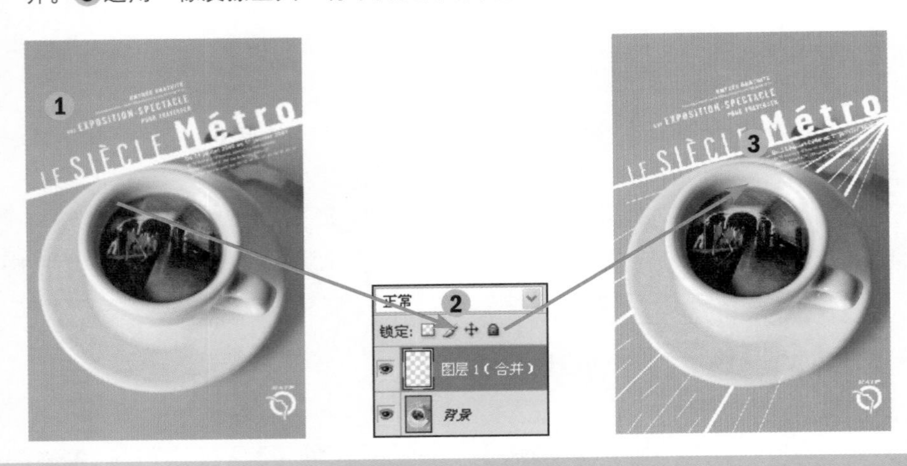

衍生应用——制作黄黑相间的警戒线效果

STEP 01 打开素材并设置前景色

❶打开随书光盘\素材\07\64\01.jpg素材图片。

❷单击工具箱中的拾色器图标，打开“拾色器（前景色）”对话框，在对话框中设置前景色为黄色。

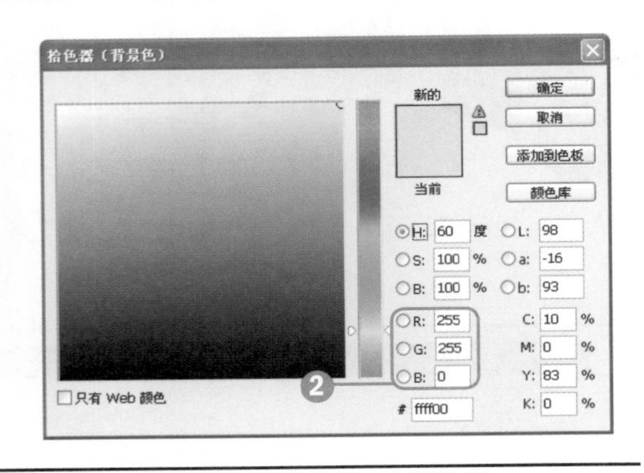

STEP 02 绘制黄色线条

❶选择“直线工具”，然后在选项栏中将“粗细”设置为50px。

❷在图像上单击并拖曳鼠标，绘制一条黄色直线。

❸按快捷键Ctrl+T打开自由变换框，再旋转绘制的黄线。

STEP 03 绘制黑色线条

❶选择"直线工具"[＼]，然后在选项栏中将"粗细"设置为30px。

❷在图像上单击并拖曳，绘制黑色粗直线。

❸按快捷键Ctrl+T打开自由变换框，再旋转绘制的黑线。

STEP 04 调整黑线形状

❶按住Ctrl键，将鼠标移到图像右上角的控制点上，再拖曳鼠标，调整形状。

❷继续调整另外3个控制点的位置，使黑线的4个点位置均在黄线上。

STEP 05 复制图像并绘制黑色圆形

❶按快捷键Ctrl+J复制两个黑色线条，再分别使用移动工具调整其位置。

❷选择"椭圆工具"[◯]，设置前景色为黑色，新建"图层3"，按住Shift键单击并拖曳鼠标，绘制黑色正圆。

STEP 06 输入修饰文字

❶选择"横排文字工具"[T]，在图像上输入文字。

❷单击"切换字符和段落面板"按钮，打开"字符"面板，设置文本属性。

❸通过设置属性更改已输入的文字。

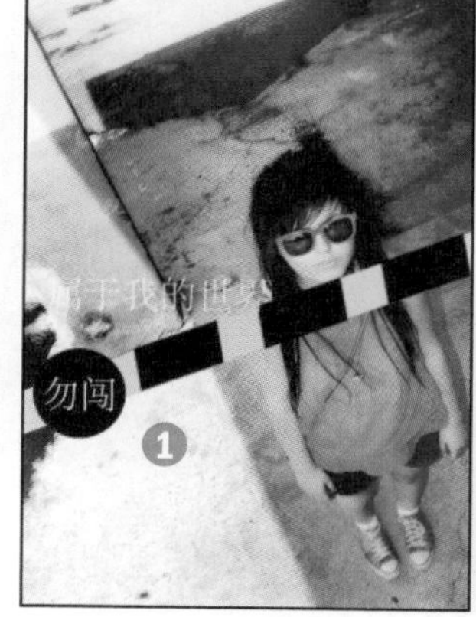

汉仪大黑简 -
12点 72点
100% 100%
0%
100
0点 颜色:

知识要点

自由钢笔工具、"填充路径"命令

圆角矩形工具、"描边"命令

操作难度	综合应用	发散性思维
★★	★★★★	★★★

065 通过自由钢笔勾勒人物轮廓

原始文件 随书光盘\素材\07\65\01.jpg

最终文件 随书光盘\源文件\07\65\制作IPOD广告风格图像.psd

❶运用"自由钢笔工具"，在选项栏上选中"磁性的"复选框，沿着人物拖曳。❷当鼠标拖曳的终点位置与起点位置重合时，会在"路径"面板中生成一个封闭的工作路径。❸通过应用直接选择工具进一步对创建的路径进行调整。

衍生应用——制作IPOD广告风格图像

STEP 01 打开素材选择工具

❶打开随书光盘\素材\07\65\01.jpg素材图片。

❷选择"自由钢笔工具"，选中此选项栏上的"磁性的"复选框，在人物图像上单击并拖曳鼠标。

STEP 02 沿人物创建工作路径

❶继续沿着人物图像拖曳鼠标，创建曲线锚点。

❷当鼠标拖曳的终点与起点相重合时，释放鼠标，获得一个封闭的工作路径。

STEP 03 新建空白图像

❶执行“文件>新建”菜单命令，打开“新建”对话框，在对话框中设置新建文件的宽度和高度，单击“确定”按钮。

❷新建一个宽7cm、高5cm的空白图像。

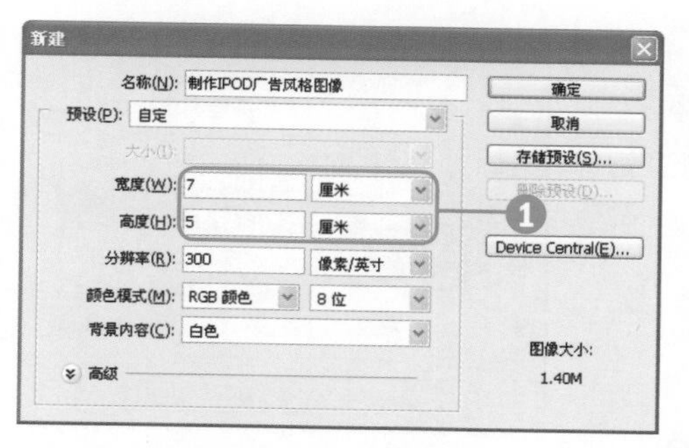

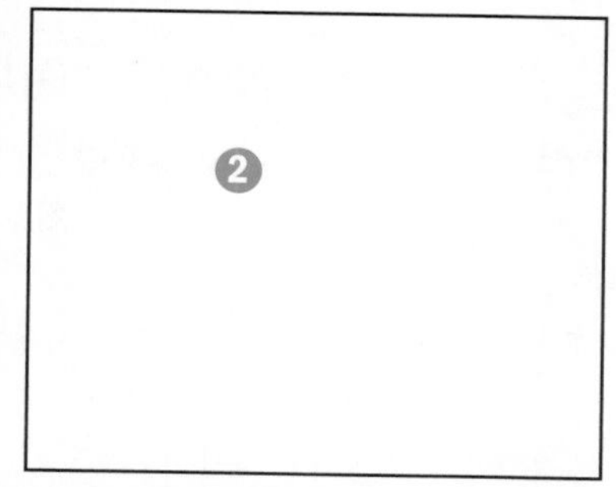

STEP 04 新建图层填充颜色

❶打开“图层”面板，单击“创建新图层”按钮，新建“图层1”。

❷设置前景色为R234、G149、B15，按快捷键Alt+Delete填充图层。

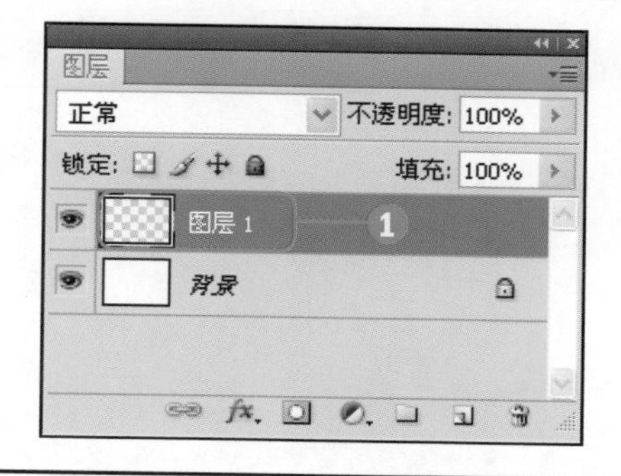

STEP 05 调整路径形状

❶选择“直接选择工具”，将创建的工作路径移动到新建图像文件的左侧。

❷选择“路径选择工具”，调整路径上的锚点位置和曲线。

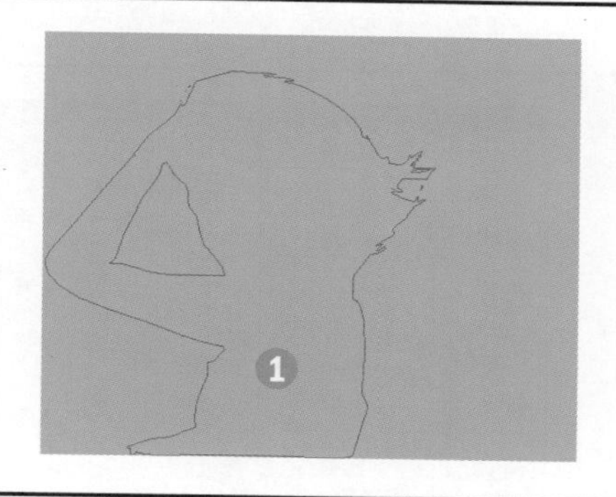

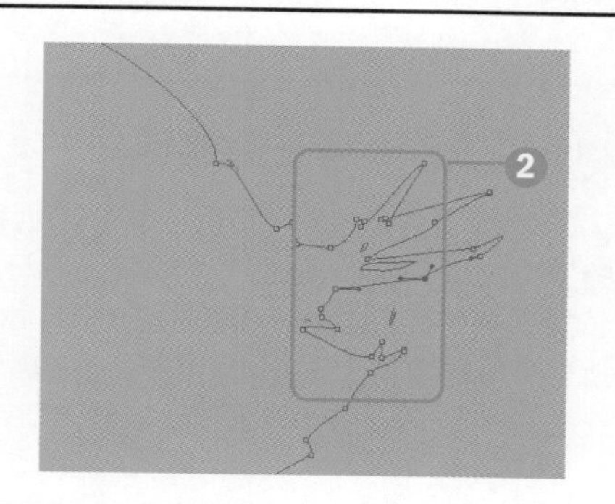

STEP 06 执行“填充路径”命令

❶通过调整，使创建的工作路径变得更加连贯。

❷打开“路径”面板，单击右上角的扩展按钮，在弹出的面板菜单中选择“填充路径”命令。

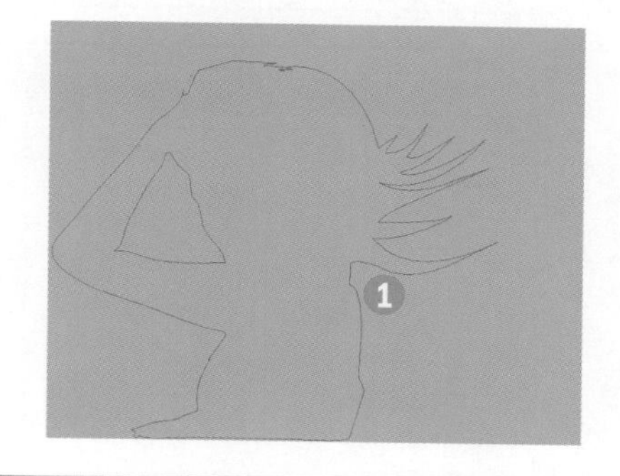

STEP 07 运用黑色填充路径

❶打开“填充路径”对话框，在“使用”下拉列表中选择“前景色”，单击“确定”按钮。

❷应用黑色填充工作路径，填充后，单击“路径”面板中的空白位置，隐藏路径。

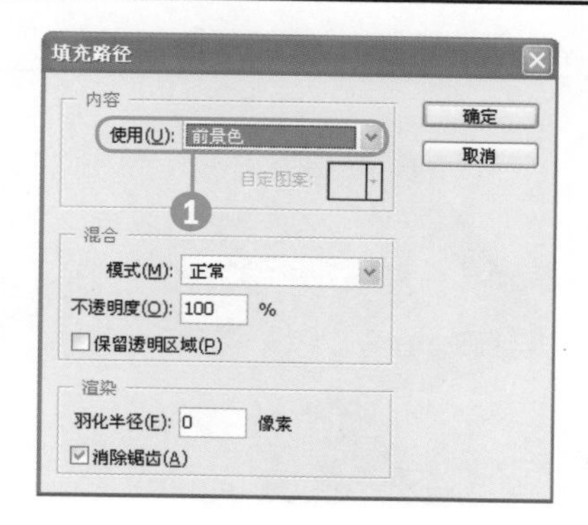

STEP 08 创建新的图层和图层组

❶切换至“图层”面板，单击“创建新组”按钮，新建“组1”，用来绘制MP3。

❷单击“创建新图层”按钮，在“组1”下新建“图层3”。

STEP 09 绘制矩形图案

❶选择“圆角矩形工具”，设置“半径”为10px。

❷在图像的右下角位置上单击并拖曳鼠标，绘制一个白色的圆角矩形。

❸将“半径”值更改为5px，绘制另外一个矩形图案。

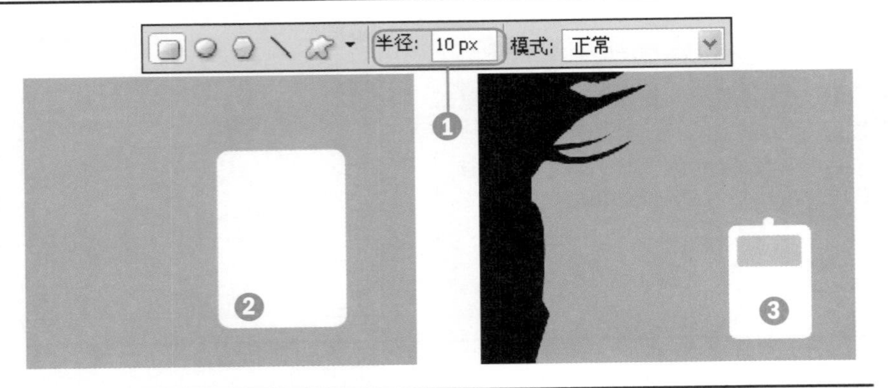

STEP 10 绘制正圆选区

❶切换至“图层”面板，单击“创建新图层”按钮，新建“图层5”。

❷选择工具箱内的“椭圆选框工具”，按住Shift键单击并拖曳鼠标，绘制正圆选区。

STEP 11 对选区进行描边操作

❶执行“编辑>描边”菜单命令，打开“描边”对话框，在对话框中设置描边宽度和颜色，单击“确定”按钮。

❷对绘制的正圆选区进行描边操作。

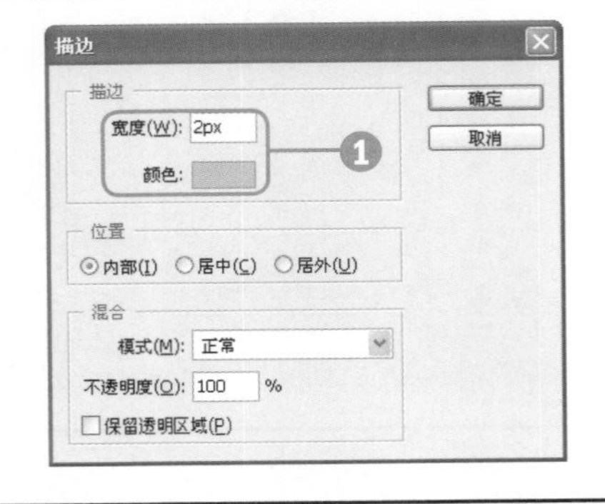

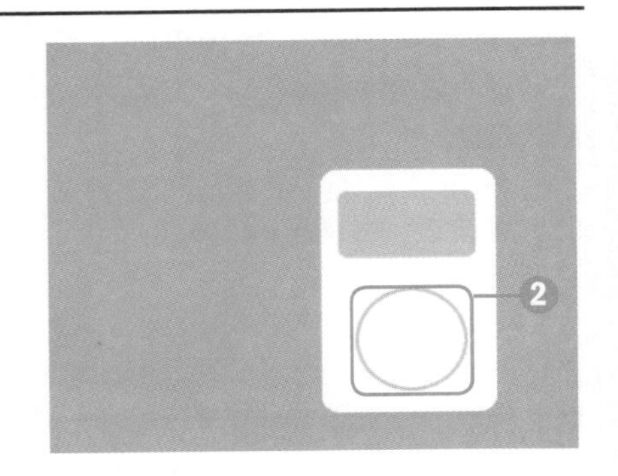

STEP 12 调整图像并绘制线条

❶选择“组1”，按快捷键Ctrl+T打开自由变换框，旋转MP3图案。

❷选择“画笔工具”，设置画笔大小为2px，在图像上绘制两条白色线条。

066 对路径形状进行修剪

原始文件 随书光盘\素材\07\66\01.jpg、02.psd、03.psd

最终文件 随书光盘\源文件\07\66\打造复杂的花朵形状.psd

❶运用“钢笔工具”沿着花朵创建路径。❷运用“直接选择工具”在创建的工作路径上单击，此时显示路径上的所有锚点，添加锚点，再运用“删除锚点工具”在路径锚点上单击，以删除锚点。❸通过对路径进行描边，进一步对路径进行编辑。

知识要点

椭圆工具、添加锚点工具

“将路径载入到选区”命令

操作难度	综合应用	发散性思维
★★★	★★	★★

衍生应用——打造复杂的花朵形状

STEP 01 打开素材绘制路径

❶打开随书光盘\素材\07\66\01.jpg素材图片。

❷选择工具箱中的“椭圆工具”，单击“路径”按钮，按住Shift键拖曳鼠标，绘制路径。

STEP 02 在路径上添加锚点

❶选择“添加锚点工具”，在圆上单击，添加多个锚点。

❷拖曳路径上所添加的锚点，调整路径形状。

STEP 03 修改路径形状

❶继续单击并拖曳路径上所创建的曲线。

❷连续拖曳其他曲线和锚点，完成路径形状的更改。

STEP 04 将路径载入选区

❶打开“路径”面板，单击面板下方的“将路径作为选区载入”按钮。

❷将更改后的路径载入为选区。

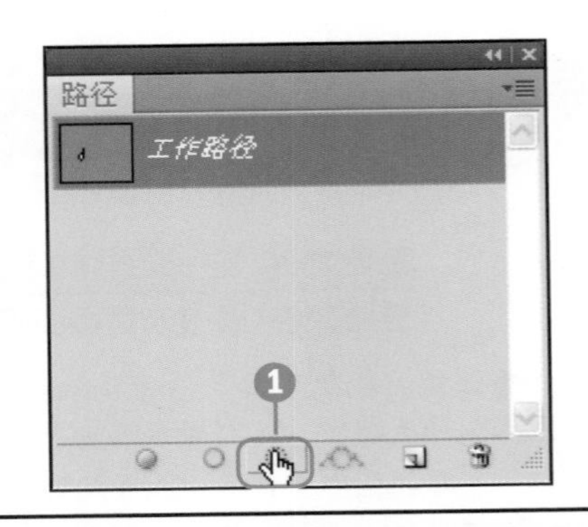

STEP 05 复制花瓣图像

❶按快捷键Ctrl+Delete将选区填充为白色。

❷按快捷键Ctrl+J复制多个图案，组成一个花朵图形。

STEP 06 绘制花心图案

❶选择“自定形状工具”，单击“形状”列表，选择形状。

❷单击“填充像素”按钮，在绘制的花朵中间单击并拖曳鼠标，绘制花心。

STEP 07 复制花朵图像

❶选取除“背景”图层外的所有图层，按快捷键Ctrl+E将图层合并为“图层1”。

❷按快捷键Ctrl+J复制多个花朵图像，并更改部分图像的颜色。

STEP 08 添加背景元素

❶打开随书光盘\素材\07\66\02.psd素材图片，并将拖曳移至图像右侧。

❷打开随书光盘\素材\07\66\03.psd矢量人物图片，并将其拖到图像左侧。

知识要点

快速选择工具、"描边路径"命令
"特殊模糊"命令、载入选区

操作难度	综合应用	发散性思维
★★	★★	★★★

067 从选区创建路径

原始文件 随书光盘\素材\07\67\01.jpg
最终文件 随书光盘\源文件\07\67\漫画风格的图像制作.psd

❶运用"磁性套索工具"在图像中创建选区。❷执行"窗口>路径"菜单命令，打开"路径"面板，单击面板下方的"从选区生成工作路径"按钮。❸从选区生成一个封闭的工作路径。

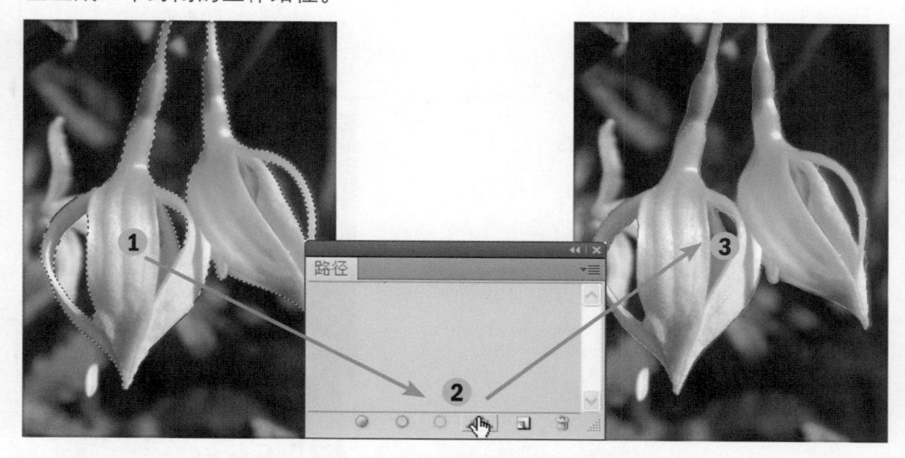

衍生应用——漫画风格的图像制作

STEP 01 打开素材并复制图层

❶打开随书光盘\素材\07\67\01.jpg素材图片。

❷选取"背景"图层，按快捷键Ctrl+J，复制得到"图层1"。

STEP 02 创建工作路径

❶选择"快速选择工具"，沿着人物图像单击，创建不规则的人物选区。

❷打开"路径"面板，单击"从选区生成工作路径"按钮。

❸创建一个不规则的工作路径。

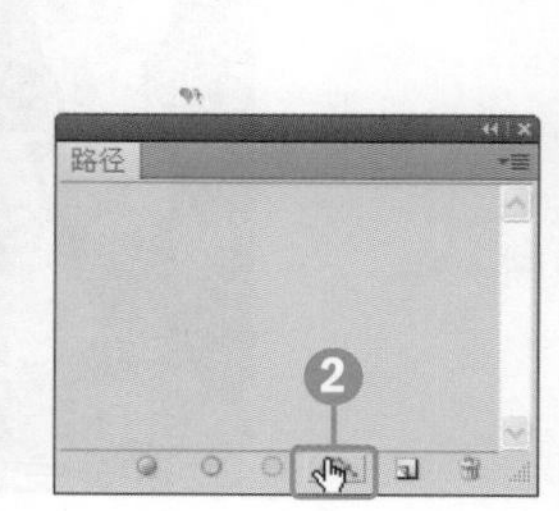

STEP 03 对路径进行描边

❶新建“图层2”，选取生成的“工作路径”，单击“路径”面板右上角的扩展按钮，在弹出的面板菜单中选择“描边路径”命令。

❷弹出“描边路径”对话框，单击“确定”按钮，对路径进行描边操作。

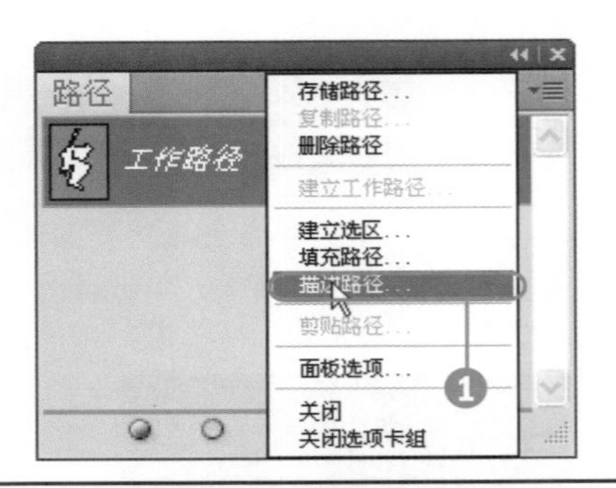

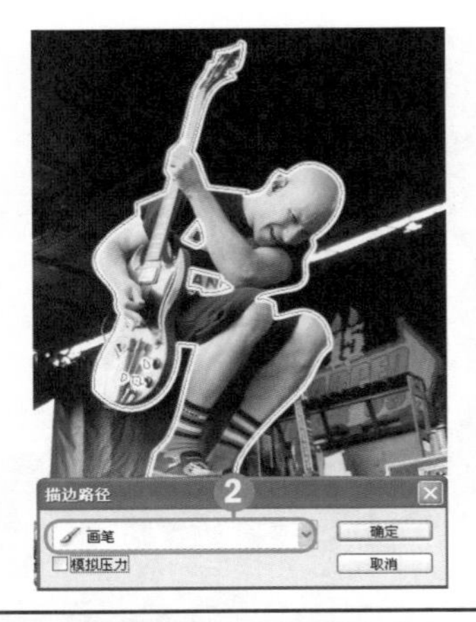

STEP 04 载入背景选区

❶打开“路径”面板，单击“将路径作为选区载入”按钮，载入人像选区。

❷执行“选择>反向”菜单命令，反选选区。

STEP 05 模糊背景图像

❶选择“图层1”，执行“滤镜>模糊>特殊模糊”菜单命令，打开“特殊模糊”对话框，选择“仅限边缘”模式，再设置其他参数并单击“确定”按钮。

❷应用“特殊模糊”滤镜模糊背景图像。

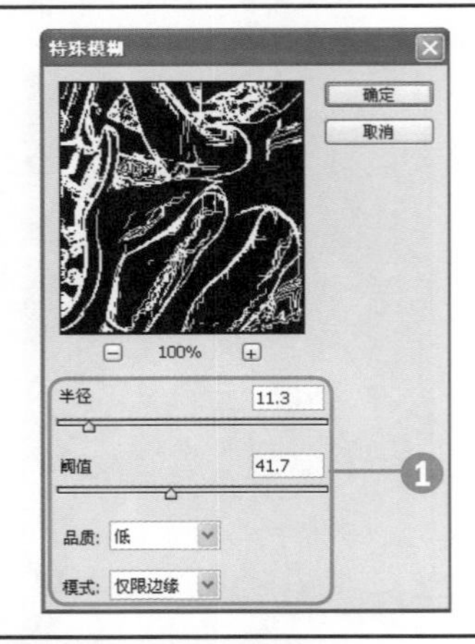

STEP 06 模糊人物图像

❶执行“选择>反向”菜单命令，重新获得人像选区。

❷执行“滤镜>模糊>特殊模糊”菜单命令，打开“特殊模糊”对话框，选择“正常”模式，再设置其他参数并单击“确定”按钮。

❸应用“特殊模糊”滤镜模糊人物。

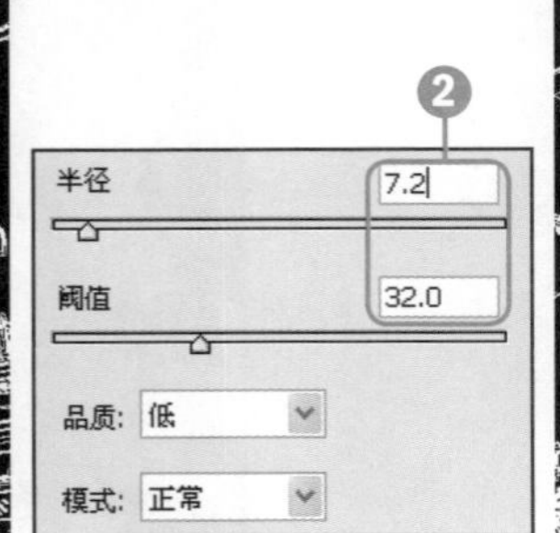

068 从文字转换为路径并进行编辑

原始文件 随书光盘\素材\07\68\01.jpg、02.psd
最终文件 随书光盘\源文件\07\68\制作夸张的图形文字.psd

①运用“横排文字工具”输入文字。②执行“图层>文字>创建工作路径”菜单命令，将文字转换为工作路径，再隐藏输入的文本，运用“直接选择工具”调整路径形状，将路径转换成选区，运用“填充工具”填充图案。

知识要点
横排文字工具、“删除锚点”命令
“将路径作为选区载入”按钮

操作难度	综合应用	发散性思维
★★★	★★★	★★★★

衍生应用——制作夸张的图形文字

STEP 01 打开素材并输入文字

①打开随书光盘\素材\07\68\01.jpg素材图片。

②选择“横排文字工具”T，单击“切换字符和段落面板”按钮，打开“字符”面板，在面板中设置文字属性。

③在黑色的图像上输入字母S。

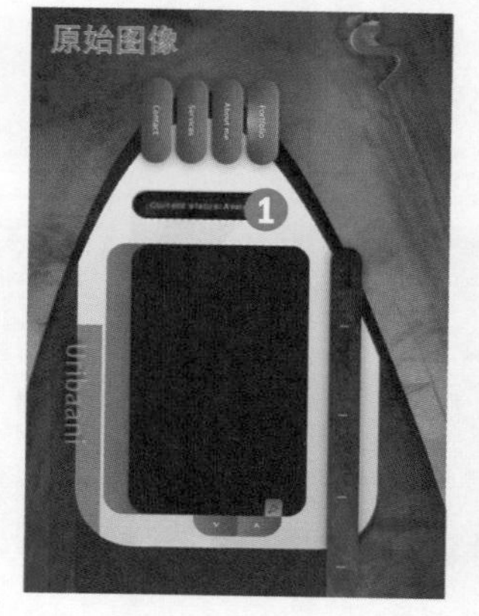

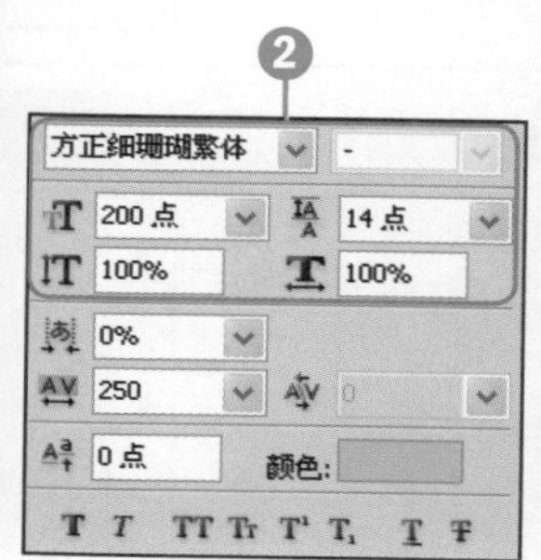

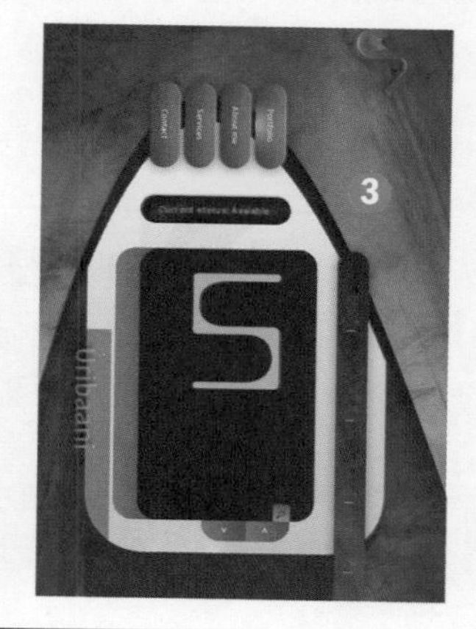

STEP 02 将文字转换为路径

①执行“图层>文字>创建工作路径”菜单命令，将文字转换为路径。

②选择“直接选择工具”，选取路径，再右击路径上的锚点，在弹出的快捷菜单中选择“删除锚点”命令。

③单击并拖曳路径上的锚点。

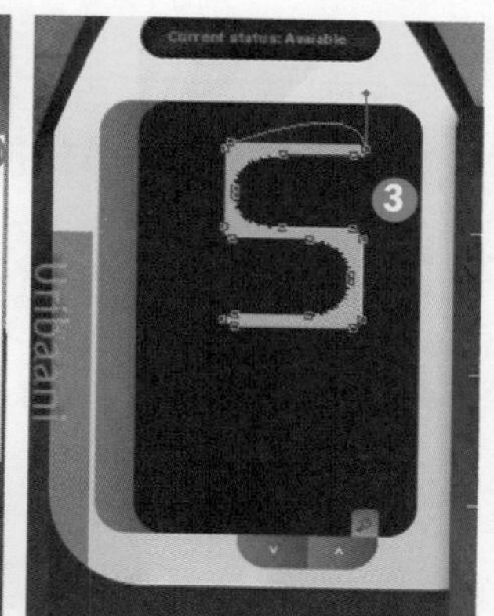

STEP 03 将路径载入为选区对象

①选择“转换点工具”，单击路径上的锚点，转换锚点，继续调整路径。

②打开“路径”面板，单击“将路径作为选区载入”按钮。

③将调整后的路径载入到选区中。

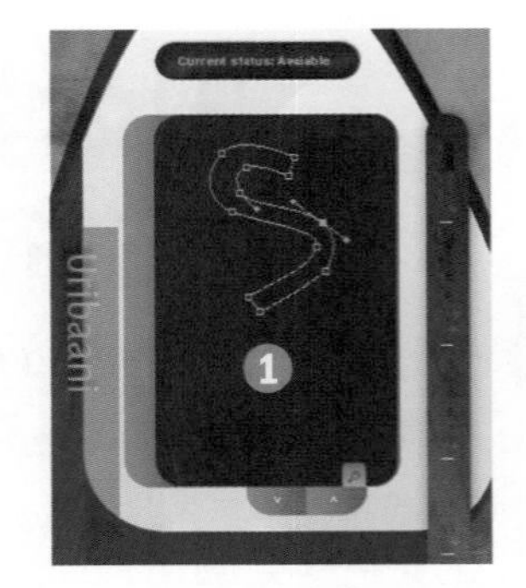

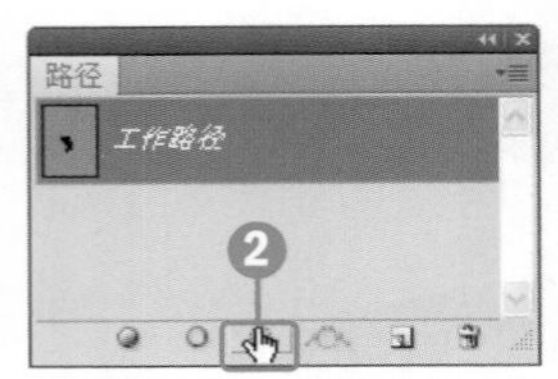

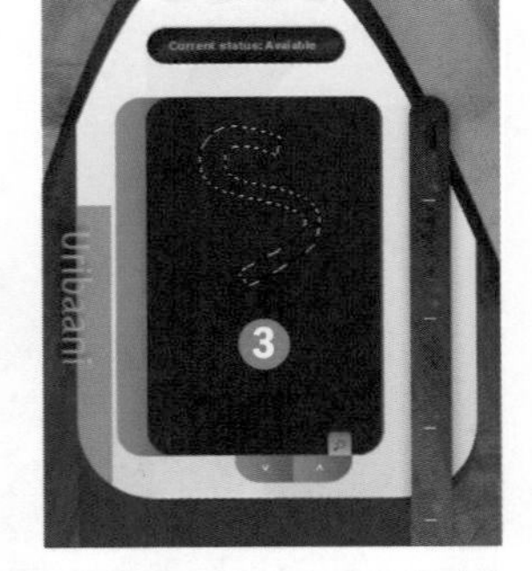

STEP 04 为选区填充颜色

①新建“图层1”，设置前景色为R1、G83、B120，按快捷键Alt+Delete填充选区。

②选择“加深工具”，设置“曝光度”为30%，在文字上涂抹，以加深图像。

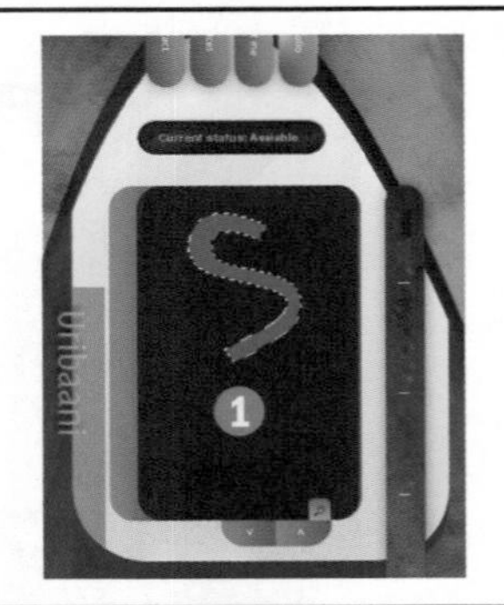

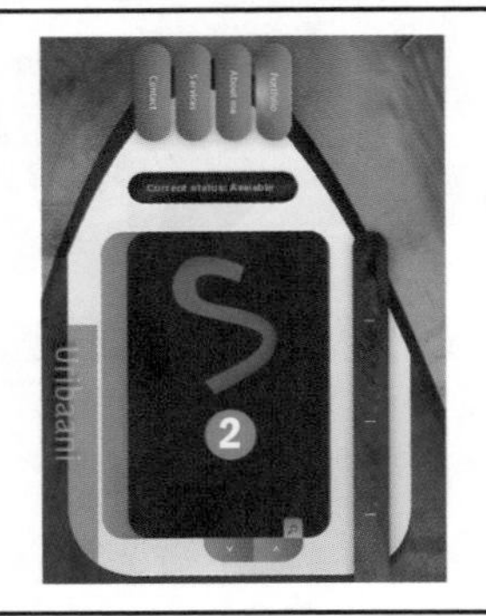

STEP 05 设置立体化文字

①选择“减淡工具”，设置“曝光度”为27%，在文字上涂抹，以减淡图像。

②按快捷键Ctrl+J复制两个图层，将“图层1副本”的混合模式设置为“滤色”，“图层1副本2”的混合模式设置为“滤色”，“不透明度”为63%。

③设置混合模式制作成高光。

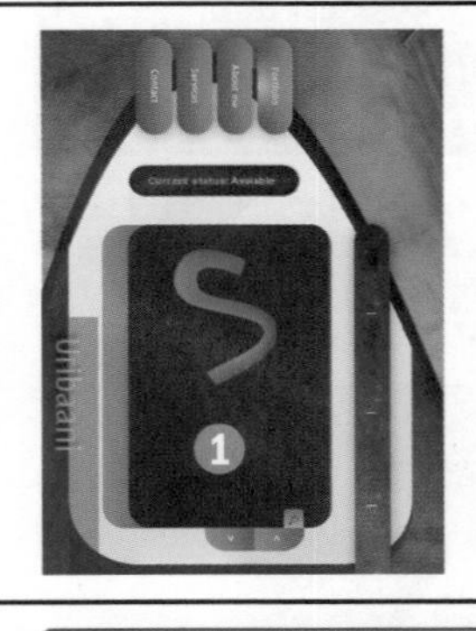

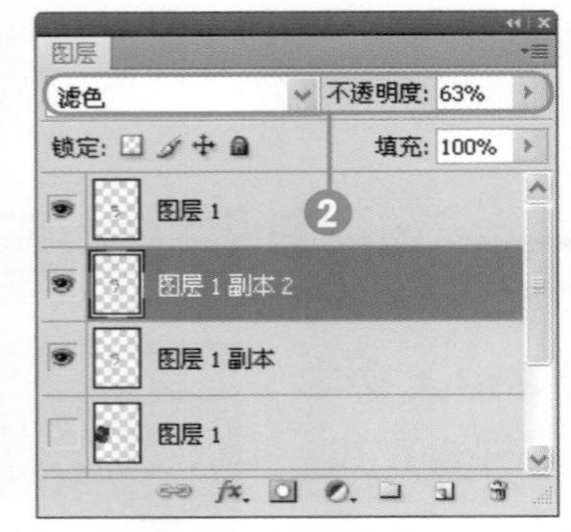

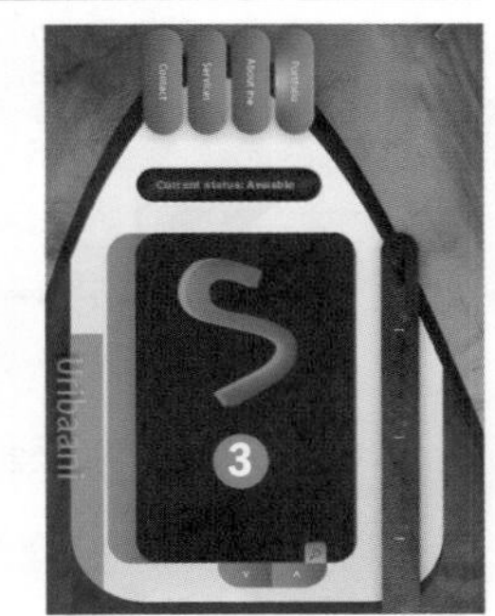

STEP 06 复制并调整图像

①选择“图层1”和两个副本图层，按快捷键Ctrl+Alt+E，得到“图层1（合并）”图层。

②按快捷键Ctrl+T打开自由变换框。

③拖曳自由变换框四角上的控制点，旋转文字。

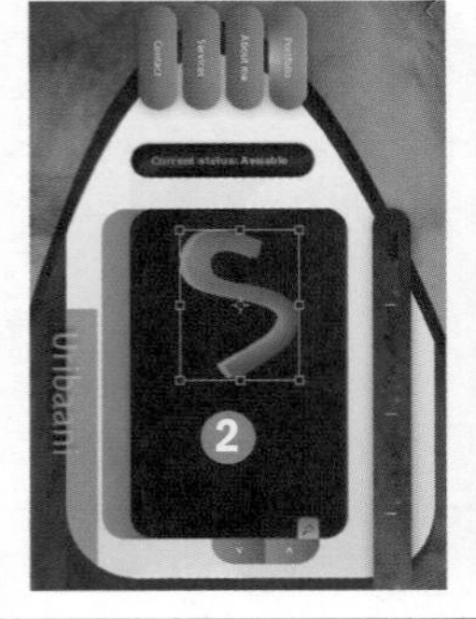

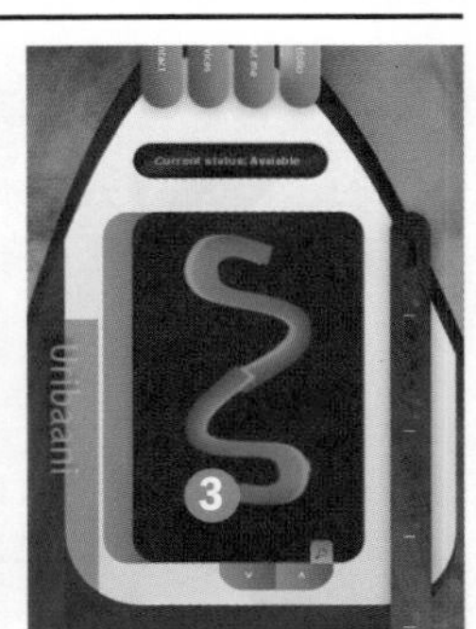

STEP 07 打开素材并复制图像

①打开随书光盘\素材\07\68\02.psd蝴蝶素材，再将图像移到文字上方。

②按快捷键Ctrl+J复制一个图层。

③调整副本图层中的蝴蝶大小和位置。

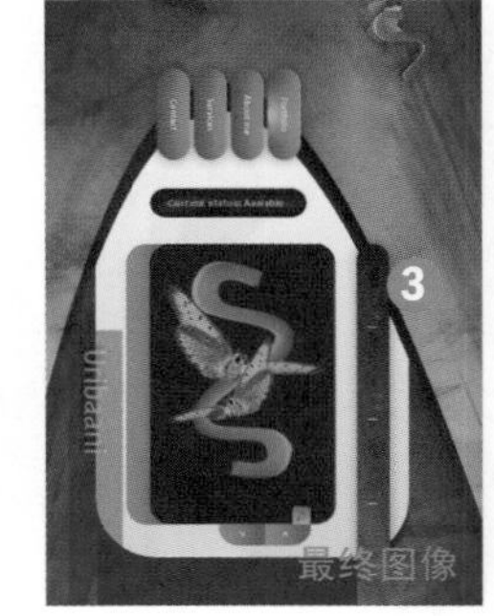

知识要点

钢笔工具、直排文字工具
直接选择工具、图层混合模式

操作难度	综合应用	发散性思维
★	★★	★★

069 为路径添加文字

原始文件 随书光盘\素材\07\69\01.jpg、02.jpg
最终文件 随书光盘\源文件\07\69\制作跃动在五线谱上的字符.psd

❶运用“钢笔工具”创建工作路径。❷运用“直排文字工具”在创建的路径上单击，创建输入点，再输入相应的文字，打开“路径”面板，单击面板中的空白区域。❸通过路径与文字的结合，创建路径文本。

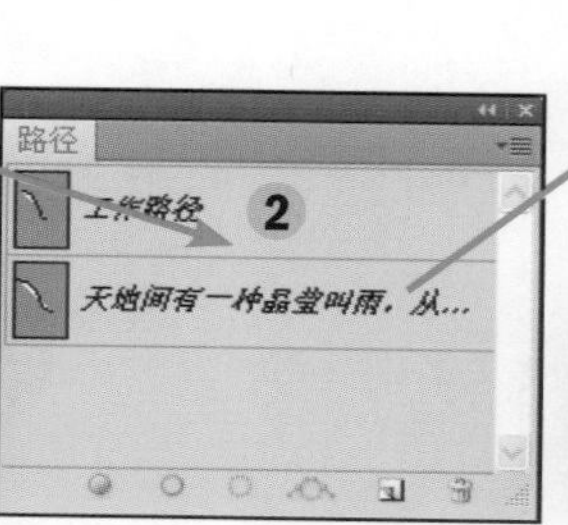

衍生应用——制作跃动在五线谱上的字符

STEP 01 打开素材并绘制路径

❶打开随书光盘\素材\07\69\01.jpg素材图片。

❷选择“钢笔工具”，在图像上方单击并拖曳曲线，创建曲线路径。

STEP 02 创建路径文本

❶选择“直排文字工具”，在路径上单击，创建输入点。

❷打开“字符”面板，设置文字属性。

❸在路径上输入路径文本。

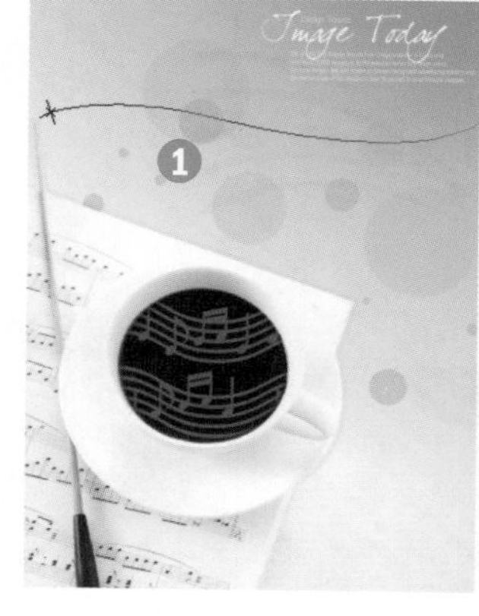

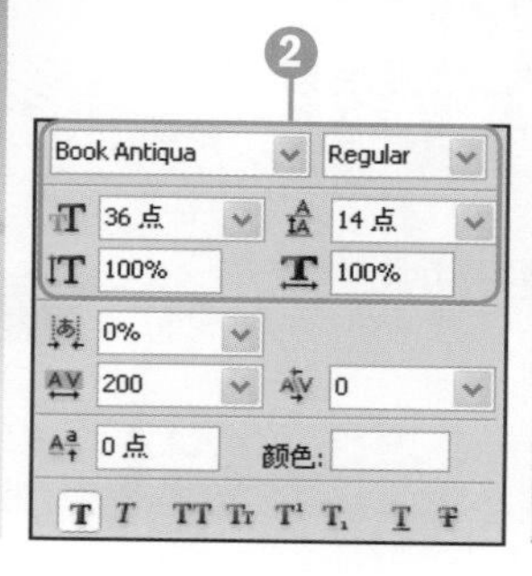

STEP 03 调整路径文本形状

❶选择“直接选择工具”，单击并拖曳路径，以调整曲线。

❷按快捷键Ctrl+J复制一个路径文本，并使用同样的方法对其进行调整。

STEP 04 复制并编辑路径文本

❶按快捷键Ctrl+J复制更多的路径文本。

❷选择“直排文字工具”，单击其中一个路径文本，打开“字符”面板，在面板中重新设置文本属性。

❸应用所设置的参数更改文本间距和颜色。

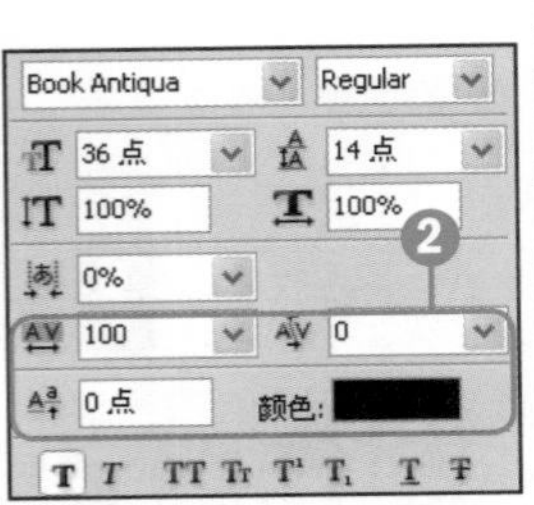

STEP 05 设置文本颜色并打开素材

❶继续调整其他路径文本的间距和颜色。

❷打开随书光盘\素材\07\69\02.jpg素材图片。

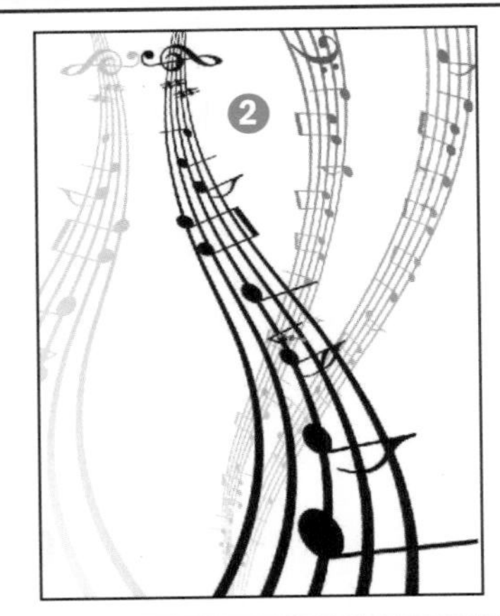

STEP 06 设置图层混合模式

❶选择“移动工具”，将素材图像移至背景上，按快捷键Ctrl+T调整图像。

❷选择“图层1”，将该图层的混合模式设置为“正片叠底”、“不透明度”为20%。

❸设置后，应用图层混合模式调整图像。

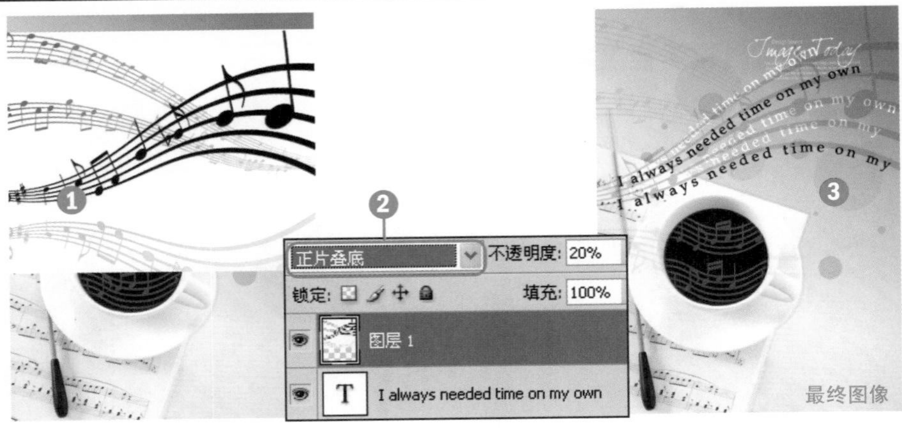

最终图像

知识要点

横排文字工具、“创建变形文字”按钮

图层样式

操作难度	综合应用	发散性思维
★	★★	★★★

070 设置文字的变形

原始文件 随书光盘\素材\07\70\01.jpg

最终文件 随书光盘\源文件\07\70\为招贴画添加POP文字.psd

❶运用“直排文字工具”在图像上输入文字。❷单击文字工具选项栏上的“创建变形文字”按钮，弹出“变形文字”对话框，在对话框中选择变形样式并设置参数。❸变形输入的文字，并添加一些图层样式，以创建变形文字效果。

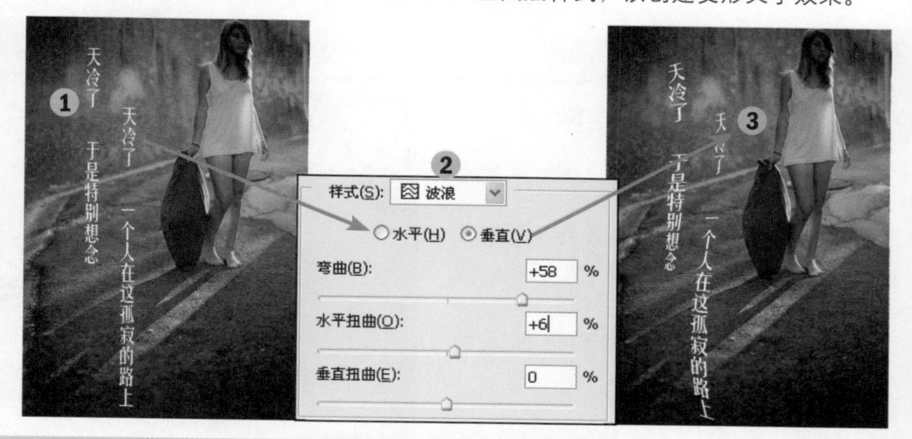

衍生应用——为招贴画添加POP文字

STEP 01 打开素材并输入文字

❶打开随书光盘\素材\07\70\01.jpg素材图片。

❷选择“横排文字工具”T，打开“字符”面板，在面板中设置文本属性。

❸在图像的下部分输入文字。

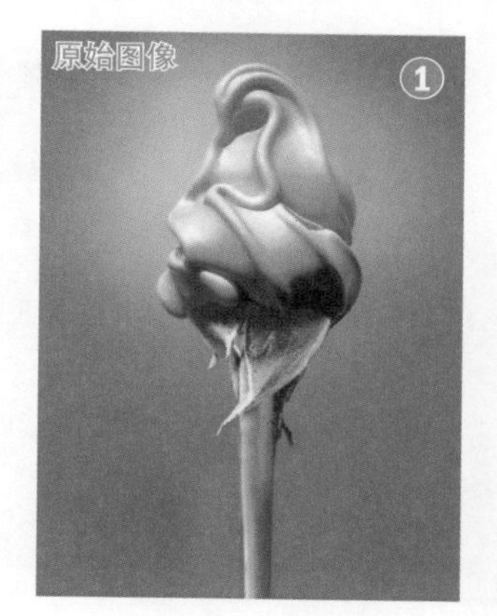

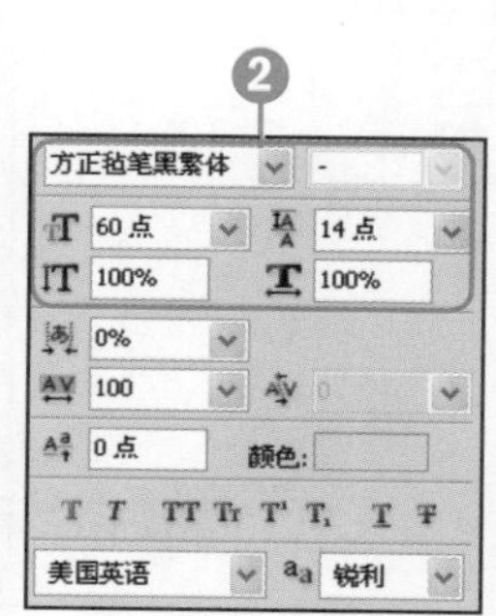

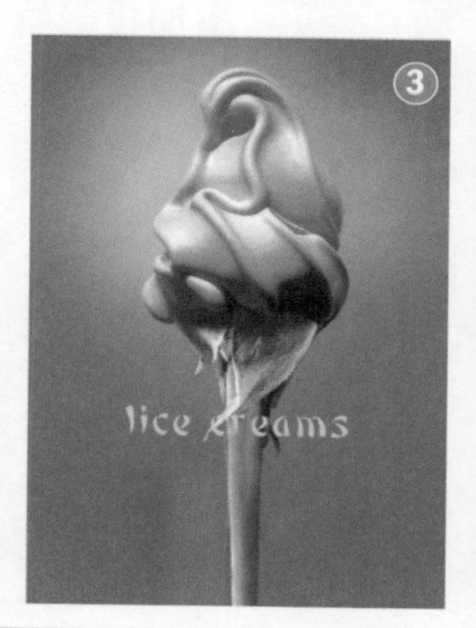

STEP 02 创建变形文字效果

❶单击文字工具选项栏上的“创建文字变形”按钮，弹出“变形文字”对话框，选择“增加”选项，设置“弯曲”为21%，单击“确定”按钮。

❷应用“增加”样式变形所输入的文字。

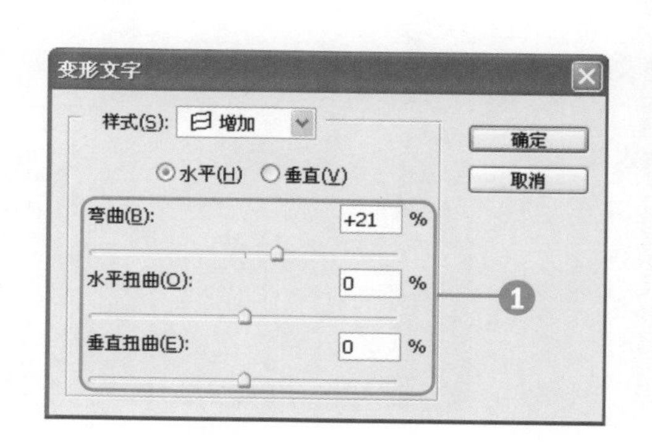

STEP 03 添加投影样式

❶双击文字图层，打开“图层样式”对话框，选择“投影”选项，设置投影参数，单击“确定”按钮。

❷为所输入的文字添加投影样式。

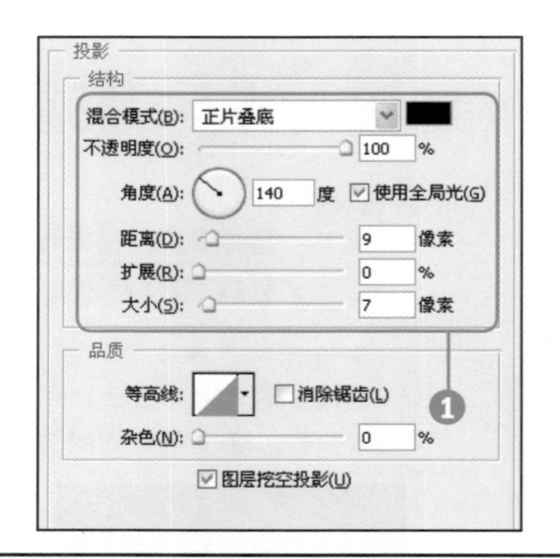

STEP 04 创建变形文字

❶选择“横排文字工具”T，在输入的文字下方再输入白色文字。

❷单击选项栏上的“创建文字变形”按钮，打开“变形文字”对话框，设置参数，再单击“确定”按钮。

❸应用“增加”样式变形输入的文字。

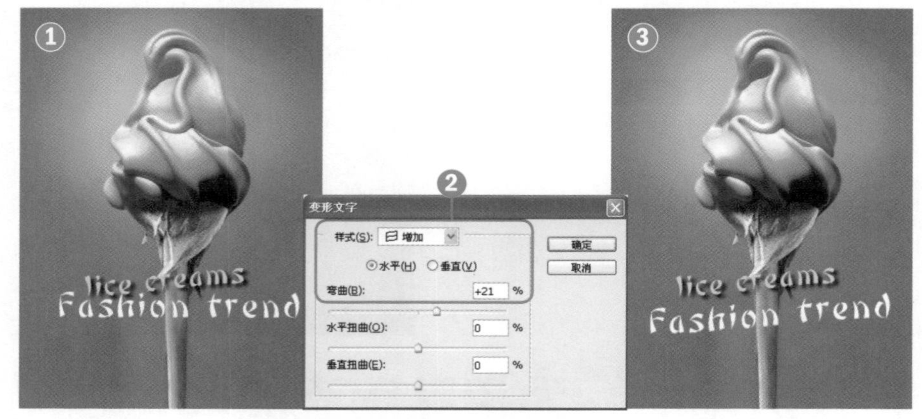

STEP 05 添加投影样式

❶双击文字图层，打开“图层样式”对话框，选择“投影”选项，设置投影参数，单击“确定”按钮。

❷为所输入的文字添加投影样式。

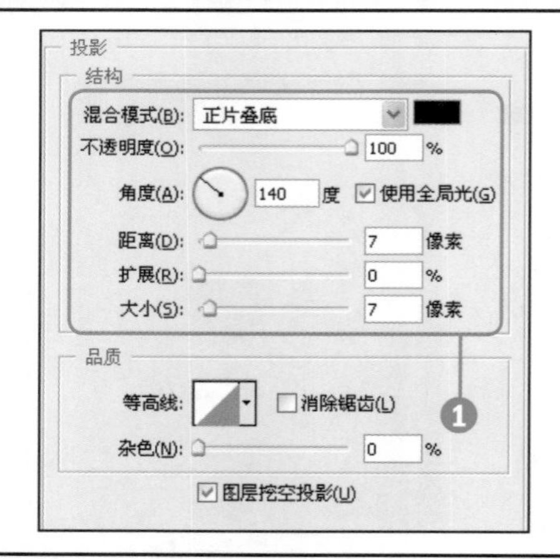

STEP 06 输入文字并更改文本属性

❶使用同样的方法输入其他文字，并进行变形操作。

❷打开“字符”面板，重新设置文本属性。

❸在图像的右下角输入文字。

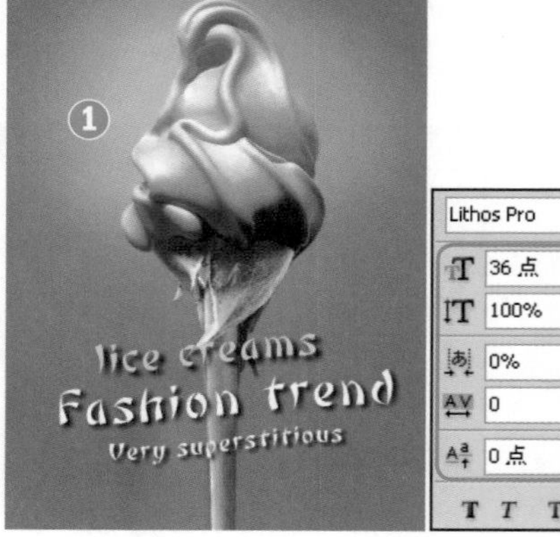

知识要点

横排文字工具、“去色”命令

图层样式、图层混合模式

操作难度	综合应用	发散性思维
★★	★★★	★★★

071 文字图层的复制和移动

原始文件 随书光盘\素材\07\71\01.jpg

最终文件 随书光盘\源文件\07\71\制作梯形文字效果.psd

1 运用“横排文字工具”在图像上输入文字。2 连续按快捷键Ctrl+J，复制多个文字图层，然后更改复制文本的图层混合模式。3 通过变换复制文字的位置，进一步对复制的文字进行调整。

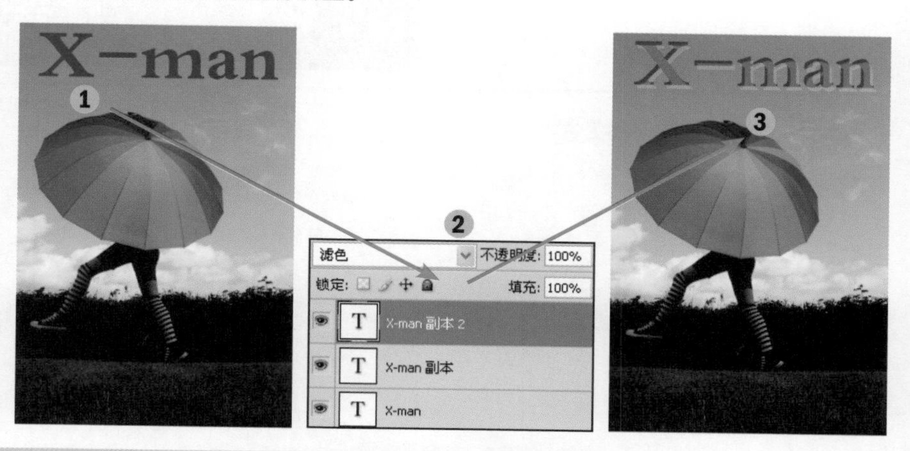

衍生应用——制作梯形文字效果

STEP 01 打开素材并对图像去色

1打开随书光盘\素材\07\71\01.jpg素材图片。

2选择“背景”图层，执行“图层>复制图层”菜单命令，复制得到“背景 副本”图层。

3执行“图像>调整>去色”菜单命令，去除图像颜色。

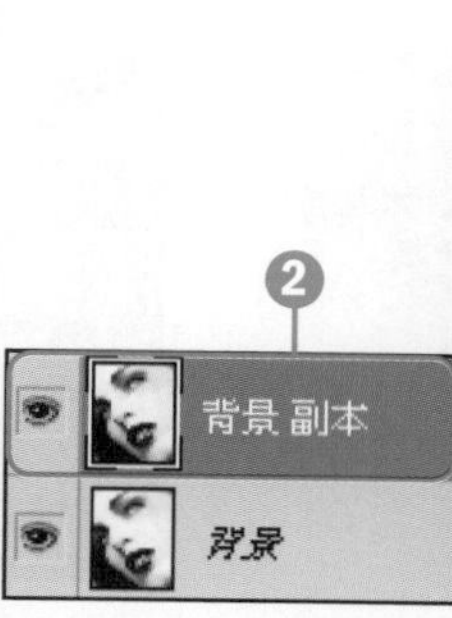

STEP 02 绘制红色矩形

1选择“背景 副本”图层，将图层混合模式设置为“变暗”。

2单击“拾色器”图标，打开“拾色器（前景色）”对话框，设置前景色为R225、G17、B89。

3新建“图层1”，选择“矩形工具”，在图像右侧单击并拖曳绘制红色矩形。

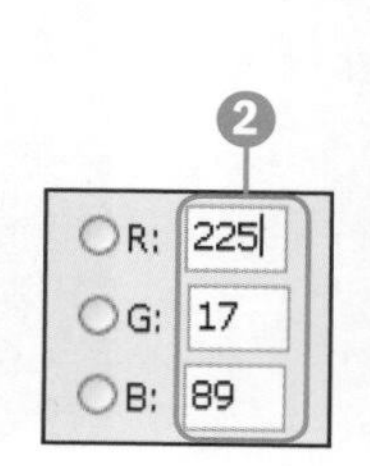

STEP 03 旋转矩形并设置混合模式

❶按快捷键Ctrl+T打开自由变换框，旋转矩形图像。

❷选择“图层2”，将该图层的混合模式设置为“线性加深”。

❸应用所设置的混合模式加深所绘制的矩形图案。

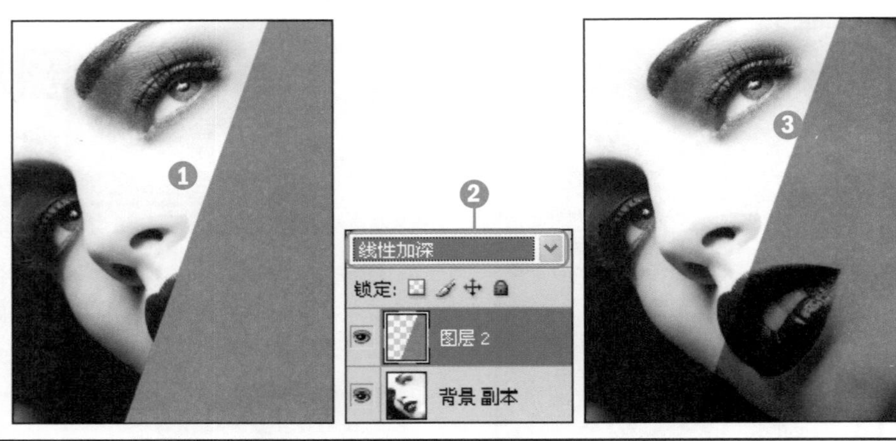

STEP 04 添加投影样式

❶双击“图层1”，打开“图层样式”对话框，选择“投影”选项，设置投影参数，单击“确定”按钮。

❷为所绘制的红色矩形图案添加投影样式。

STEP 05 输入文字

❶选择“横排文字工具”T，在图像上输入文字。

❷打开“字符”面板，对输入文字的文本属性进行设置。

❸设置后，应用所选择的字体和字号等对文本进行修改。

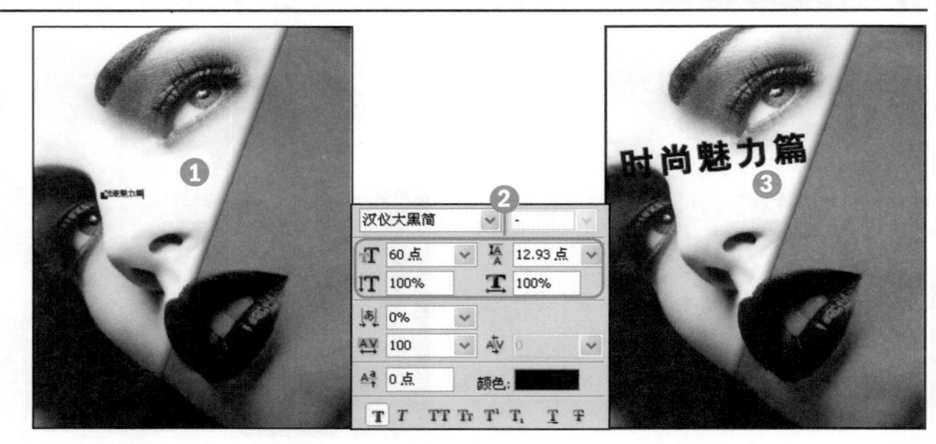

STEP 06 输入并复制文本

❶选择“横排文字工具”T，在红色矩形上输入文字，并按快捷键Ctrl+T旋转输入的文字。

❷按快捷键Ctrl+J复制多个文本图层。

❸分别调整其大小和颜色，并对文字进行梯形排列。

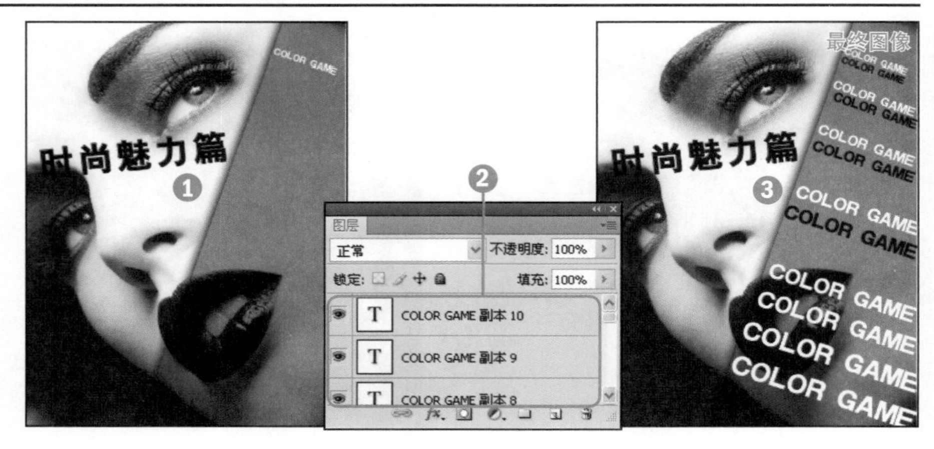

知识要点

横排文字工具、"创建剪贴蒙版"命令

"自由变换"命令

操作难度 ★★★

综合应用 ★★

发散性思维 ★★★

072 在文字中添加图像

原始文件 随书光盘\素材\07\72\01.jpg、02.jpg

最终文件 随书光盘\源文件\07\72\制作卡通风格的文字特效.psd

❶运用"横排文字工具"在图像上输入文字。❷双击"背景"图层，将其转换为普通图层，执行"图层>创建剪贴蒙版"菜单命令，将图像置于文字中。❸通过合并图层，将制作的文字添加至新的图像中。

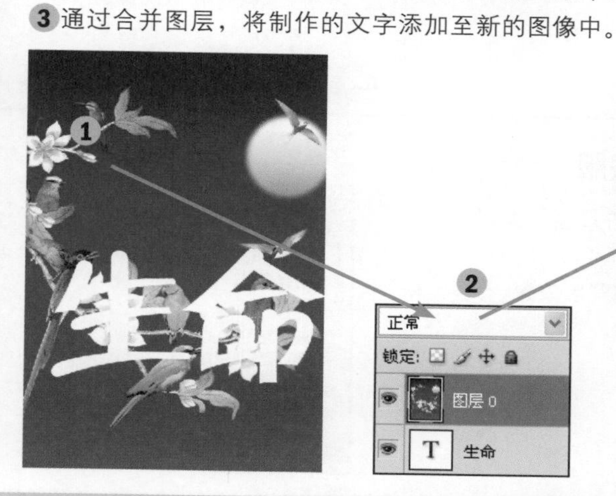

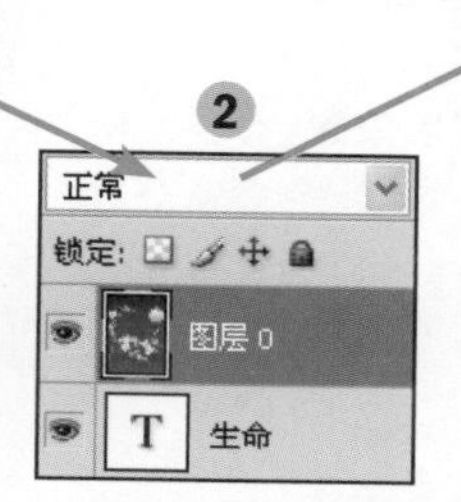

衍生应用——制作卡通风格的文字特效

STEP 01 打开素材并转换图层

❶打开随书光盘\素材\07\72\01.jpg素材图片。

❷打开"图层"面板，双击"背景"图层，弹出"新建图层"对话框，单击"确定"按钮，将"背景"图层转换为"图层0"。

STEP 02 缩小背景图像

❶按快捷键Ctrl+T打开自由变换框，将鼠标移至图像四角的控制点上。

❷单击并拖曳鼠标，以缩小图像。

STEP 03 设置并输入文字

①选择“横排文字工具”T，在选项栏中设置文字属性。

②在图像的中间位置输入文字。

③选择“图层0”，将该图层移至文字图层上方，遮盖住已输入的文字。

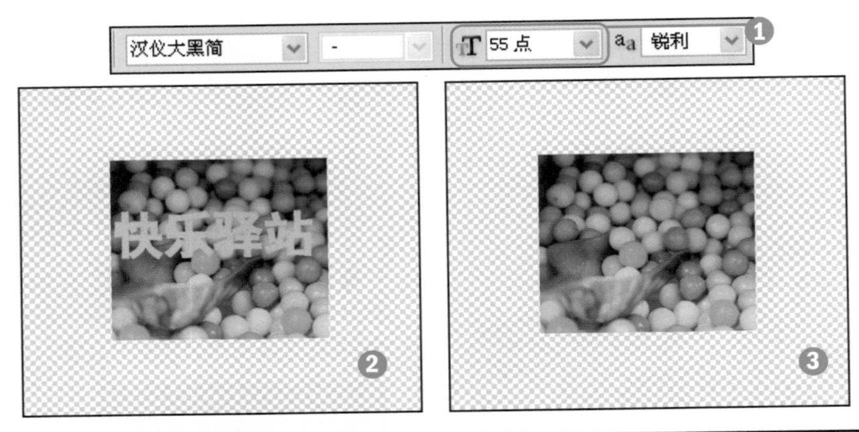

STEP 04 创建剪贴蒙版

①执行“图层>创建剪贴蒙版”菜单命令。

②为输入的文字创建剪贴蒙版效果。

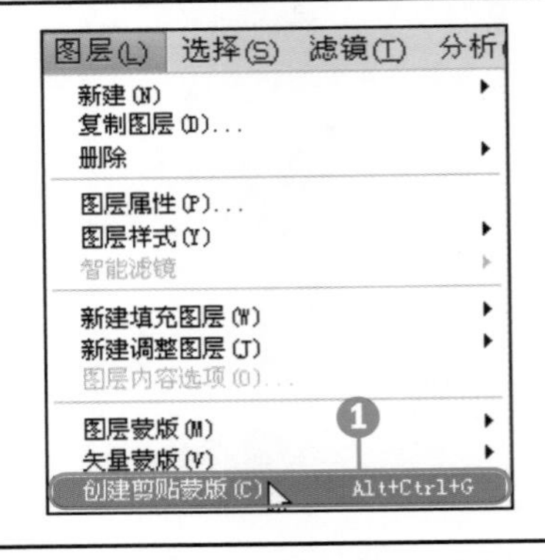

STEP 05 合并所有图层

①选择“移动工具”，在文字上单击并拖曳，调整路径后的图像位置。

②打开“图层”面板，选取所有图层，按快捷键Ctrl+E合并图层。

STEP 06 打开素材并添加文字

①打开随书光盘\素材\07\72\02.jpg素材图片。

②选择“移动工具”，将合并后的文字移至图像左上角位置，再按快捷键Ctrl+T调整文字大小。

第8章 通道与蒙版的高招荟萃

通道和蒙版是处理图像时密不可分的两个元素，通道和蒙版的作用最终都用在创建不同的色彩范围和图像选区上。当需要对图像进行更高层次的编辑时，掌握本章中通道和蒙版的操作就显得尤为重要。

在单一的某个通道内，可以应用调整命令对其进行色彩或色调的变换，同时也可以应用滤镜实现特殊的效果；通道最大的用途莫过于抠取较为复杂的选区，并对抠出的选区进行进一步的编辑；在通道中执行“应用图像”命令将会使图像产生更为丰富的颜色信息；应用蒙版能够对图像进行更准确的编辑，实现不同效果的合成操作。通过对这些通道和蒙版知识的掌握，可以制作出丰富的图像，使图像的编辑更为完善。

招式示意

通过通道调整增强图像轮廓

设置特殊的网纹效果

制作丰富纹理的个性图像

创造复杂的色彩融合效果

打造特殊图像色调

打造绚丽晚霞效果

设置具有童趣的个性签名图

将图像嵌入固定的图形中

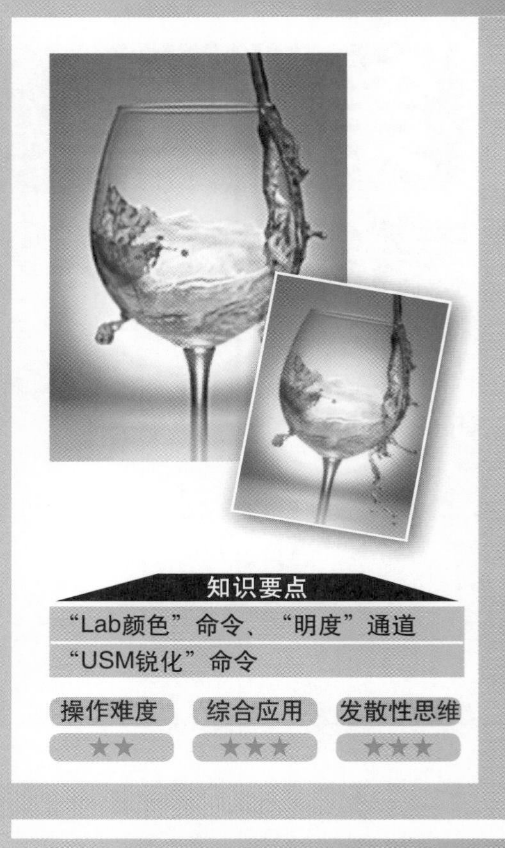

知识要点

"Lab颜色"命令、"明度"通道

"USM锐化"命令

操作难度	综合应用	发散性思维
★★	★★★	★★★

073 对明度通道进行操作

原始文件 随书光盘\素材\08\73\01.jpg

最终文件 随书光盘\源文件\08\73\通过通道调整增强图像轮廓.psd

❶运用"磁性套索工具"创建不规则选区。❷选取"明度"通道，执行"图像>调整>阈值"菜单命令，打开"阈值"对话框，调整"阈值色阶"值。❸应用"阈值"命令对通道内的图像进行更改。

衍生应用——通过通道调整增强图像轮廓

STEP 01 打开素材并转换颜色模式

❶打开随书光盘\素材\08\73\01.jpg素材图片。

❷执行"图像>模式>Lab颜色"菜单命令，将图像转换为Lab颜色模式图像，打开"通道"面板，选择"明度"通道。

❸确认"明度"通道内的灰度图像。

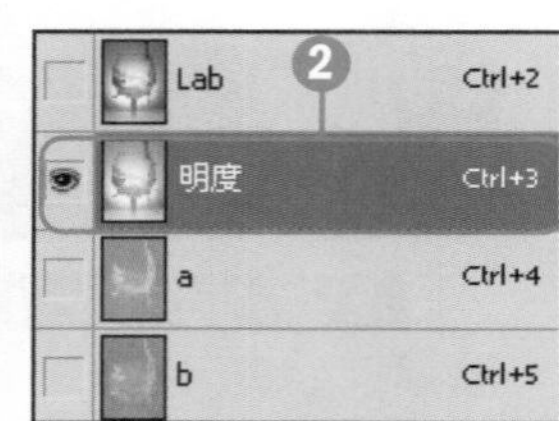

STEP 02 选择"明度"通道图像

❶执行"滤镜>锐化>USM锐化"菜单命令，打开"USM锐化"对话框，设置锐化参数，单击"确定"按钮。

❷返回图像中，对图像应用通道锐化效果。

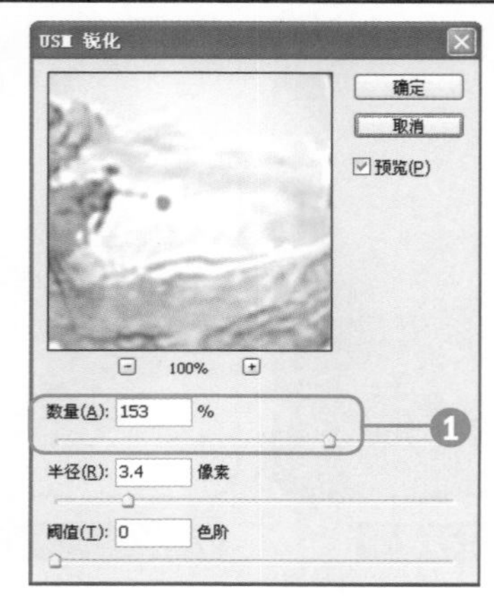

知识要点

“蓝”通道、“彩色半调”命令

操作难度	综合应用	发散性思维
★★	★★★	★★★

074 在通道中添加滤镜

原始文件 随书光盘\素材\08\74\01.jpg

最终文件 随书光盘\源文件\08\74\设置特殊的网纹效果.psd

❶选择“蓝”通道图像，执行“滤镜>渲染>云彩”菜单命令。❷对“蓝”通道图像应用“云彩”滤镜，返回原图像上，可以查看到在单个通道中应用滤镜后的图像。

衍生应用——设置特殊的网纹效果

STEP 01 打开素材并选择“蓝”通道

❶打开随书光盘\素材\08\74\01.jpg素材图片。

❷打开“通道”面板，选择“蓝”通道图像。

STEP 02 应用“彩色半调”滤镜

❶执行“滤镜>像素化>彩色半调”菜单命令，打开“彩色半调”对话框，设置“最大半径”为8像素，单击“确定”按钮。

❷返回图像中，应用“彩色半调”滤镜添加纹理效果。

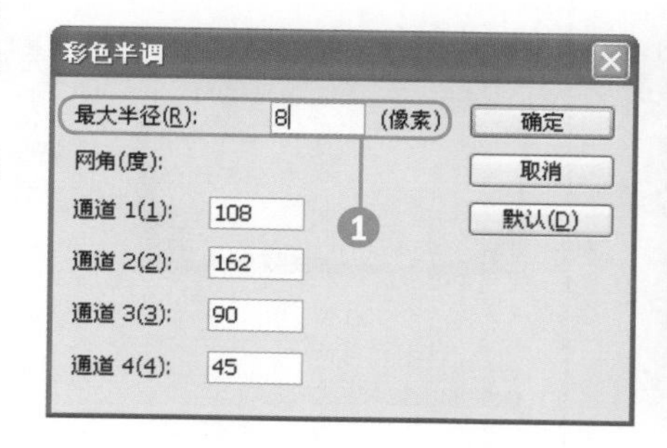

075 应用通道进行抠图

原始文件 随书光盘\素材\08\75\01.jpg、02.jpg

最终文件 随书光盘\源文件\08\75\精确到发丝的抠图应用.psd

❶选取“红”通道图像，并复制该通道图像。❷应用“调整”命令对通道内的灰度图像进行黑白调整，将需要保留抠取的图像区域调整为白色。❸返回图像中，反选选区，按Delete键删除背景选区，即可完成图像的抠取。

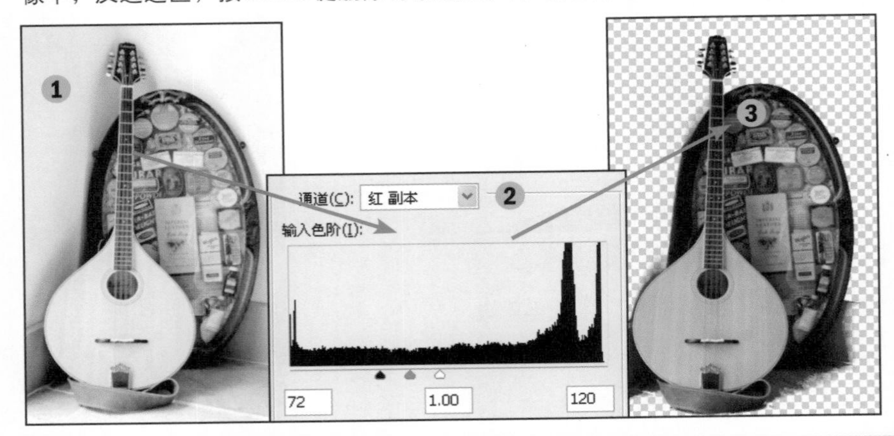

知识要点

创建并复制新通道、“色阶”命令

“曲线”命令、“羽化”命令

操作难度 ★★

综合应用 ★★★

发散性思维 ★★★

衍生应用——精确到发丝的抠图应用

STEP 01 打开素材并选择“蓝”通道图像

❶打开随书光盘\素材\08\75\01.jpg素材图片。

❷打开“通道”面板，选取“蓝”通道并将其拖曳至“创建新通道”按钮上，复制得到“蓝 副本”通道。

STEP 02 应用色阶调整图像

❶执行“图像>调整>色阶”菜单命令，打开“色阶”对话框，在对话框内调整色阶滑块，再单击“确定”按钮。

❷应用所设置的色阶参数调整图像的黑白对比度。

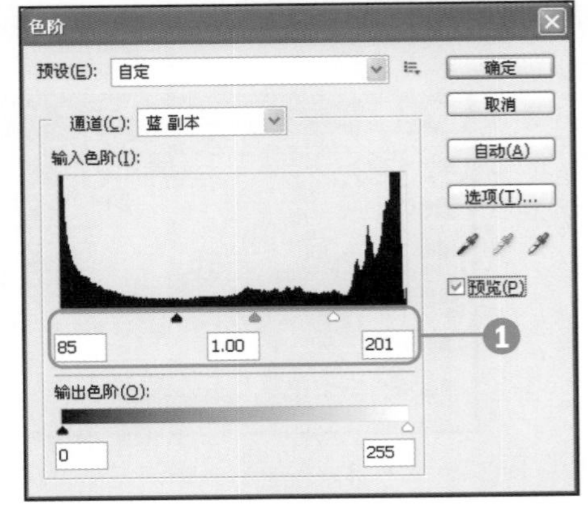

STEP 03 应用调整命令调整图像

❶执行“图像>调整>曲线”菜单命令，打开“曲线”对话框，在对话框内调整曲线，再单击“确定”按钮。

❷查看通过曲线调整后的图像效果。

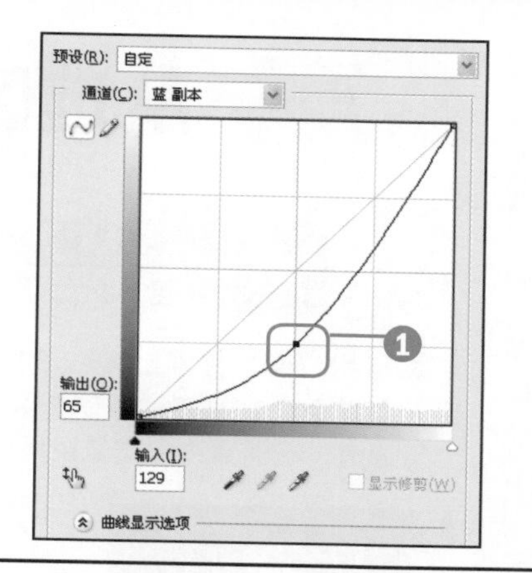

STEP 04 涂抹并载入选区

❶选择“画笔工具”，将人物图像涂抹成黑色，而背景区域涂抹成白色。

❷按住Ctrl键单击“蓝 副本”通道缩览图，将其载入到选区中。

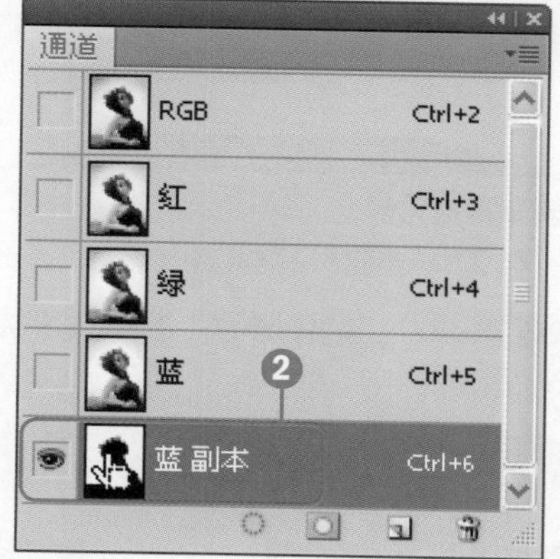

STEP 05 修整并删除选区内的图像

❶执行“选择>修改>羽化”菜单命令，在打开的对话框中设置“羽化半径”为1像素，羽化抠出的头发选区。

❷切换“图层”面板，双击“背景”图层，将其转换为“图层0”，按Delete键删除选区内的图像。

STEP 06 打开素材并添加背景

❶打开随书光盘\素材\08\75\02.jpg素材图片，将其拖曳至01素材中，生成“图层1”，然后将“图层1”移至“图层0”下方。

❷选择“橡皮擦工具”，设置画笔笔触大小为20、“不透明度”为72%、“流量”为71%。

❸在图像下方涂抹，将多余的图像擦除。

2 画笔: 20 模式: 画笔 不透明度: 72% 流量: 71%

知识要点

磁性套索工具、“色阶”命令

“纹理化”滤镜、图层混合模式

操作难度 ★★

综合应用 ★★★

发散性思维 ★★★

076 从选区到通道的过程

原始文件 随书光盘\素材\08\76\01.jpg

最终文件 随书光盘\源文件\08\76\制作丰富纹理的个性图像.psd

①运用“磁性套索工具”沿花朵图像拖曳创建选区。②执行“选择>存储选区”菜单命令，打开“存储选区”对话框，输入新建通道名称。③将选区存储为新通道，在通道内的图像以黑白显示选区对象。

衍生应用——制作丰富纹理的个性图像

STEP 01 打开素材并去色

①打开随书光盘\素材\08\76\01.jpg素材图片。

②按快捷键Ctrl+J复制图层，得到“图层1”图层。

③执行“图像>调整>去色”菜单命令，对图像进行去色操作。

STEP 02 复制并调整通道

①打开“通道”面板，选取“绿”通道并将其拖曳至“创建新通道”按钮上，复制通道。

②按快捷键Ctrl+L，打开“色阶”对话框，调整色阶参数。

③应用所设置的参数调整图像颜色。

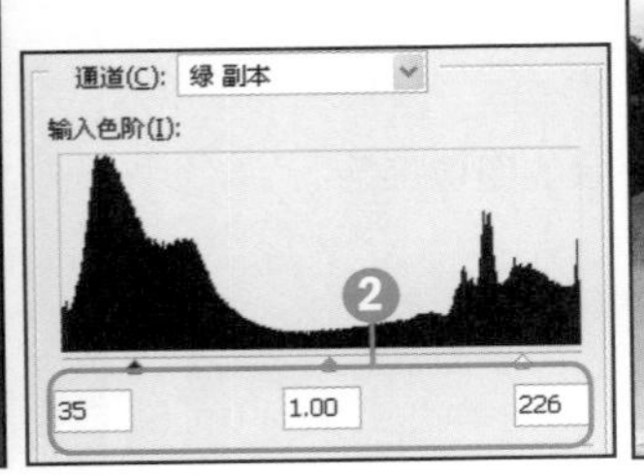

STEP 03 创建并羽化选区

❶选择“磁性套索工具”，沿着人物图像创建不规则选区。

❷执行“选择>修改>羽化”菜单命令，打开“羽化选区”对话框，设置“羽化半径”为1像素，单击“确定”按钮。

❸羽化人像选区。

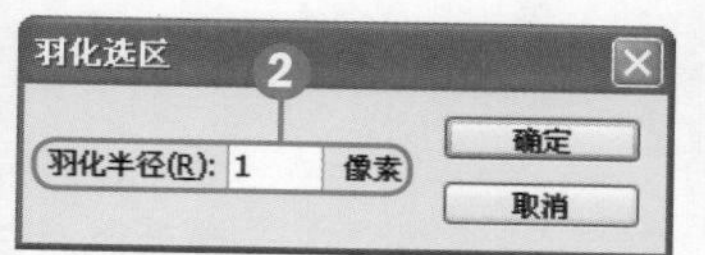

STEP 04 存储选区

❶执行“选择>存储选区”菜单命令，打开“存储选区”对话框，输入名称为“人像”，单击“确定”按钮。

❷得到新的“人像”通道。

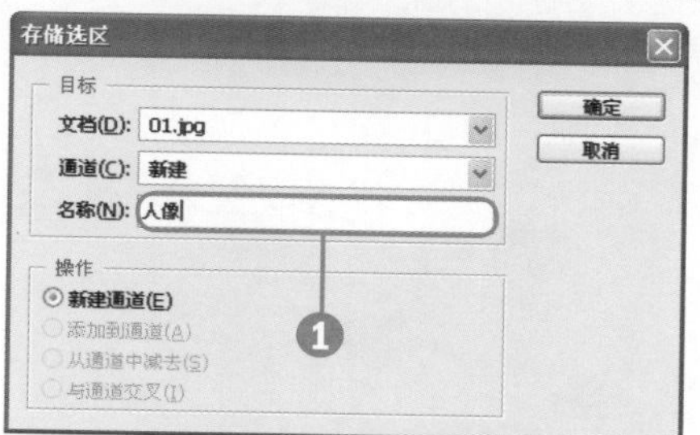

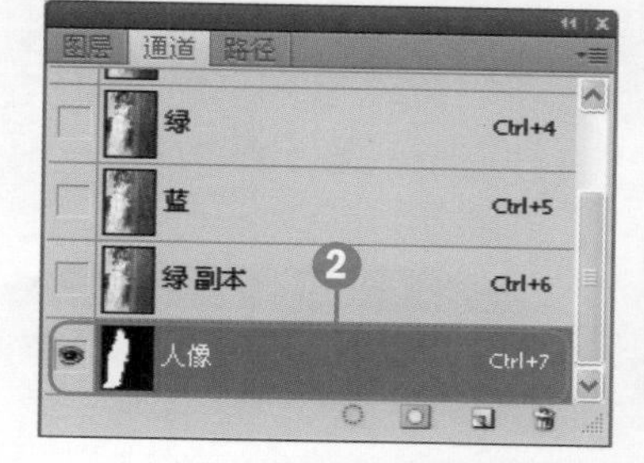

STEP 05 载入存储的选区

❶将通道选区中的人物填充为白色，背景填充为黑色。

❷返回“图层”面板，选择“图层1”，执行“选择>载入选区”菜单命令，打开“载入选区”对话框，选择“人像”，单击“确定”按钮。

❸载入“人像”通道选区。

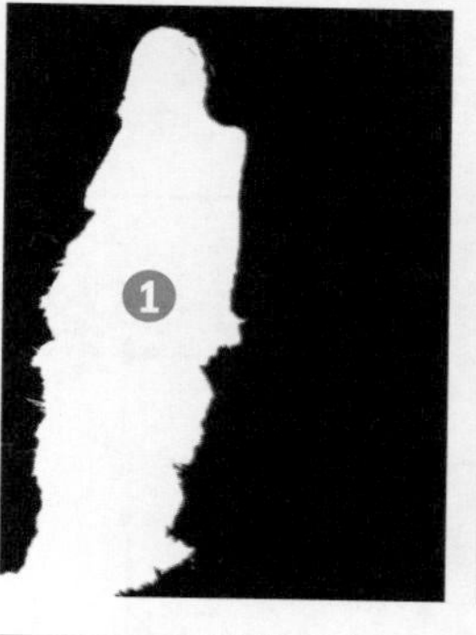

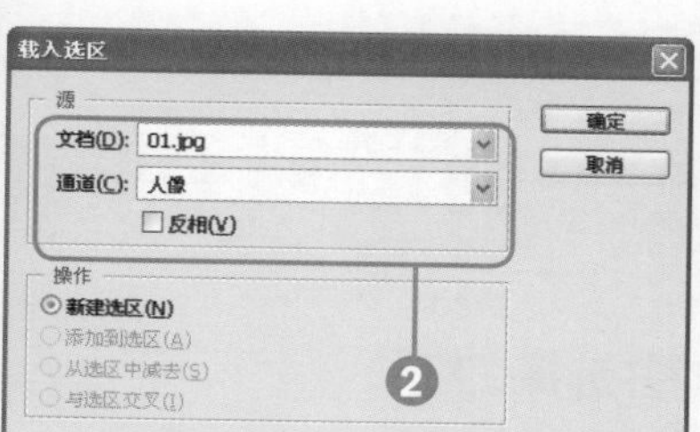

STEP 06 添加“纹理化”滤镜效果

❶反选选区，执行“滤镜>纹理>纹理化”菜单命令，打开“纹理化”对话框，设置参数，单击“确定”按钮。

❷为背景选区添加纹理效果。

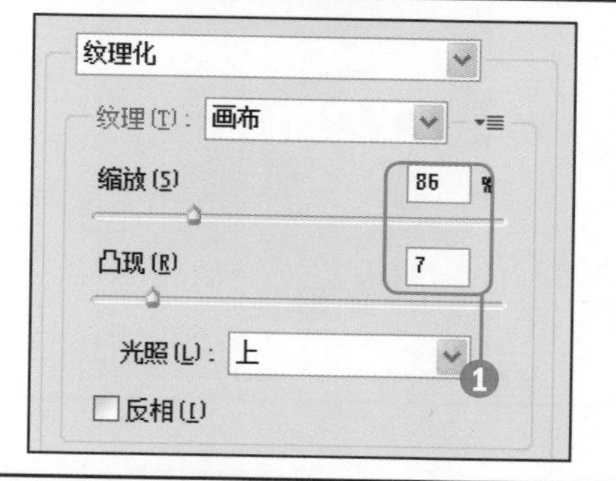

STEP 07 重复应用“纹理化”滤镜

❶按快捷键Ctrl+F重复应用“纹理化”滤镜。

❷选择“图层1”，将此图层的混合模式设置为“浅色”。

❸显示“浅色”混合后的图像效果。

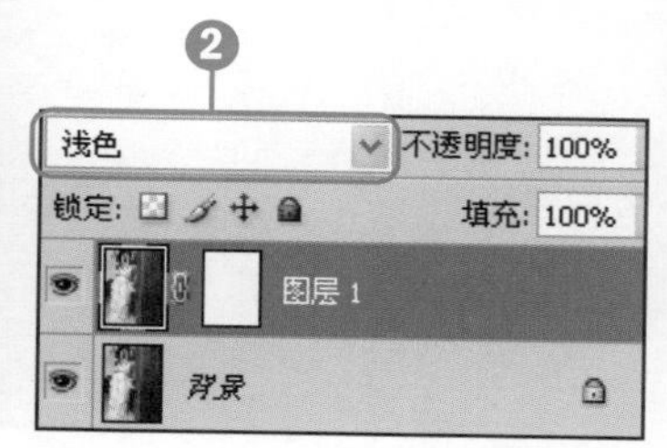

知识要点

"通道"面板、"应用图像"命令

混合模式

操作难度 ★★

综合应用 ★★★

发散性思维 ★★★

077 为通道添加应用图像命令

原始文件 随书光盘\素材\08\77\01.jpg

最终文件 随书光盘\源文件\08\77\创造复杂的色彩融合效果.psd

①在"通道"面板中选择"蓝"通道图像。②执行"图像>应用图像"菜单命令，在打开的"应用图像"对话框中设置应用图像模式和不透明度参数，调整图像颜色。③继续通过在不同的通道执行"应用图像"命令来变换颜色。

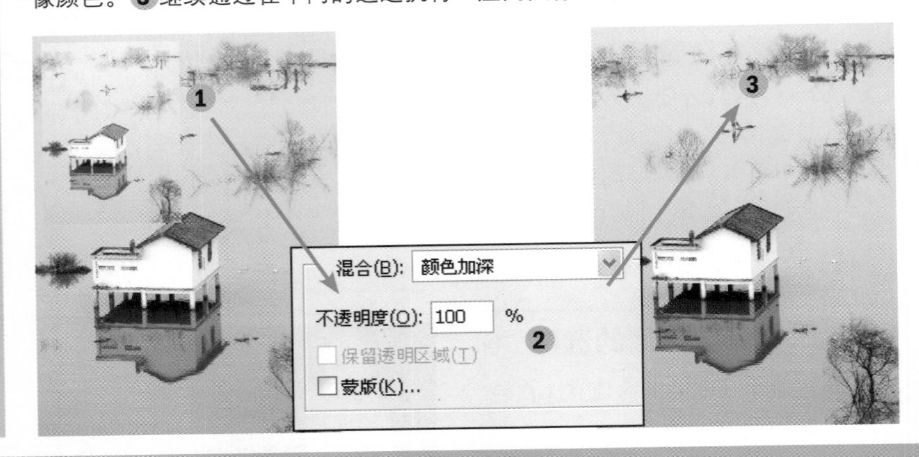

衍生应用——创造复杂的色彩融合效果

STEP 01 打开素材并选择"红"通道图像

①打开随书光盘\素材\08\77\01.jpg素材图片。

②打开"通道"面板，选取"红"通道图像。

STEP 02 对"红"通道图像应用图像

①执行"图像>应用图像"菜单命令，打开"应用图像"对话框，选择"正片叠底"，设置"不透明度"为50%，单击"确定"按钮。

②在"红"通道图像上应用图像。

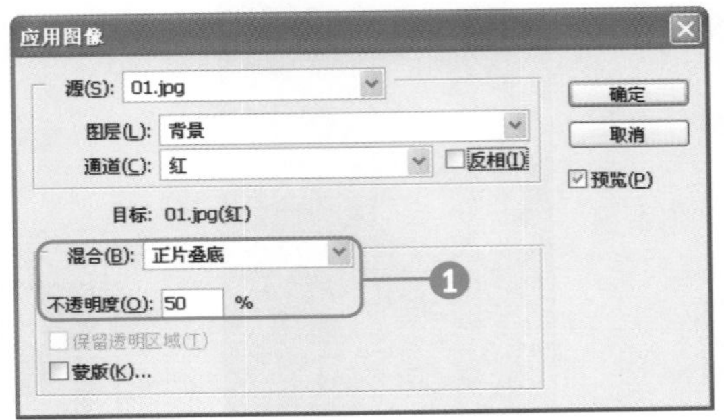

STEP 03 选择“绿”通道并执行“应用图像”命令

❶打开“通道”面板，选取“绿”通道内的灰度图像。

❷执行“图像>应用图像”菜单命令，打开“应用图像”对话框，选择“叠加”，设置“不透明度”为90%，单击“确定”按钮。

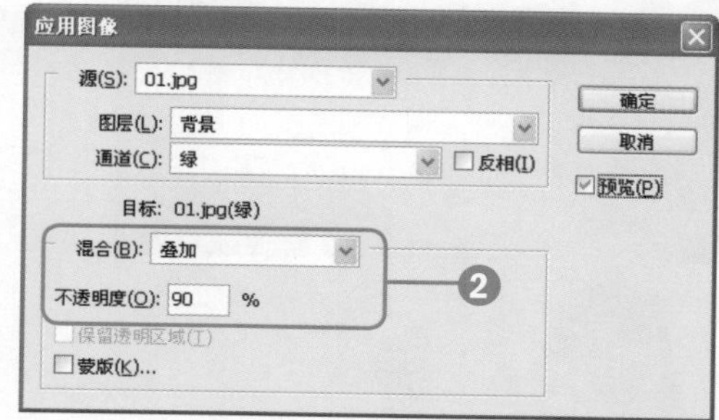

STEP 04 对“绿”通道应用图像

❶在“绿”通道图像上应用图像，并返回图像中，得到应用图像效果。

❷打开“通道”面板，选取“蓝”通道内的灰度图像。

STEP 05 对“蓝”通道应用图像

❶执行“图像>应用图像”菜单命令，打开“应用图像”对话框，选择“叠加”，设置“不透明度”为100%，单击“确定”按钮。

❷在“蓝”通道图像上应用图像。

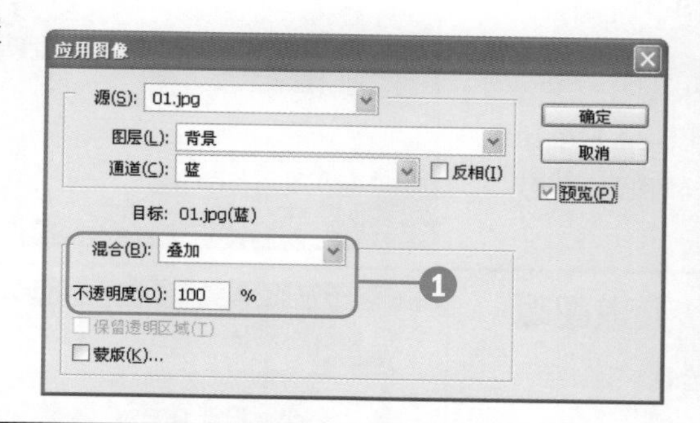

STEP 06 模糊图像并设置混合模式

❶复制“背景”图层，执行“滤镜>模糊>高斯模糊”菜单命令，打开“高斯模糊”对话框，设置“半径”为2像素，单击“确定”按钮，模糊图像。

❷选取“图层1”，将混合模式设置为“滤色”、“不透明度”为20%。

❸应用“滤色”混合模式提高图像亮度。

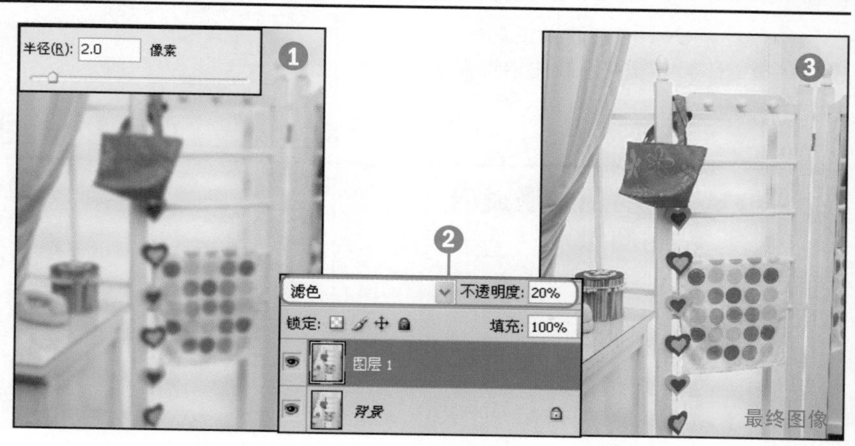

知识要点

转换图像颜色模式、“复制”命令

“粘贴”命令

操作难度 ★★

综合应用 ★★★

发散性思维 ★★★

078 多通道图像的应用

原始文件 随书光盘\素材\08\78\01.jpg

最终文件 随书光盘\源文件\08\78\打造特殊图像色调.psd

①将图像转换为CMYK模式，选择“青色”通道图像。②执行“图像>调整>亮度/对比度”菜单命令，打开“亮度/对比度”对话框，在对话框中设置亮度和对比度。③通过应用调整命令对单个通道图像进行调整，对图像颜色进行修饰。

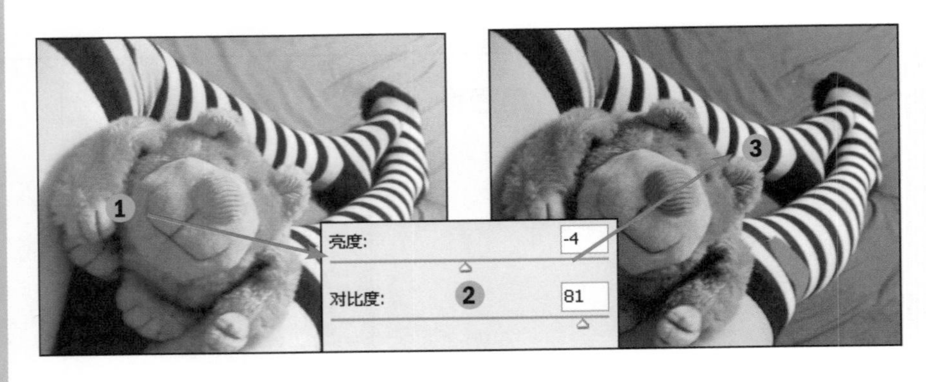

衍生应用——打造特殊图像色调

STEP 01 打开素材并转换模式

①打开随书光盘\素材\08\78\01.jpg素材图片。

②执行“图像>模式>CMYK颜色”菜单命令，弹出Adobe Photoshop CS4 Extend对话框，单击“确定”按钮，转换为CMYK图像。

STEP 02 复制“洋红”通道图像

①打开“通道”面板，选择“洋红”通道。

②按快捷键Ctrl+A选取通道内的图像，再按快捷键Ctrl+C复制选取的通道图像。

STEP 03 在“黄色”通道内粘贴图像

①打开“通道”面板，选取“黄色”通道。

②按快捷键Ctrl+V将复制的“洋红”通道图像粘贴至“黄色”通道上，得到蓝色调图像效果。

知识要点

"添加图层蒙版"按钮、渐变工具

复制图层、图层混合模式

操作难度	综合应用	发散性思维
★★	★★★	★★★

079 为蒙版添加黑白渐变

原始文件 随书光盘\素材\08\79\01.jpg、02.jpg

最终文件 随书光盘\源文件\08\79\打造绚丽晚霞效果.psd

❶运用"渐变工具"，单击"线性渐变"按钮，在蒙版图像上从上往下拖曳鼠标，创建黑白渐变。❷在"图层"面板中选择蒙版图层，设置适合的图层混合模式。❸通过适当调整渐变并应用混合模式创建特殊的图像。

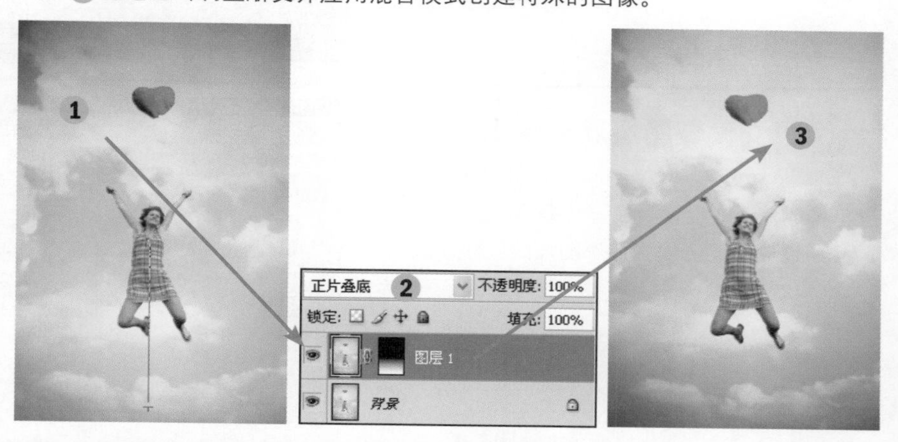

衍生应用——打造绚丽晚霞效果

STEP 01 打开素材并调整图像

❶打开随书光盘\素材\08\79\01.jpg素材图片。

❷执行"图像>调整>亮度/对比度"菜单命令，在弹出的对话框中设置参数，单击"确定"按钮。

❸降低图像整体的亮度、对比度。

STEP 02 复制图层并添加图层蒙版

❶选择"背景"图层，并将图层拖曳至"创建新图层"按钮上，复制得到"背景 副本"图层。

❷单击"添加图层蒙版"按钮，为"背景副本"图层添加蒙版。

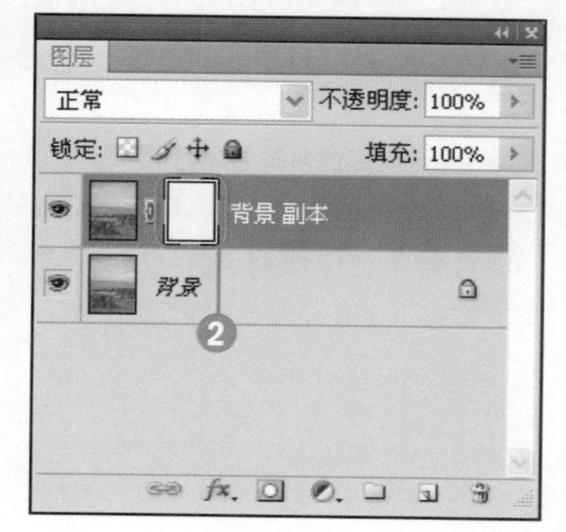

STEP 03 在图层蒙版上填充渐变

❶选择“渐变工具”，选择“从黑色到白色”渐变，单击“径向渐变”按钮，从图像右上角向左下角拖曳鼠标。

❷在图层蒙版中添加黑白渐变颜色。

❸此时图层中的对象无明显变化。

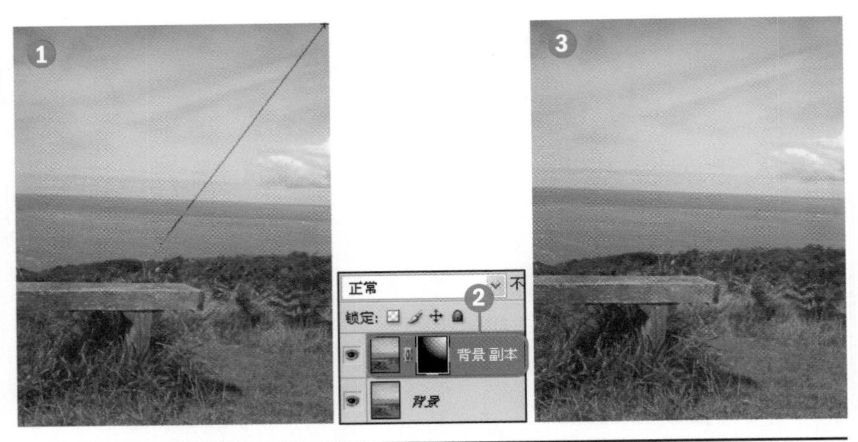

STEP 04 设置图层混合模式

❶适当调整渐变，选择“背景 副本”图层，将混合模式设置为“正片叠底”。

❷通过应用混合模式加深图像的云彩效果。

STEP 05 复制图层并更改混合模式

❶按快捷键Ctrl+J复制得到“背景 副本2”图层，将混合模式设置为“正片叠底”，“不透明度”设置为36%。

❷通过复制图层进一步加深图像色彩。

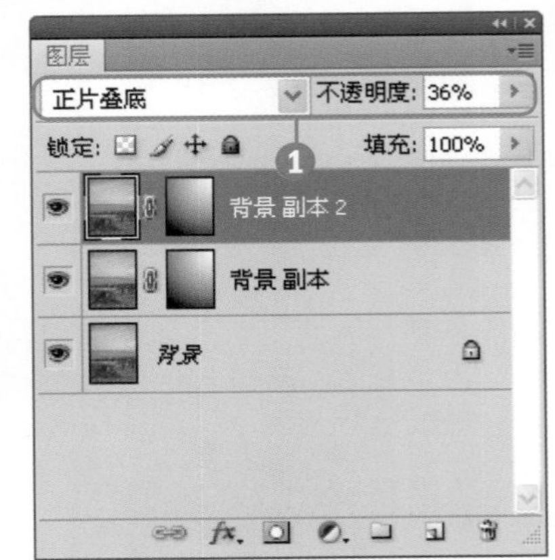

STEP 06 盖印图层并调整饱和度

❶按快捷键Ctrl+Shift+Alt+E，盖印生成“图层1”。

❷执行“图像>调整>色相/饱和度”菜单命令，在打开的对话框中设置参数。

❸查看上一步所设置的色相/饱和度调整图像颜色。

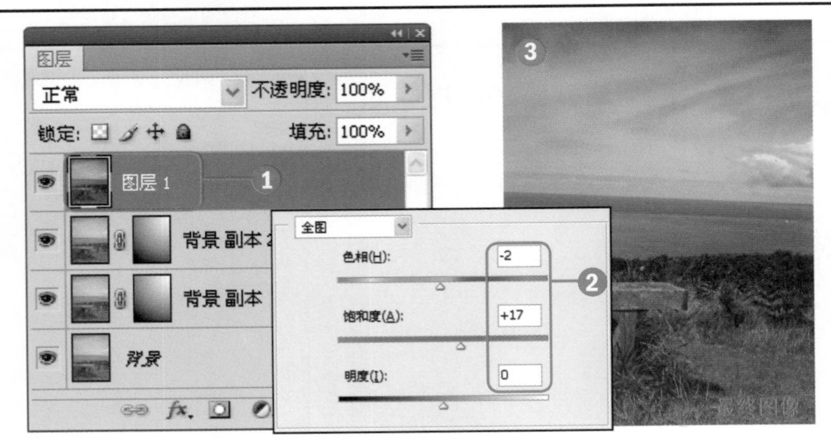

知识要点

转换工作路径、"当前路径"命令
横排文字工具、图层样式

操作难度 ★★
综合应用 ★★★
发散性思维 ★★★

080 将图像嵌入卡通图形中

原始文件 随书光盘\素材\08\80\01.jpg、02.psd、03.jpg
最终文件 随书光盘\源文件\08\80\设置具有童趣的个性签名图.psd

①选择"自定形状工具"，单击形状右侧的三角箭头，在弹出的形状列表中选择一种图形，单击"路径"按钮，在图像上单击并拖曳创建路径。②执行"图层>矢量蒙版>当前路径"菜单命令，将图像嵌入到创建的路径内部。

衍生应用——设置具有童趣的个性签名图

STEP 01 打开素材

①打开随书光盘\素材\08\80\01.jpg素材图片。

②打开随书光盘\素材\08\80\02.psd素材图片，选择"移动工具"，将02素材图像移至01素材中，并适当调整其大小。

STEP 02 将选区转换为路径

①按住Ctrl键单击"图层1"缩览图层，载入图层选区。

②打开"路径"面板，单击"将选区转换为路径"按钮。

③将载入的选区转换为工作路径。

STEP 03 隐藏图层并创建矢量蒙版

❶打开“通道”面板，单击“图层1”前的眼睛图标，隐藏“图层1”。

❷选择“背景”图层，按快捷键Ctrl+J复制一个“背景 副本”图层，执行“图层>矢量蒙版>当前路径”菜单命令，在“背景 副本”图层上创建矢量蒙版。

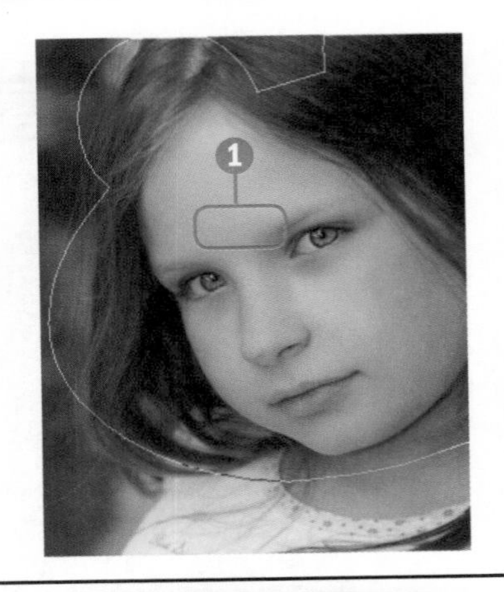

STEP 04 打开素材并旋转图像

❶打开随书光盘\素材\08\80\03.jpg素材图片，并将图像移至01图像，执行“编辑>变换>逆时针90度”菜单命令，旋转图像。

❷选择“图层2”，将此图层移至“背景 副本”图层下方。

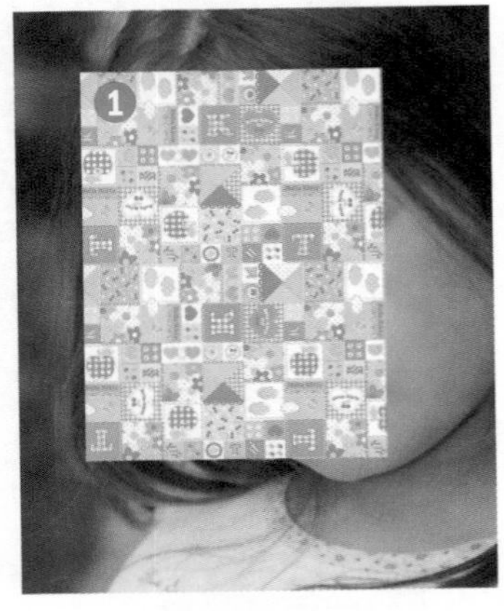

STEP 05 载入选区并调整亮度/对比度

❶按住Ctrl键，单击“背景 副本”图层蒙版缩览图，载入不规则选区。

❷执行“图像>调整>亮度/对比度”菜单命令，在打开的对话框中设置亮度和对比度。

❸应用所设置的亮度和对比度调整图像。

STEP 06 输入文字并添加投影样式

❶选择“横排文字工具”T，在图像下方输入文字。

❷双击文字图层，打开“图层样式”对话框，选择“投影”选项，单击“确定”按钮。

❸为输入的文字添加投影效果。

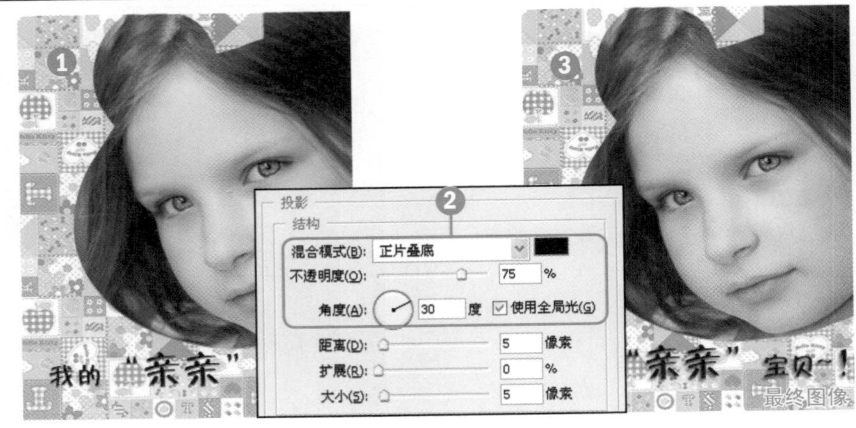

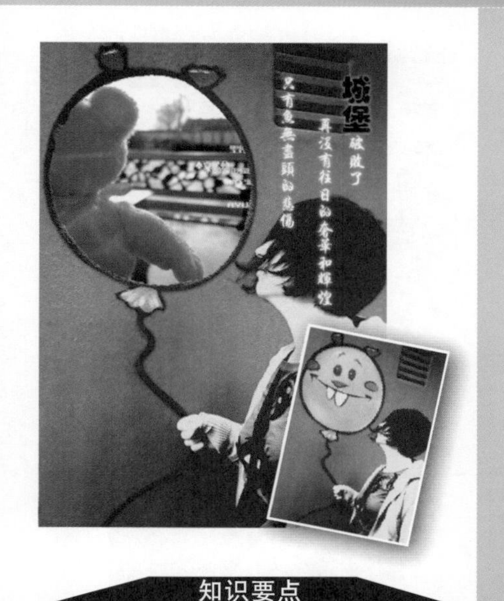

知识要点

快速选择工具、创建剪贴蒙版、“自由变换”命令-、外发光效果

操作难度 ★★　综合应用 ★★★　发散性思维 ★★★

081 从剪贴蒙版创建图像

原始文件 随书光盘\素材\08\81\01.jpg、02.jpg

最终文件 随书光盘\源文件\08\81\将图像嵌入固定的图形中.psd

❶运用“移动工具”将图像移至背景图像中。❷选择“图层”面板中要创建剪贴蒙版的图层，执行“图层>创建剪贴蒙版”菜单命令，创建剪贴蒙版。❸通过添加投影等图层样式进一步修饰图像。

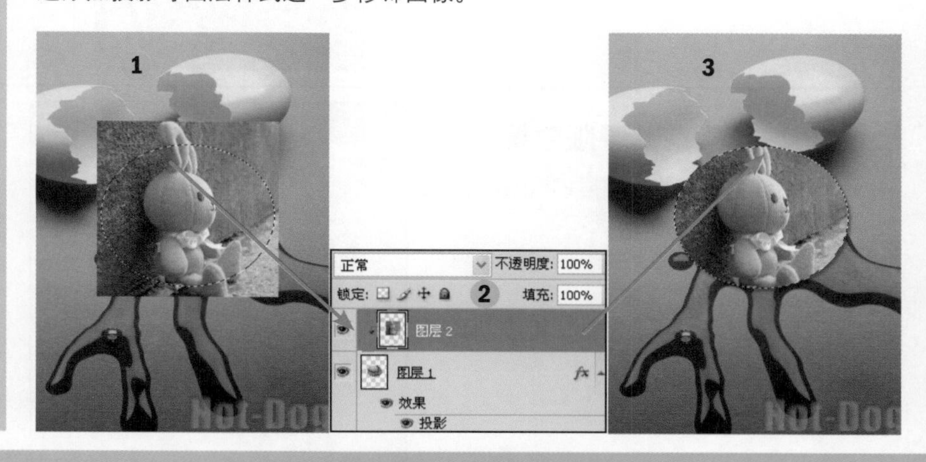

衍生应用——将图像嵌入固定的图形中

STEP 01 打开素材并创建选区

❶打开随书光盘\素材\08\81\01.jpg素材图片。

❷选择“快速选择工具”，在图像左上角的黄色圆上连续单击，创建选区。

STEP 02 新建图层并打开素材

❶按快捷键Ctrl+J复制选区内的图像，得到“图层1”。

❷打开随书光盘\素材\08\81\02.jpg素材图片。

STEP 03 移动素材图像

❶选择“移动工具”[icon]，将02素材图像移至01图像的左上角位置上。

❷按住Alt键不放，将鼠标定位于“图层1”和“图层2”之间的横线上，此时，鼠标指针将变为两个重叠的圆形。

STEP 04 创建剪贴蒙版效果

❶单击鼠标，此时将“图层2”创建为“图层1”的被剪贴蒙版图层。

❷通过创建剪贴蒙版，将01素材图像被置于圆形图像内。

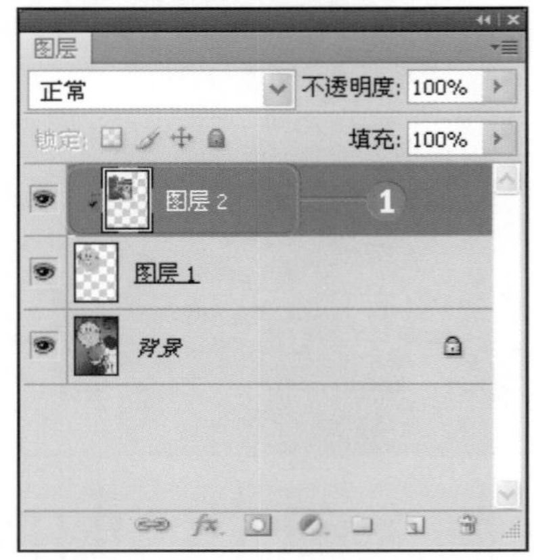

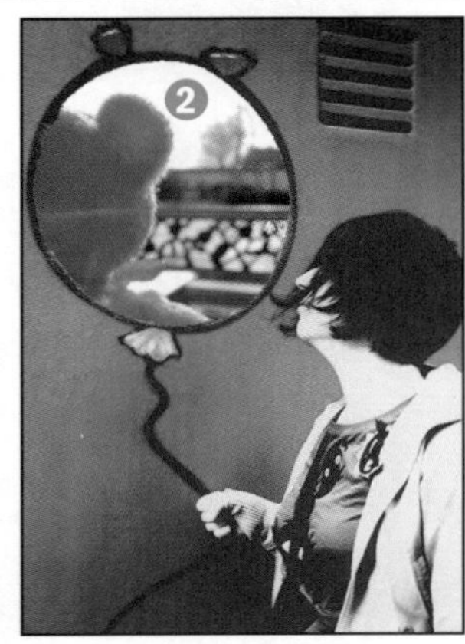

STEP 05 调整图像大小

❶执行“变换>自由变换”菜单命令，或按快捷键Ctrl+T，打开自由变换框。

❷将鼠标移至右下角的控制点上，当光标变为双向箭头时，向内拖曳鼠标，缩小图像。

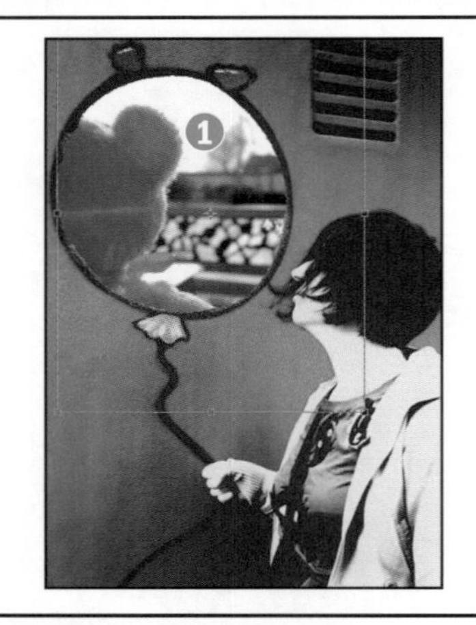

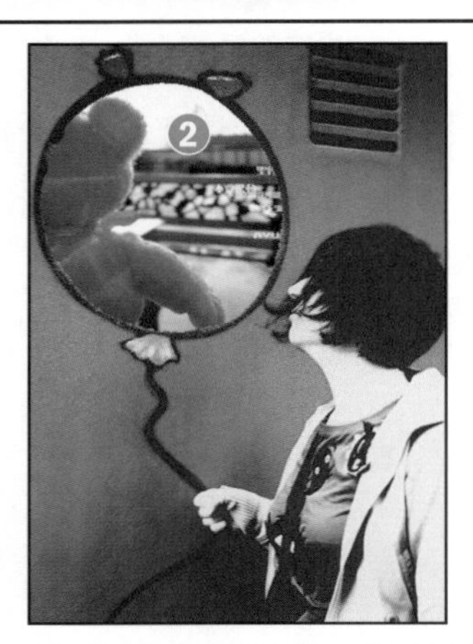

STEP 06 输入修饰文本

❶选择“直排文字工具”[T]，在图像右上角输入修饰文本。

❷双击文本图层，打开“图层样式”对话框，在对话框中选择“外发光”选项，设置发光参数，单击“确定”按钮。

❸为输入的文字添加淡淡的外发光效果。

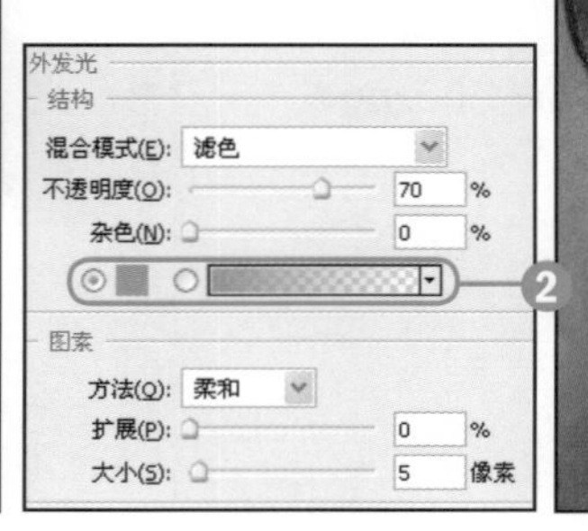

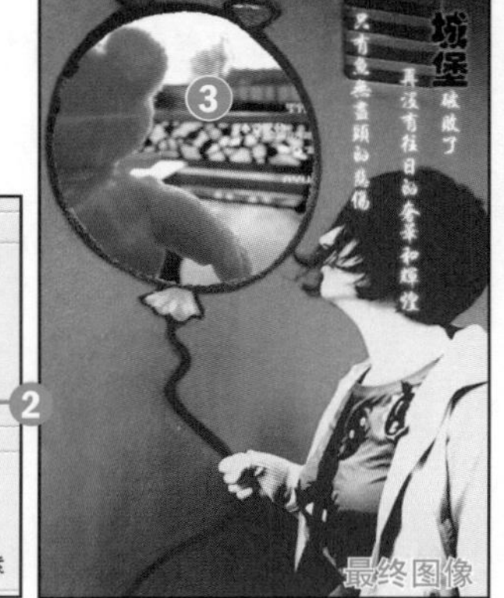

第9章 魔法滤镜的特殊应用

对于图像的编辑而言，要想在普通的图像上制作出个性化的图像，就应该掌握滤镜。Photoshop中最重要的图像处理操作就是使用滤镜对图像进行艺术化效果的设置。

“液化”滤镜可用于推、拉、旋转、反射、折叠和膨胀图像中的任意区域；使用“消失点”滤镜可以在图像中指定平面，再应用绘画、仿制、复制或粘贴及变换等操作；利用滤镜库能够直观地查看添加滤镜后的图像效果，并能设置多个滤镜效果的叠加；“模糊”滤镜可以对图像进行特殊的模糊处理；使用“云彩滤镜”能够为图像添加上艺术化的云彩效果；“镜头光晕”和“光照效果”滤镜可以在图像上创建不同的光线效果等。“滤镜”菜单中提供了100种不同的滤镜，通过学习并掌握滤镜的特殊应用，能够在图像上制作出各式各样的效果。

招式示意

为摩天大楼增加巨型壁画

设置特殊的水彩画图像效果

动态的照片特效处理

打造长镜头拍摄效果

制作逼真的闪电效果

打造特殊的光色效应

为油光的面部皮肤恢复娇嫩色彩

强化图像效果

知识要点

"液化"命令、锐化工具

"黑白"调整命令、图层混合模式

操作难度	综合应用	发散性思维
★★	★★★	★★★★

082 设置特定位置的变形

原始文件 随书光盘\素材\09\82\01.jpg

最终文件 随书光盘\源文件\09\82\修饰人物脸型.psd

❶执行"滤镜>液化"菜单命令，打开"液化"滤镜对话框。❷在对话框左侧选择液化工具，然后在右侧为选择的工具设置工具选项，并在图像上拖曳，以液化图像。❸通过应用多种液化工具完成身材的修饰。

工具选项

❶

画笔大小:	199
画笔密度:	66
画笔压力:	100
画笔速率:	80
湍流抖动:	50

衍生应用——修饰人物脸型

STEP 01 打开素材并执行命令

❶打开随书光盘\素材\09\82\01.jpg素材图片。

❷选择"背景"图层，并进行复制操作。

❸执行"滤镜>液化"菜单命令，打开"液化"对话框。

STEP 02 运用向前变形工具液化图像

❶单击"向前变形工具"，然后设置"画笔大小"为59、"画笔密度"为66、"画笔压力"为100。

❷在脸部右侧区域单击并拖曳，以液化图像。

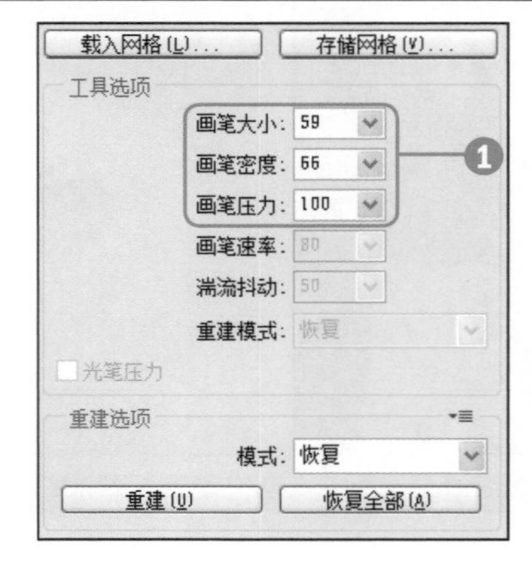

STEP 03 运用褶皱工具液化图像

❶单击“褶皱工具”，然后设置“画笔大小”为59、“画笔密度”为66、“画笔速率”为80。

❷在脸部区域单击或拖曳鼠标，以液化图像，修饰脸型。

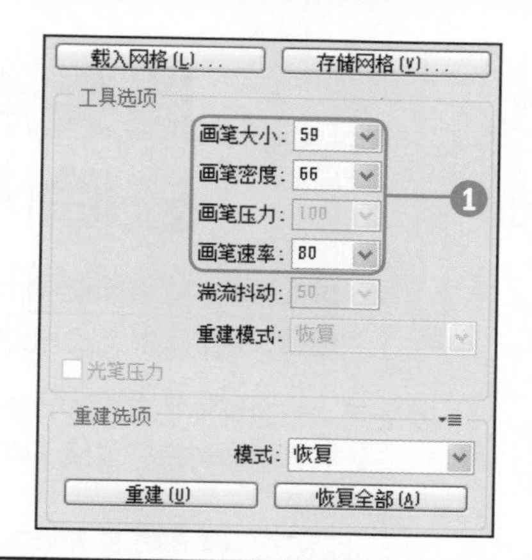

STEP 04 应用膨胀工具液化图像

❶单击“膨胀工具”，然后设置“画笔大小”为69、“画笔密度”为66、“画笔速率”为80。

❷在眼睛位置上连续单击，放大眼睛图像。

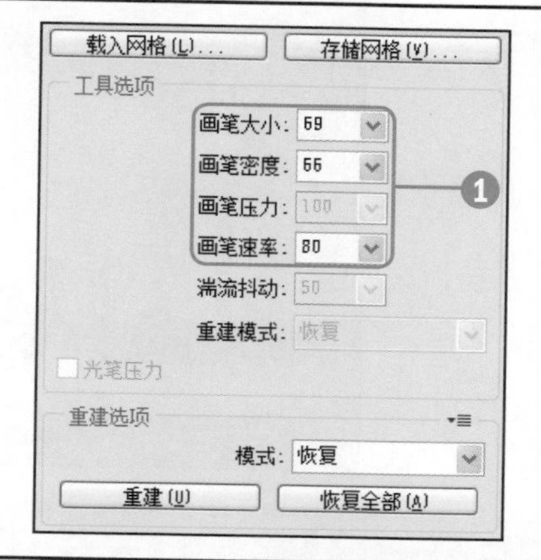

STEP 05 锐化人物五官

❶完成图像的液化操作后，单击“确定”按钮，返回图像窗口中，得到液化后的图像。

❷选择“锐化工具”，设置画笔为柔角画笔，“强度”为默认的50%。

❸在人物的五官和头发区域涂抹，以锐化图像。

STEP 06 设置混合模式更改色调

❶单击“调整”面板上的“黑白”图标，在弹出的面板上选中“色调”复选框，创建调整图层。

❷选择“黑白1”图层，将此图层的混合模式设置为“叠加”、“不透明度”为18%。

❸设置后，查看应用混合模式后的图像。

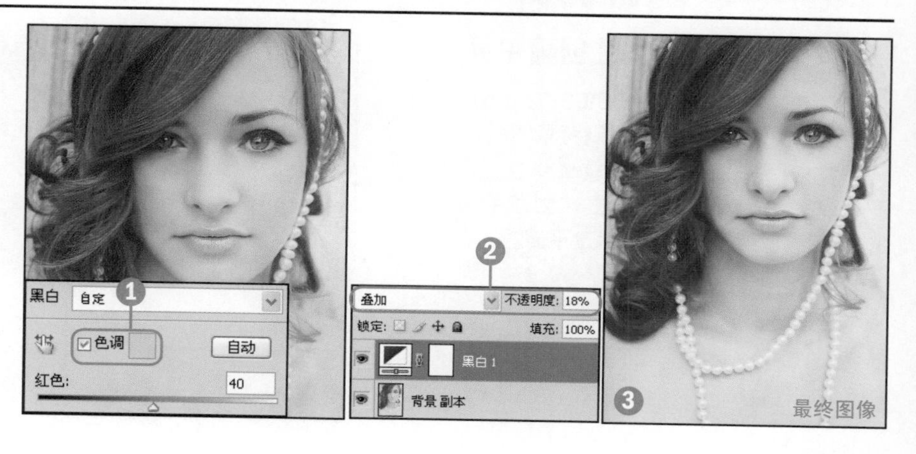

知识要点

“消失点”命令、创建平面工具

变换工具、“调整”命令

操作难度	综合应用	发散性思维
★★	★★★	★★★

083 消失点滤镜不仅仅能去除图像

原始文件 随书光盘\素材\09\83\01.jpg、02.jpg

最终文件 随书光盘\源文件\09\83\为摩天大楼增加巨型壁画.psd

1运用“创建平面工具”在广告牌上创建平面。2按快捷键Ctrl+V将复制的图像粘贴至平面内，利用“变换工具”调整图像大小，系统将自动调整平面内图像的透视角度。

衍生应用——为摩天大楼增加巨型壁画

STEP 01 打开素材并复制图像

1打开随书光盘\素材\09\83\01.jpg素材图片。

2执行“选择>全部”菜单命令，全选图像，按快捷键Ctrl+C复制图像。

STEP 02 打开素材并创建平面

1打开随书光盘\素材\09\83\02.jpg素材图片，按快捷键Ctrl+J复制背景图层。

2执行“滤镜>消失点”菜单命令，打开“消失点”对话框，单击“创建平面工具”，在图像缩览图上创建平面。

STEP 03 粘贴并调整图像大小

❶按快捷键Ctrl+V粘贴复制的图像至平面上。

❷单击并选择“消失点”对话框左侧的“变换工具”。

❸按Ctrl+Shift键单击并拖曳鼠标，等比例缩放图像。

STEP 04 将图像置于平面内

❶将缩放后的图像移至创建的平面内，此时系统将自动调整该图像在平面的透视角度。

❷单击“确定”按钮，关闭“消失点”对话框，在图像上应用滤镜效果。

STEP 05 调整可选颜色

❶选择“多边形套索工具”，沿着广告牌单击，创建多边形选区。

❷选择“背景 副本”图层，单击“调整”面板中的“可选颜色”图标，选择“红色”，设置相关的各项参数。

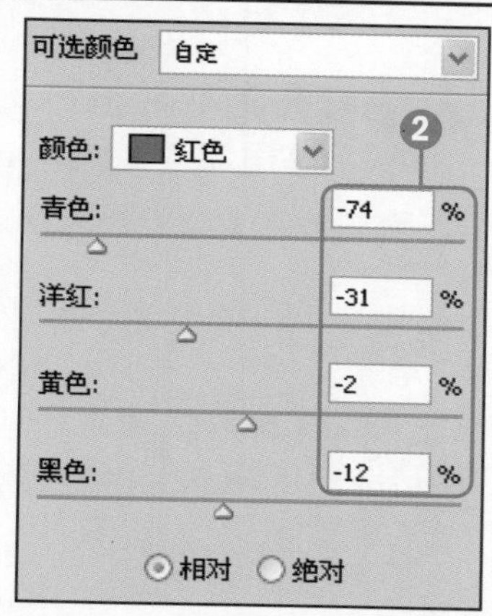

STEP 06 调整自然饱和度

❶选择“背景 副本”图层，单击“调整”面板中的“自然饱和度”图标，设置“自然饱和度”和“饱和度”参数。

❷通过“调整”命令对图像的颜色进行调整，使图像与背景相融合。

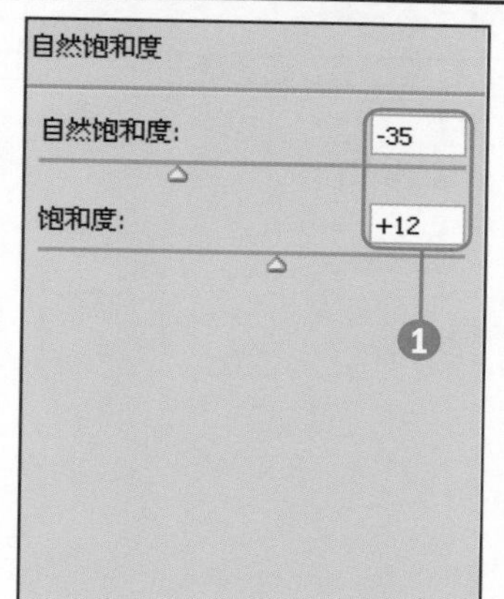

知识要点

滤镜库、“水彩”命令

“海报边缘”命令 、渐隐滤镜库

操作难度	综合应用	发散性思维
★★	★★★	★★★

084 滤镜库的应用

原始文件 随书光盘\素材\09\84\01.jpg

最终文件 随书光盘\源文件\09\84\设置特殊的水彩画图像效果.psd

1打开原图像，执行“滤镜>滤镜库”菜单命令。2打开“滤镜库”对话框，在对话框中选择相应的滤镜，并设置参数，在图像上应用滤镜。3通过“滤镜库”在图像上应用多个滤镜，得到特殊的图像效果。

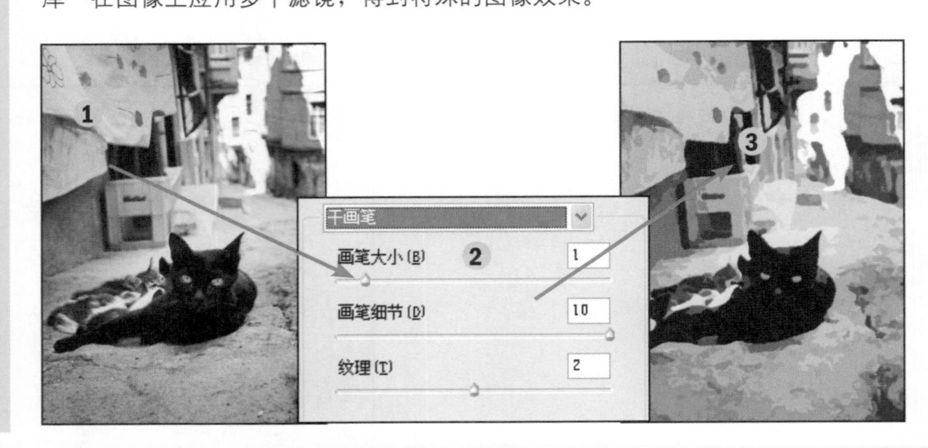

衍生应用——设置特殊的水彩画图像效果

STEP 01 打开素材并执行“滤镜库”命令

❶打开随书光盘\素材\09\84\01.jpg素材图片。

❷复制一个“背景”图层，得到“背景 副本”图层。

❸执行“滤镜>滤镜库”菜单命令，打开 “滤镜库”对话框。

STEP 02 应用水彩滤镜效果

❶选择“艺术效果”选项卡，在弹出的滤镜下拉列表中选择“水彩”滤镜，然后在最右侧对“水彩”选项进行设置并单击“确定”按钮。

❷根据上一步的设置，可看到图像应用“水彩”滤镜后被调整为水彩画的效果。

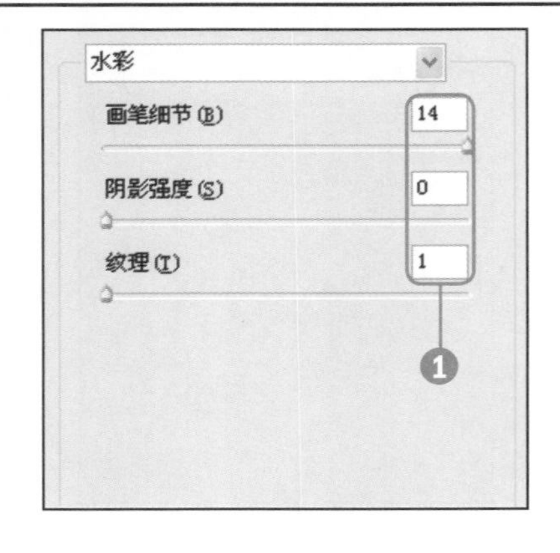

STEP 03 应用曲线调整图像颜色

❶单击“调整”面板中的“曲线”图标，创建一个“曲线”调整图层，在面板中单击并向上拖曳鼠标，调整曲线的输出和输入值。

❷根据上一步的设置，可看到图像应用曲线参数调整图像后的效果。

❸按快捷键Shift+Ctrl+Alt+E，盖印图层，生成“图层1”。

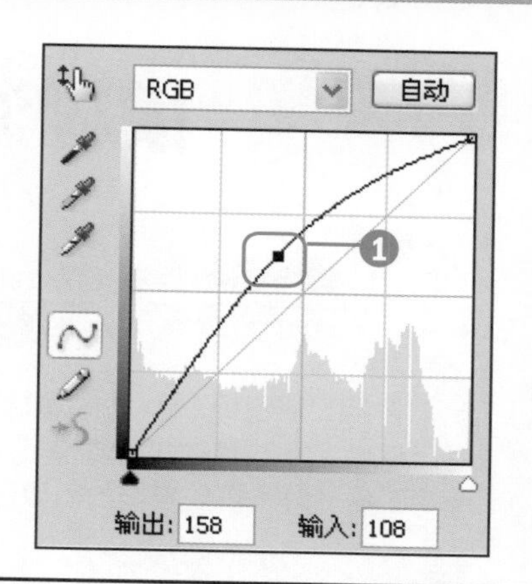

STEP 04 增加图像的饱和度

❶选择“海绵工具”，在其选项栏中打开“画笔预设”选取器，选择柔角画笔。

❷继续在选项栏中设置“模式”为“饱和”，“流量”为25%。

❸使用海绵工具在图像中的天空和云朵图像上进行涂抹，此时被涂抹过区域的色彩饱和度提高。

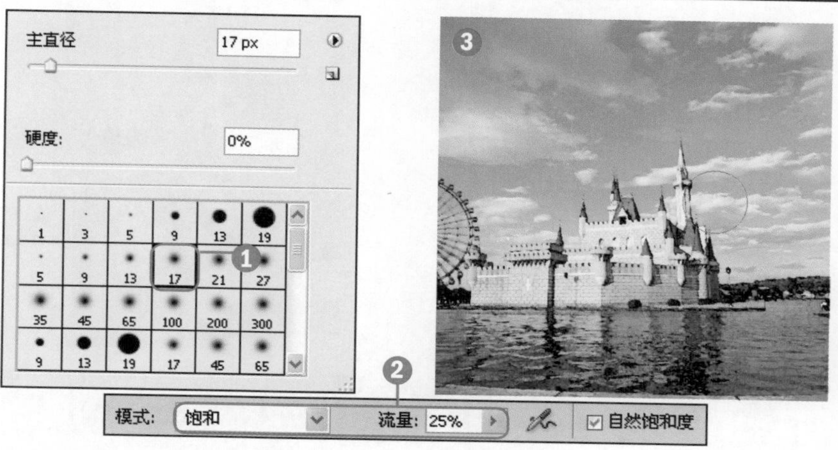

STEP 05 应用水彩滤镜效果

❶执行“滤镜>滤镜库”菜单命令，打开“滤镜库”对话框，选择“艺术效果”选项卡，选择“海报边缘”滤镜，然后对滤镜选项进行设置并单击“确定”按钮。

❷根据上一步的设置，可看到图像应用“海报边缘”滤镜后的效果。

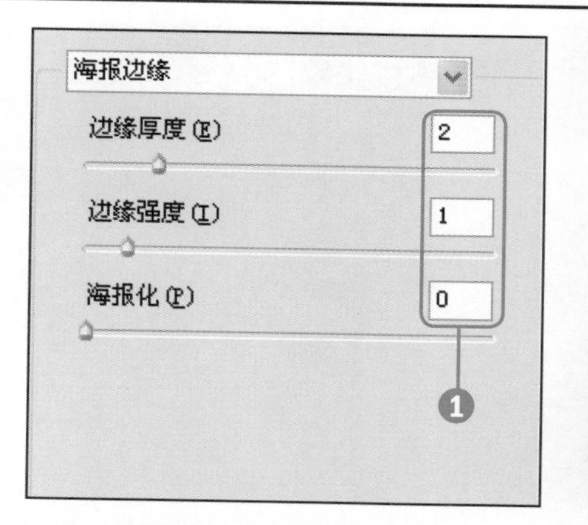

STEP 06 复制图层并设置混合模式

❶执行“编辑>渐隐滤镜库”菜单命令，弹出“渐隐”对话框，设置参数，以渐隐滤镜效果。

❷复制“图层1”，并设置其混合模式为“滤色”、“不透明度”为20%。

❸在图像窗口中可看到图层混合后加深了颜色和纹理效果，使处理的水彩画效果更逼真。

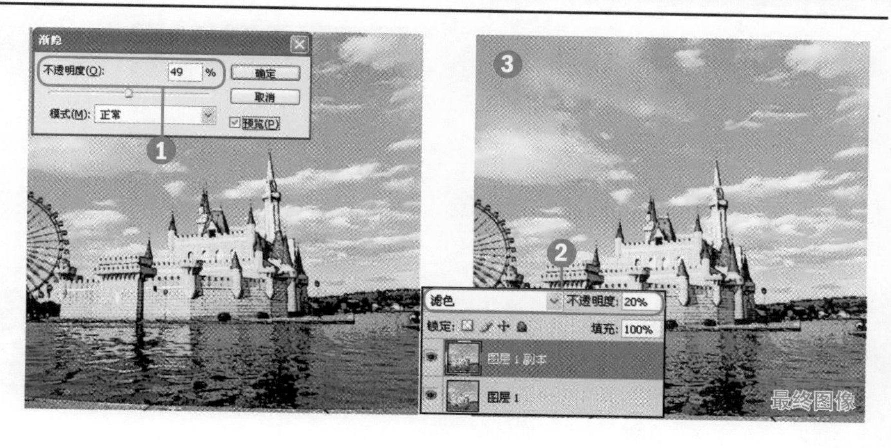

知识要点

“动感模糊”命令、添加图层蒙版

操作难度	综合应用	发散性思维
★★	★★★	★★★

085 模糊滤镜新用法

原始文件 随书光盘\素材\09\85\01.jpg

最终文件 随书光盘\源文件\09\85\动态的照片特效处理.psd

1执行“滤镜>模糊>动感模糊”菜单命令。2打开“动感模糊”对话框，在对话框中设置模糊角度和距离，对图像进行动感模糊处理。3应用“历史记录画笔工具”对不需要模糊的图像进行还原。

衍生应用——动态的照片特效处理

STEP 01 打开素材并执行命令

1打开随书光盘\素材\09\85\01.jpg素材图片。

2按快捷键Ctrl+J复制“背景”图层，执行“滤镜>模糊>动感模糊”菜单命令，打开“动感模糊”对话框，设置模糊角度和距离。

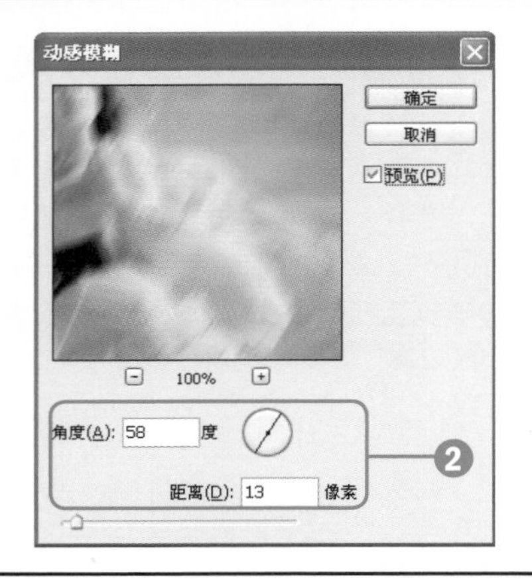

STEP 02 动感模糊图像

1应用“动感模糊”滤镜对图像进行特殊的模糊处理。

2单击“图层”面板下方的“添加图层蒙版”按钮，为“图层1”添加图层蒙版。

3选择柔角画笔，设置“不透明度”和“流量”为16%，在人物图像上涂抹，以恢复人物的清晰度。

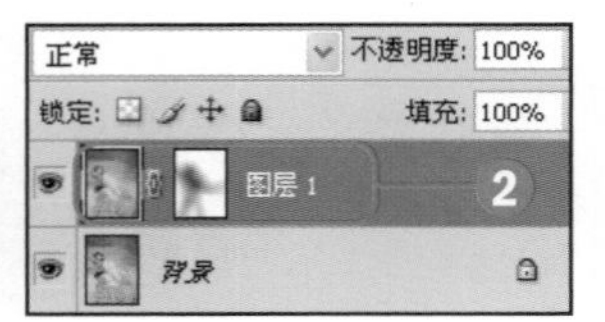

知识要点

快速选择工具、“反向”命令

“高斯模糊”命令、橡皮擦工具

操作难度	综合应用	发散性思维
★★	★★★	★★★

086 模糊滤镜应用高招

原始文件 随书光盘\素材\09\86\01.jpg

最终文件 随书光盘\源文件\09\86\打造长镜头拍摄效果.psd

1 运用“快速选择工具”选取背景选区。2 执行“滤镜>模糊>高斯模糊”菜单命令，设置模糊“半径”，对图像进行高斯模糊。3 按下快捷键Ctrl+F，重复模糊图像。

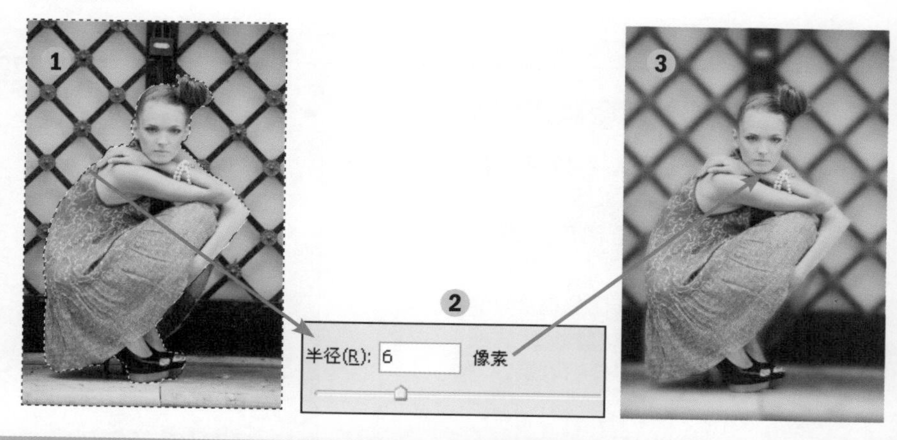

衍生应用——打造长镜头拍摄效果

STEP 01 打开素材并选择工具

1打开随书光盘\素材\09\86\01.jpg素材图片。

2复制“背景”图层，选择“快速选择工具”，在人物图像上单击，创建选区。

STEP 02 绘制并创建选区

1执行“选择>反向”菜单命令或按快捷键Ctrl+Shift+I，反选选区。

2执行“选择>修改>羽化”菜单命令，在弹出的“羽化选区”对话框中设置“羽化半径”为2像素。

3羽化创建的背景选区。

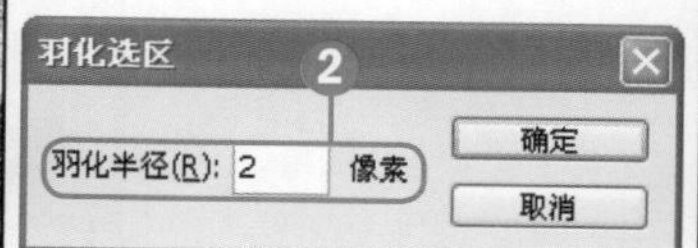

STEP 03 模糊选择内的图像

❶执行“滤镜>模糊>高斯模糊”菜单命令，打开“高斯模糊”对话框，设置“半径”为2.4像素，单击“确定”按钮。

❷应用“高斯模糊”滤镜模糊背景图像。

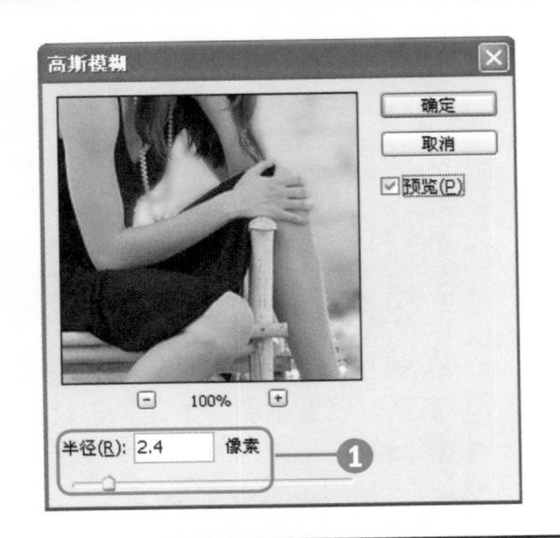

STEP 04 应用图层蒙版还原图像

❶单击“添加图层蒙版”按钮，为“背景 副本”图层添加蒙版，选择“画笔工具”，设置“不透明度”为23%、“流量”为21%。

❷在图像上涂抹，修饰图像边缘。

❸调整画笔笔触大小，继续涂抹图像中的其他区域，制作自然的模糊效果。

STEP 05 复制并模糊图像

❶按快捷键Ctrl+J再复制一个“背景 副本2”图层，并将复制的图层移至最下层。

❷按快捷键Ctrl+F在“背景 副本2”图层上再次应用“高斯模糊”滤镜模糊图像。

STEP 06 设置混合模式

❶选择“背景 副本2”图层，将此图层的混合模式设置为“滤色”、“不透明度”为54%。

❷选择“橡皮擦工具”，设置“硬度”为0%，设置“不透明度”为39%、“流量”为48%。

❸涂抹并擦除部分图像。

087 云彩滤镜配合快捷键的使用

原始文件 随书光盘\素材\09\87\01.jpg、02.jpg
最终文件 随书光盘\源文件\09\87\制作逼真的闪电效果.psd

❶运用“多边形套索工具”创建天空选区。❷执行“滤镜>渲染>云彩”菜单命令，并按快捷键Ctrl+F为选区图像重复渲染云彩效果。

知识要点

“调整”命令、图层混合模式
“云彩”命令、“分层云彩”命令

操作难度	综合应用	发散性思维
★★★	★★★★	★★★★

衍生应用——制作逼真的闪电效果

STEP 01 打开素材并加深图像

❶打开随书光盘\素材\09\87\01.jpg素材图片。

❷单击“调整”面板中的“曲线”图标，在弹出的参数面板中调整曲线。

❸应用“曲线”加深图像。

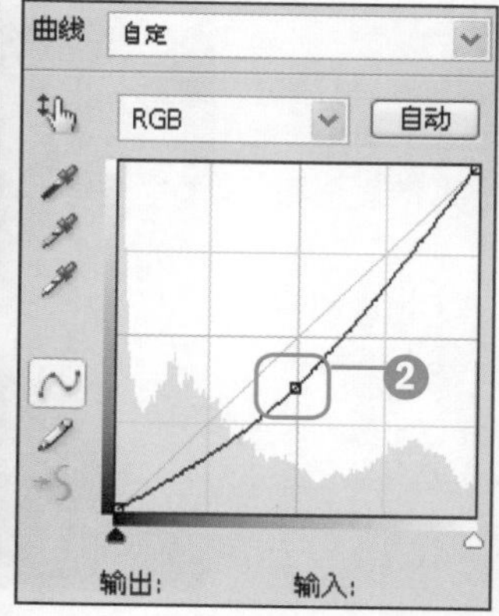

STEP 02 径向模糊图像

❶按快捷键Ctrl+Shift+Alt+E，盖印生成“图层1”，执行“滤镜>模糊>径向模糊”菜单命令，打开“径向模糊”对话框，在对话框中设置模糊参数。

❷应用“径向模糊”滤镜模糊图像。

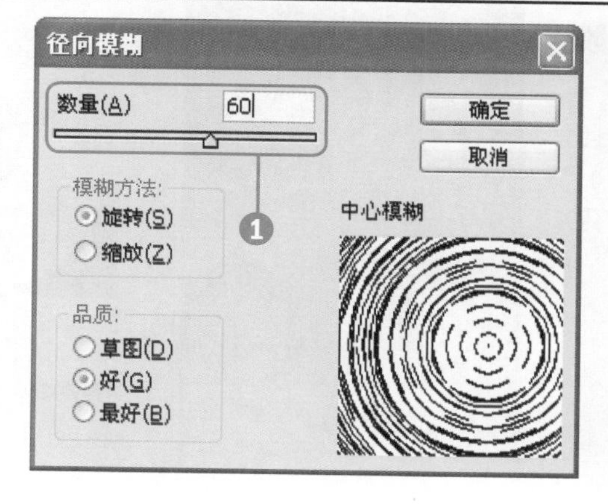

STEP 03 渲染云彩和分层云彩

❶选择“图层1”，将图层的混合模式设置为“正片叠底”、“不透明度”为40%。

❷新建“图层2”，执行“滤镜>渲染>云彩”菜单命令，渲染云彩。

❸执行“滤镜>渲染>分层云彩”菜单命令，制作分层云彩效果。

STEP 04 调整色阶增强对比度

❶连续多次按快捷键Ctrl+F反复应用“分层云彩”滤镜。

❷单击“调整”面板中的“色阶”图标，在弹出的面板中设置色阶参数。

❸应用色阶增强图像的黑白对比度效果。

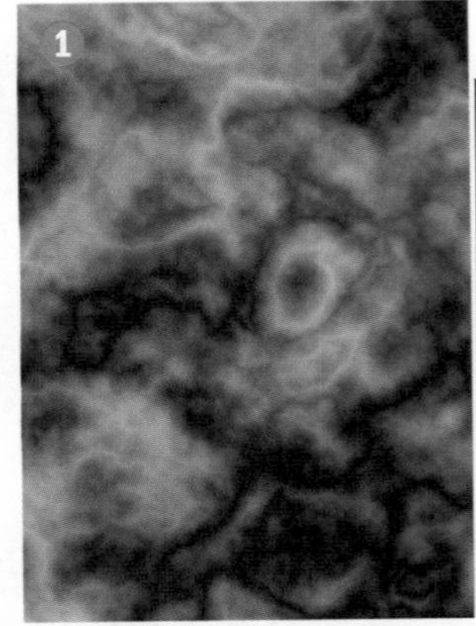
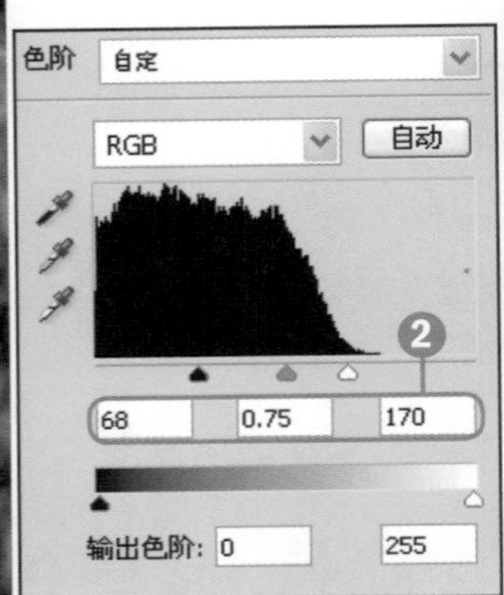

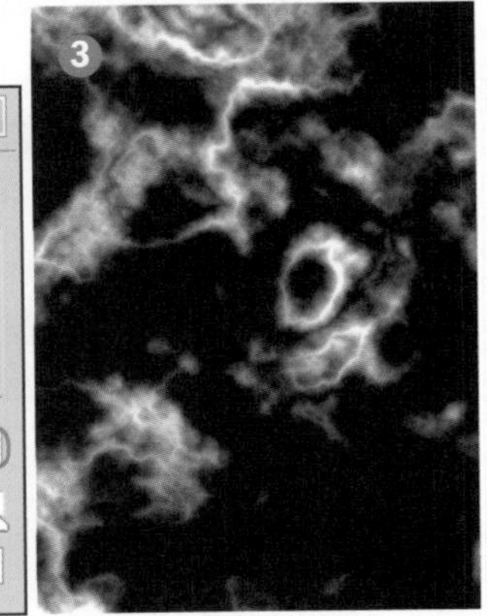

STEP 05 设置混合模式并载入选区

❶选择“图层2”和“色阶1”图层，按快捷键Ctrl+E合并图层，并将混合模式设置为“颜色减淡”。

❷切换至“通道”面板，按Ctrl键的同时单击“红”通道缩览图，载入“红”通道选区。

❸按快捷键Ctrl+Shift+I反选选区。

STEP 06 羽化选区并调整色阶

❶执行“选择>修改>羽化”菜单命令，设置“羽化半径”为10像素，羽化选区。

❷单击“调整”面板上的“色阶”图标，设置色阶参数。

❸增强闪电图像的亮度。

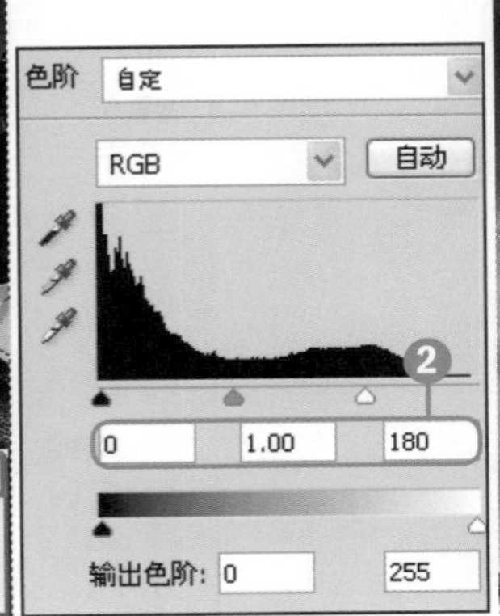

知识要点

"镜头光晕"命令、画笔工具

添加图层蒙版

操作难度	综合应用	发散性思维
★	★★	★★

088 镜头光晕的简单应用

原始文件 随书光盘\素材\09\88\01.jpg

最终文件 随书光盘\源文件\09\88\模拟太阳光投射的图像效果.psd

①执行"滤镜>渲染>镜头光晕"菜单命令。②打开"镜头光晕"对话框，在对话框中选中"镜头类型"单选按钮，设置光源的"亮度"参数。③通过应用滤镜为图像添加镜头光晕效果。

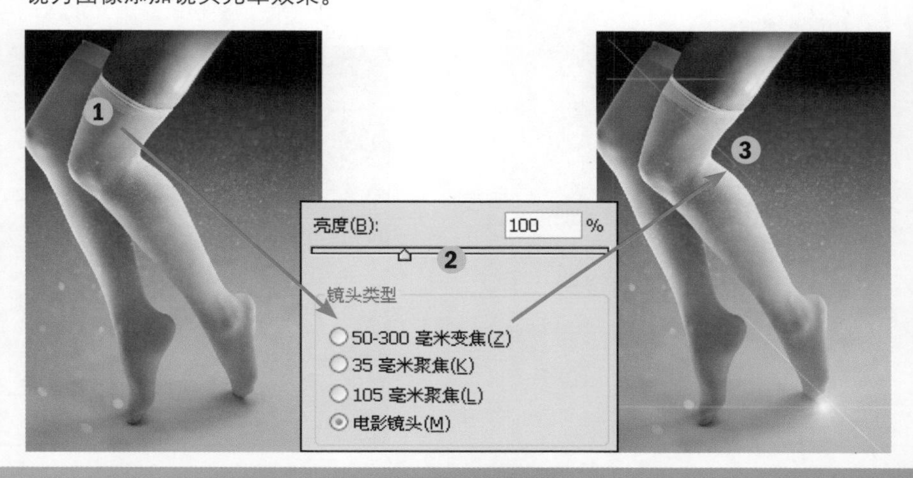

衍生应用——模拟太阳光投射的图像效果

STEP 01 打开素材并执行"镜头光晕"命令

①打开随书光盘\素材\09\88\01.jpg素材图片。

②选择并复制"背景"图层，得到"背景 副本"图层。

③执行"滤镜>渲染>镜头光晕"菜单命令，在打开的"镜头光晕"对话框中调整光晕中心位置，选择镜头类型为"50-300毫米变焦"，设置"亮度"为178%。

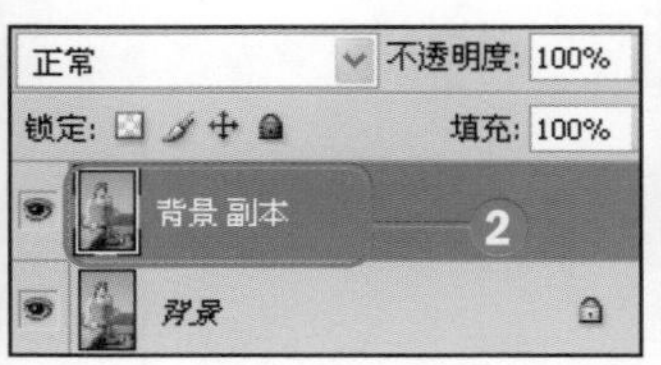

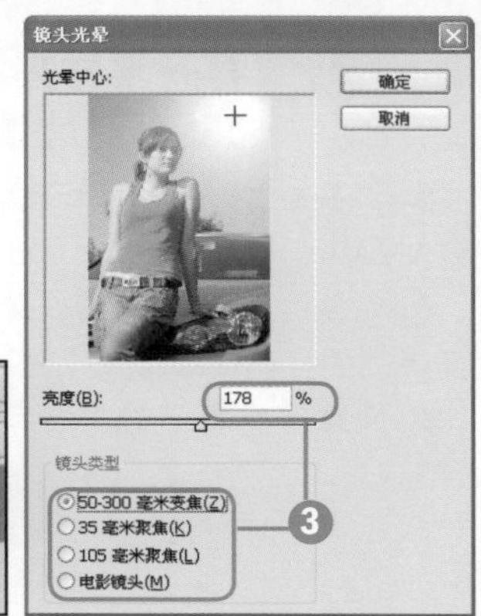

STEP 02 添加镜头光晕效果

①添加"镜头光晕"滤镜，制作太阳光效果。

②单击"添加图层蒙版"按钮，为"背景 副本"图层添加图层蒙版。

③选择柔角画笔，在光线较强的位置涂抹，降低光线强度。

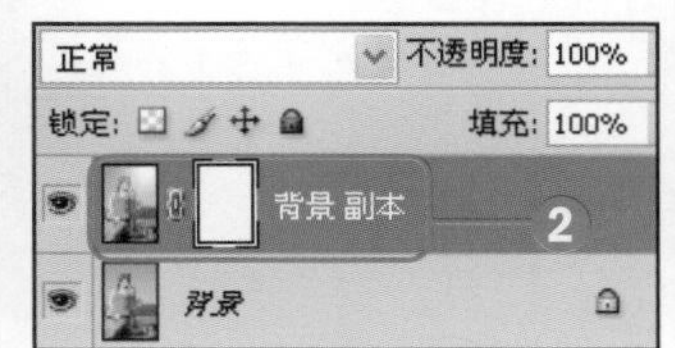

知识要点

"光照效果"命令、盖印图层

"调整"命令、图层混合模式

操作难度	综合应用	发散性思维
★★★	★★★	★★★

089 光照效果应用于色彩处理

原始文件 随书光盘\素材\09\89\01.jpg

最终文件 随书光盘\源文件\09\89\打造特殊的光色效应.psd

❶复制"背景"图层，调整混合模式。❷执行"图像>滤镜>光照效果"菜单命令，打开"光照效果"对话框，选择其中一种光照类型，再设置光照参数，添加光照效果。❸利用"历史记录画笔工具"进一步调整光照强度。

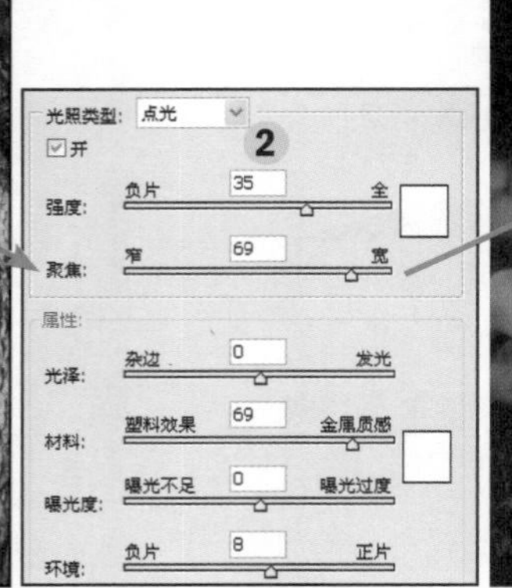

衍生应用——打造特殊的光色效应

STEP 01 打开素材并设置亮度/对比度

❶打开随书光盘\素材\09\89\01.jpg素材图片。

❷复制"背景"图层，单击"调整"面板上的"亮度/对比度"图标，在弹出的面板中设置"亮度"和"对比度"参数。

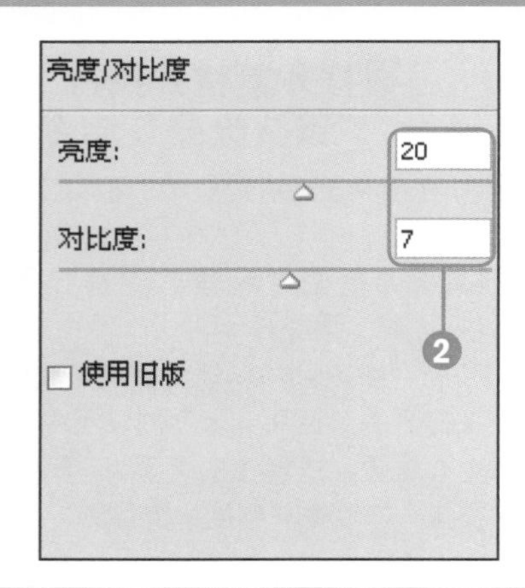

STEP 02 设置黑白

❶应用所设置的亮度和对比度参数，调整图像明暗度。

❷选择"背景 副本"图层，单击"调整"面板上的"黑白"图标，在弹出的面板中选中"色调"复选框，设置颜色和参数。

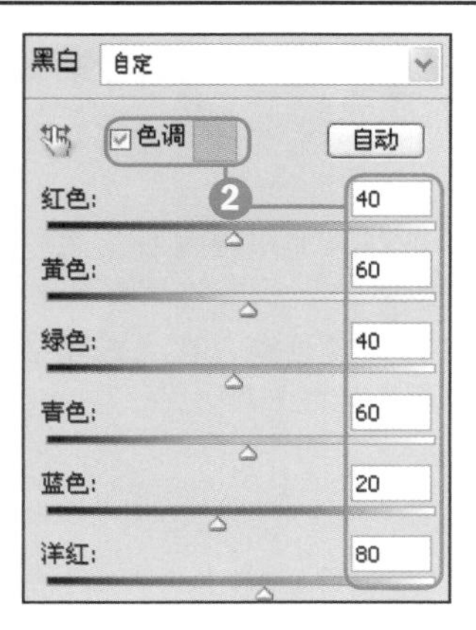

STEP 03 设置调整图层的混合模式

❶应用“黑白”调整命令将图像转换为单色图像。

❷选取“黑白1”图层，将混合模式设置为“强光”、“不透明度”为45%。

❸设置后，增加了图像的色彩强度。

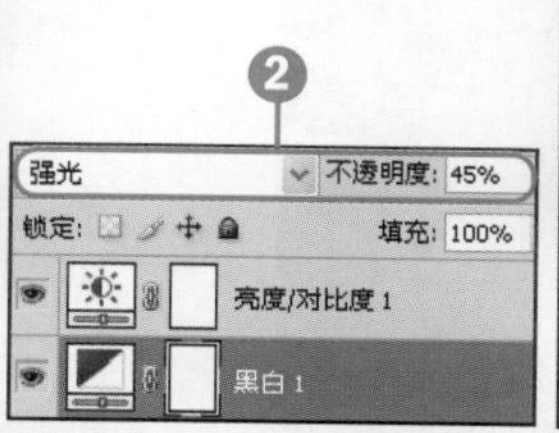

STEP 04 盖印图层并执行“光照效果”命令

❶新建“图层1”，按快捷键Ctrl+Shift+Alt+E盖印所有图层。

❷执行“滤镜>渲染>光照效果”菜单命令，打开“光照效果”对话框，选择“点光”，设置其参数。

❸继续在对话框下方设置参数，然后单击“确定”按钮。

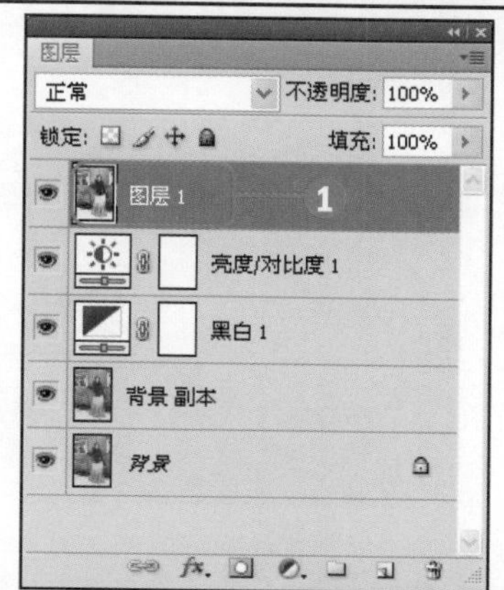

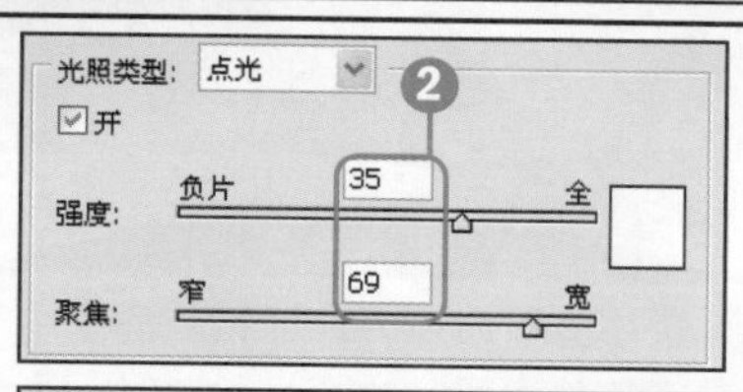

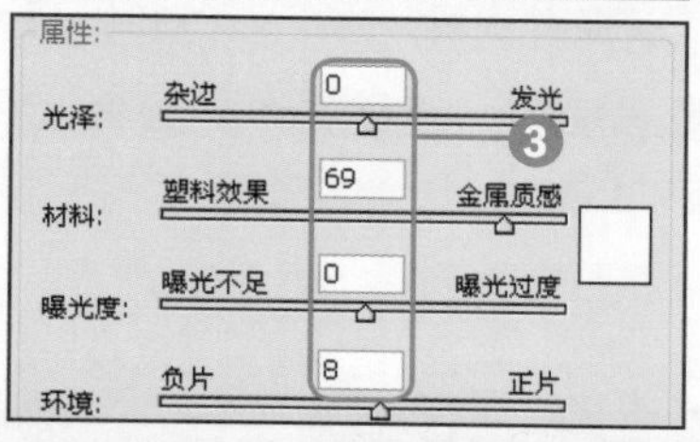

STEP 05 添加图层蒙版

❶应用设置的“光照效果”滤镜，为图像添加光照效果。

❷选择“图层1”，单击“添加图层蒙版”按钮，为图层添加图层蒙版。

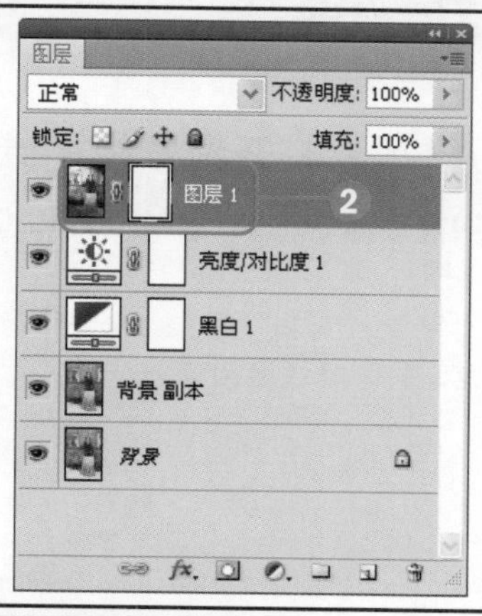

STEP 06 利用画笔工具还原图像

❶设置前景色为黑色，选择“画笔工具”，设置“不透明度”为23%、“流量”为21%。

❷在图层蒙版对象上涂抹，降低光源强度。

❸按快捷键Ctrl+J，复制得到“图层1副本”图层，并将此图层的混合模式设置为“强光”、“不透明度”为13%。

模式: 正常 | 不透明度: 23% | 流量: 21% ❶

知识要点

“最小值”命令、“计算”命令

“高反差保留”命令、“曲线”命令

操作难度	综合应用	发散性思维
★★	★★★	★★★★

090 最小值滤镜去除反光

原始文件 随书光盘\素材\09\90\01.jpg

最终文件 随书光盘\源文件\09\90\为油光的面部皮肤恢复娇嫩色彩.psd

①在颜色较大的通道上应用“最小化”滤镜，再通过“计算”命令获得反光的图像选区。②单击“调整”面板中的调整命令图标，设置调整参数，去除反光。③通过应用修补类工具进一步修饰皮肤。

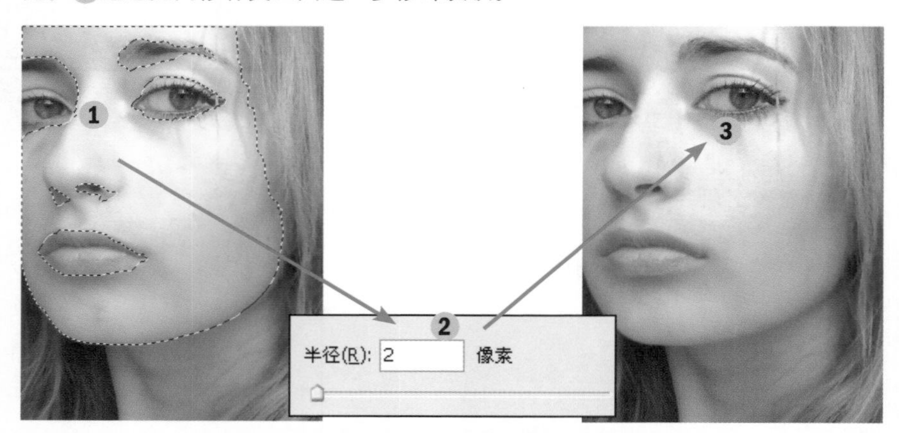

衍生应用——为油光的面部皮肤恢复娇嫩色彩

STEP 01 打开素材并复制通道

①打开随书光盘\素材\09\90\01.jpg素材图片。

②复制“背景”图层，打开“通道”面板，复制绿通道图像。

STEP 02 在“绿 副本”通道内应用滤镜

①执行“滤镜>杂色>最小值”菜单命令，弹出“最小值”对话框，设置“半径”为1，单击“确定”按钮。

②通过应用“最小值”滤镜后，突出显示人物脸上的小斑点。

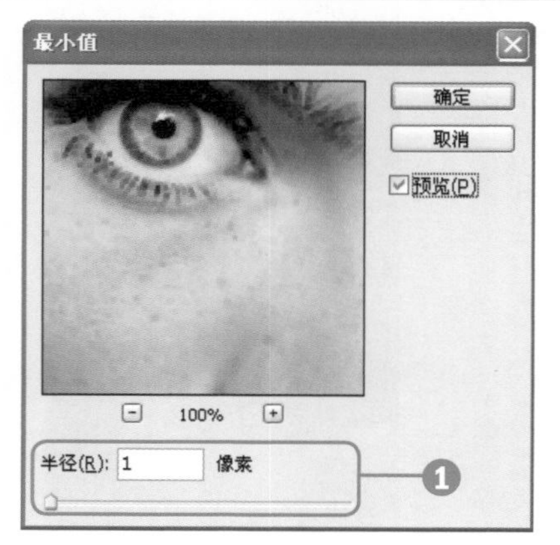

STEP 03 应用滤镜并执行“高反差保留”命令

❶按快捷键Ctrl+F再一次应用“最小化”滤镜，突显小斑点。

❷执行“滤镜>其他>高反差保留”菜单命令，打开“高反差保留”对话框，设置“半径”为8像素，单击“确定”按钮。

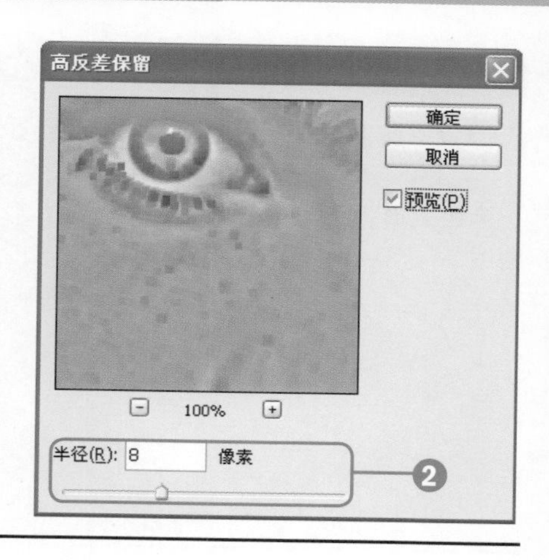

STEP 04 应用滤镜并执行“计算”命令

❶应用“高反差保留”滤镜，突出图像轮廓，此时更能清晰地看到脸上的瑕疵。

❷执行“图像>计算”菜单命令，打开“计算”对话框，选择“强光”，“结果”设置为“新建通道”。

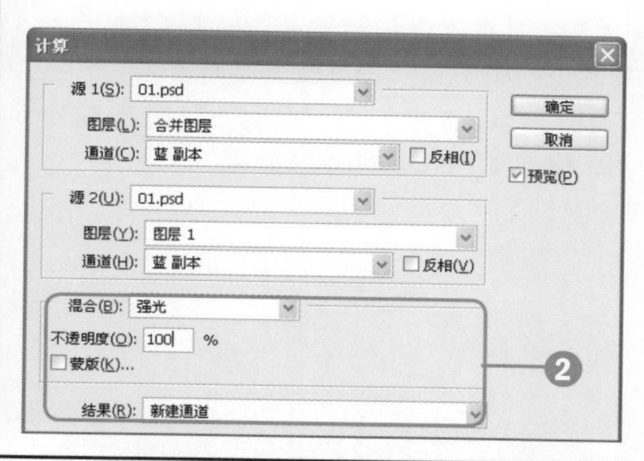

STEP 05 计算图像并创建新通道

❶通过应用“计算”命令，自动生成新的Alpha1通道。

❷重复计算3次，分别得到Alpha2和Alpha3两个新的通道选区。

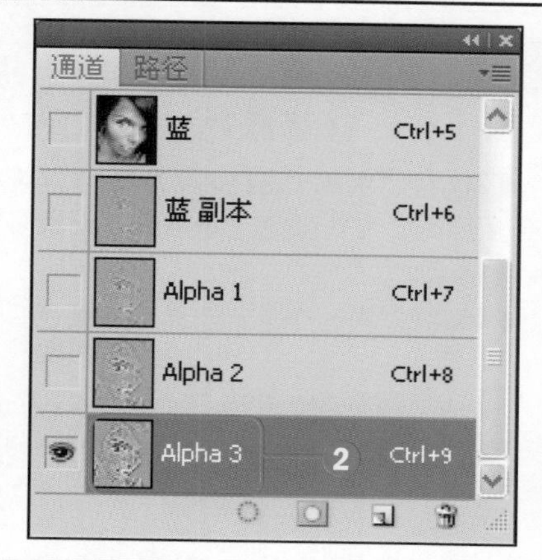

STEP 06 将新通道载入选区

❶按住Ctrl键单击Alpha3通道缩览图，将Alpha3通道载入到选区中。

❷执行“选择>反向”菜单命令或按快捷键Ctrl+Shift+I，反选选区。

STEP 07 调整曲线

❶返回图像窗口，得到脸部的高光选区。

❷单击“调整”面板上的“曲线”按钮，在弹出的面板中单击并向上拖曳鼠标，调整曲线。

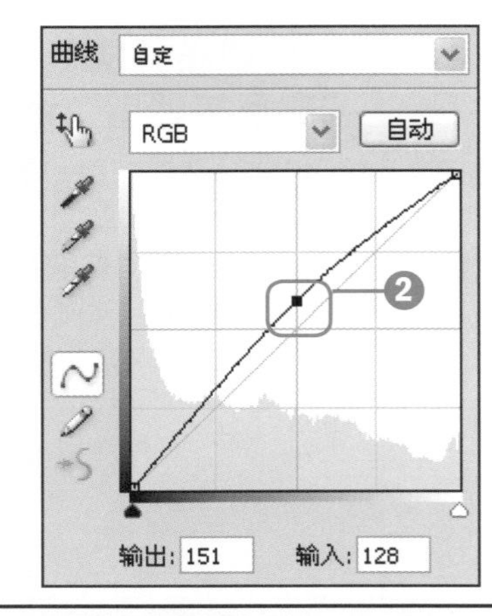

STEP 08 光滑脸部皮肤

❶应用曲线增加图像亮度，同时去除人物脸上的小斑点，使皮肤变得光洁。

❷按住Ctrl键单击“曲线1”图层缩览图，再次载入人像的高光区域。

STEP 09 应用“可选颜色”命令修饰肤色

❶执行“图像>调整>可选颜色”菜单命令，打开“可选颜色”对话框，设置可选颜色的参数。

❷降低人物的红色，还原皮肤颜色。

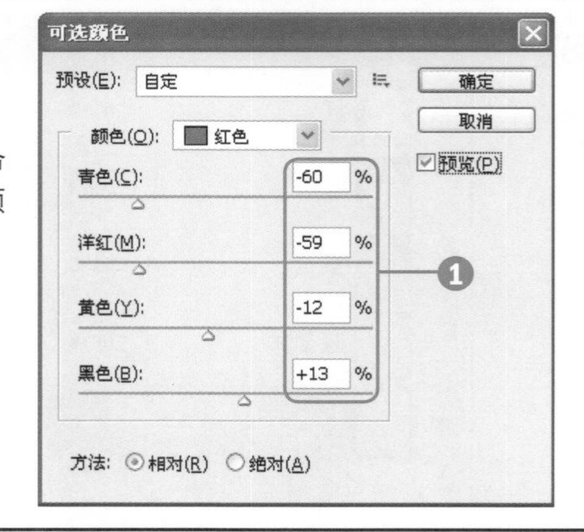

STEP 10 运用模糊工具修饰皮肤

❶按快捷键Ctrl++放大图像，选择“模糊工具”，进一步在脸上涂抹。

❷修饰皮肤，去除脸上其他的一些小斑点，将脸部皮肤变得更加完美。

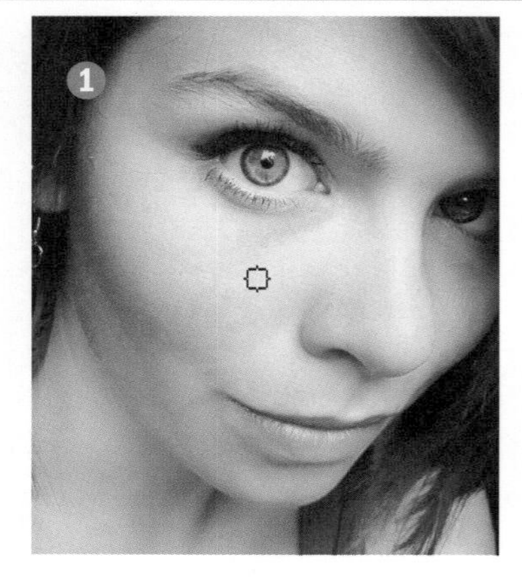

知识要点

"色彩平衡"图标、"纯色"命令
"自定"命令、图层混合模式

操作难度	综合应用	发散性思维
★★	★★★★	★★★

091 神奇的自定滤镜

原始文件 随书光盘\素材\09\91\01.jpg

最终文件 随书光盘\源文件\09\91\强化图像效果.psd

❶执行"滤镜>其他>自定"菜单命令。❷打开"自定"滤镜对话框，在对话框中右侧的文本框内输入数值，清晰图像。❸通过多次应用"自定"滤镜可以进一步加强图像效果。

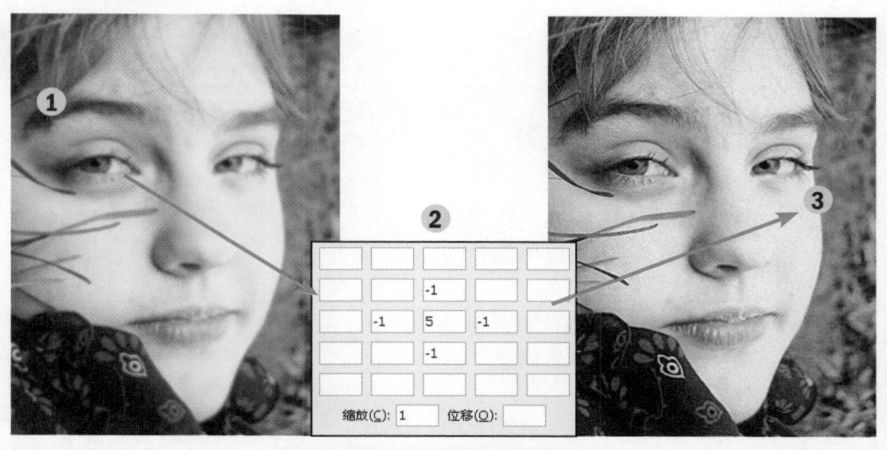

衍生应用——强化图像效果

STEP 01 打开素材和"调整"面板

❶打开随书光盘\素材\09\91\01.jpg素材图片。

❷选择"背景"图层，执行"图层>复制图层"菜单命令，复制"背景"图层。

❸打开"窗口>调整"菜单命令，打开"调整"面板，单击面板上的"色彩平衡"图标。

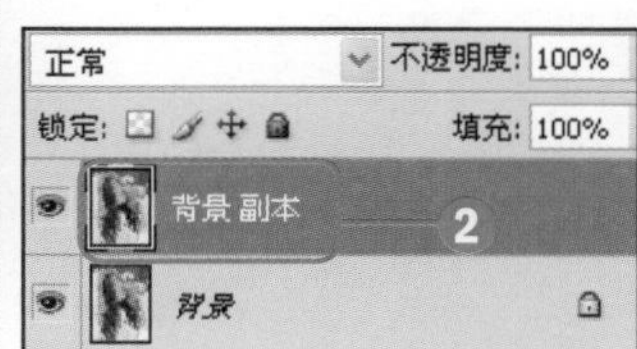

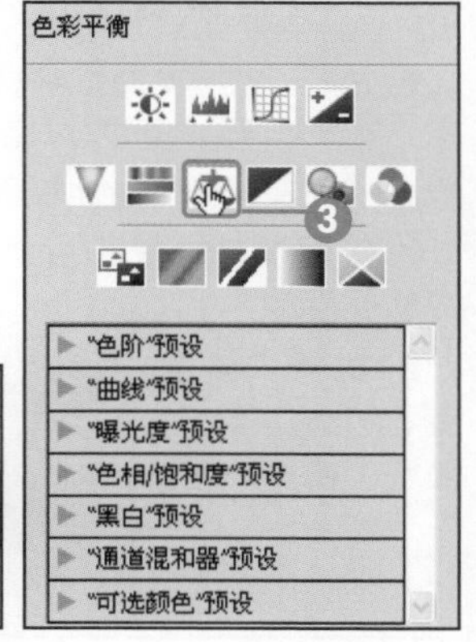

STEP 02 设置色彩平衡

❶选中"中间调"单选按钮，设置"青色"为-54，"洋红"为-27。

❷选中"阴影"单选按钮，设置"青色"为-43，"洋红"为-36，"黄色"为了-29。

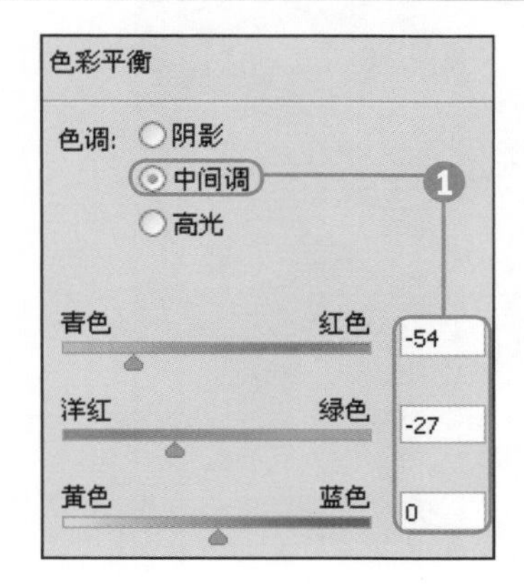

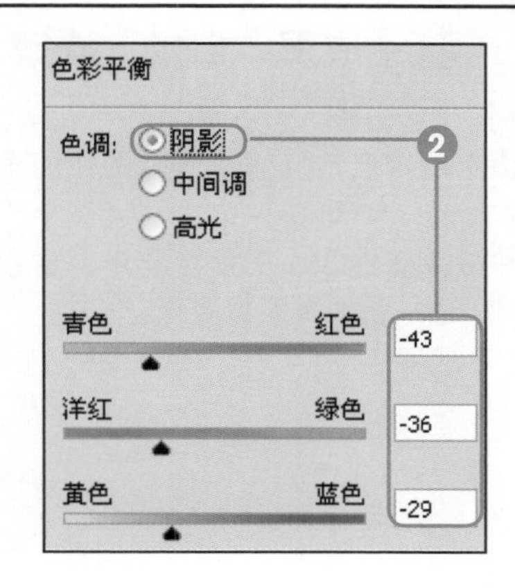

STEP 03 填充纯色效果

❶应用“色彩平衡”将图像调整为蓝色调。

❷选取“背景 副本”图层，单击“图层”面板下方的“创建新的填充或调整图层”按钮，在弹出的面板菜单中选择“纯色”命令。

❸弹出“拾取实色1”对话框，设置前景色为R224、G240、B253，单击“确定”按钮，创建纯色图像。

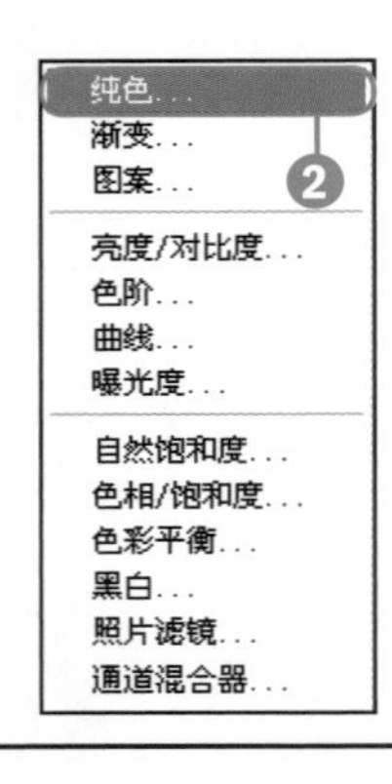

STEP 04 设置混合模式并复制图层

❶选择“颜色填充1”图层，将混合模式设置为“柔光”、“不透明度”为67%。

❷按快捷键Ctrl+J复制图层，将混合模式设置为“饱和度”，“不透明度”更改为35%。

❸ 通过复制调整图层，进一步调整图像颜色。

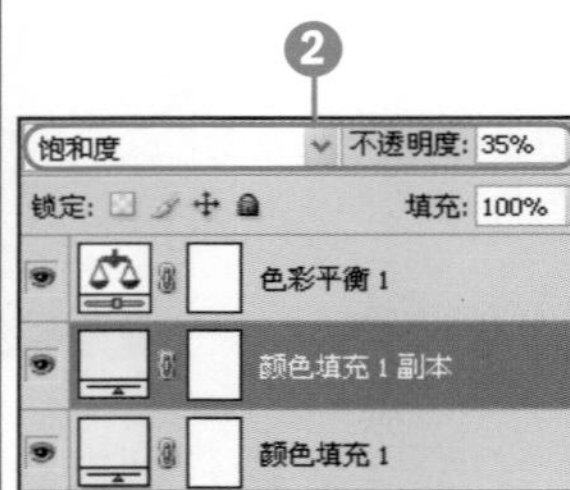

STEP 05 设置亮度/对比度

❶执行“图像>调整>亮度/对比度”菜单命令，打开“亮度/对比度”对话框，设置“亮度”和“对比度”。

❷应用设置的亮度/对比度，提高图像整体亮度。

❸执行“滤镜>其他>自定”菜单命令，打开“自定”对话框，设置参数后单击“确定”按钮。

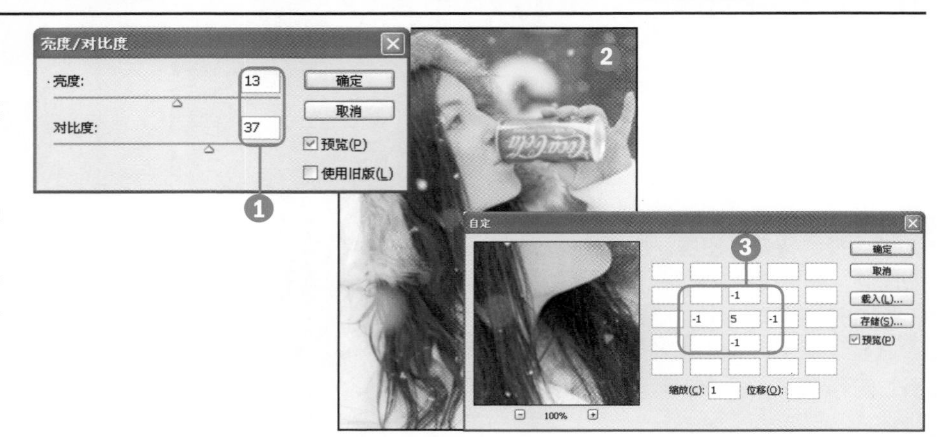

STEP 06 应用“自定”滤镜强化效果

❶应用“自定”滤镜清晰图像的细节信息。

❷按快捷键Ctrl+F重复应用“自定”滤镜，进一步加强图像效果。

第10章 利用辅助线和动作进行操作

Photoshop中提供的辅助线操作能够帮助用户对图像进行更精确的编辑。同时，为了减少用户重复进行相同操作的次数，Photoshop还设置了动作选项。结合辅助线和动作，可以更有效地提高工作效率。

通过在图像窗口中添加参考线，再控制参考线的显示和隐藏，能够实现图像的准确排列；辅助线的主要功能是帮助用户在操作中对图像进行精确定位，应用辅助线可以对图像上各个图层中的对象进行强制性的对齐操作；标尺与辅助线相似，同样可用于图像信息的精确定位；动作的应用包括创建新动作并应用、载入新动作并应用等，使用动作后，Photoshop将自动执行系列操作，从而更大程度地提高效率。

招式示意

设置多色的卡片图像效果

制作规整的宣传资料排版效果

设置折页的图像效果

创建对照片进行色彩处理的动作

载入新动作进行图像处理

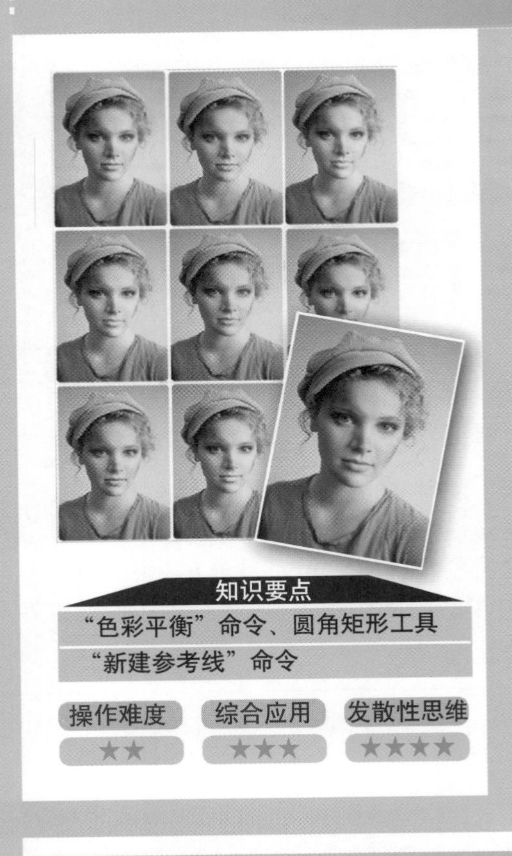

知识要点

“色彩平衡”命令、圆角矩形工具

“新建参考线”命令

操作难度	综合应用	发散性思维
★★	★★★	★★★★

092 参考线的显示和隐藏

原始文件 随书光盘\素材\10\92\01.jpg

最终文件 随书光盘\源文件\10\92\设置多色的卡片图像效果.psd

❶执行“视图>新建参考线”菜单命令，在图像上创建多条垂直和水平参考线。❷执行“视图>显示>参考线”菜单命令，隐藏创建的参考线，如果需要再显示参数线，只需再次执行“视图>显示>参考线”菜单命令即可。

衍生应用——设置多色的卡片图像效果

STEP 01 打开素材并复制图像

❶打开随书光盘\素材\10\92\01.jpg素材图片。

❷按快捷键Ctrl+J复制“背景”图层。

❸按快捷键Ctrl+T等比例缩放复制的图像。

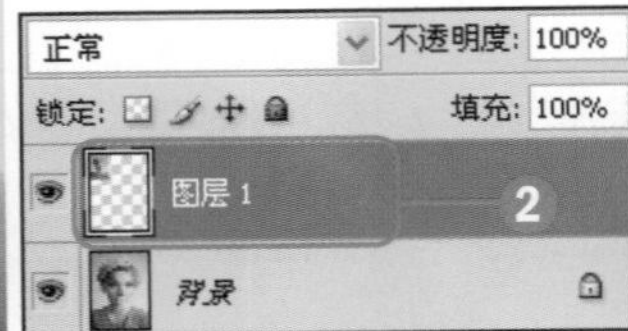

STEP 02 调整颜色绘制矩形

❶选择“图层1”，执行“图像>调整>色彩平衡”菜单命令，打开“色彩平衡”对话框，设置参数调整图像颜色。

❷选择“圆角矩形工具”，设置半径为0，单击“形状图层”按钮，再拖曳鼠标绘制矩形。

❸设置“半径”为5px，单击“从形状区域中减去”按钮，绘制矩形。

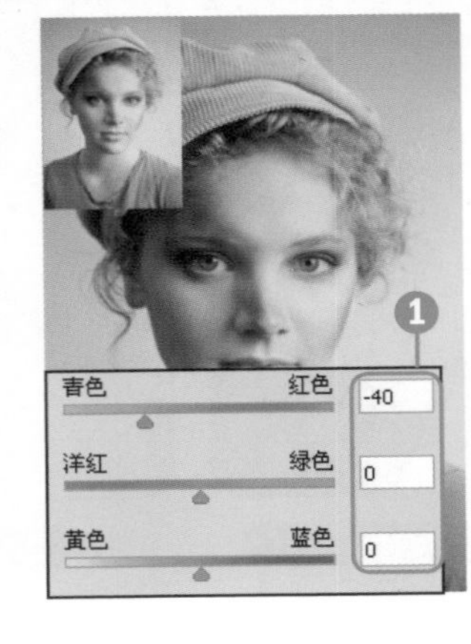

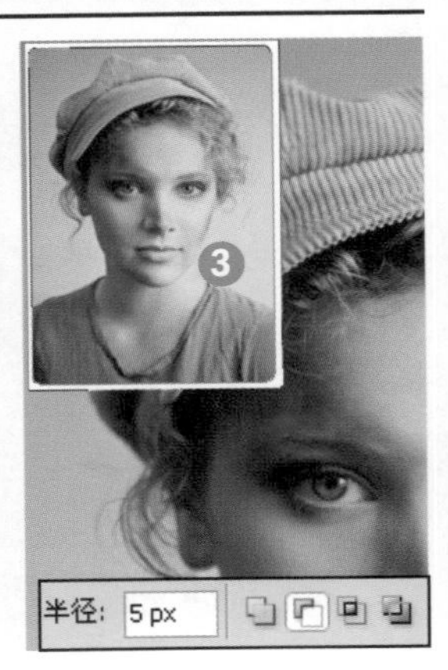

STEP 03 创建垂直参考线

❶将绘制的矩形形状图层栅格化为"图层2"，执行"视图>新建参考线"命令，打开"新建参考线"对话框，选中"垂直"单选按钮，设置"位置"为"6厘米"，单击"确定"按钮。

❷执行"视图>新建参考线"命令，打开"新建参考线"对话框，选中"垂直"单选按钮，设置"位置"为"12厘米"，单击"确定"按钮。

❸创建两条垂直参考线。

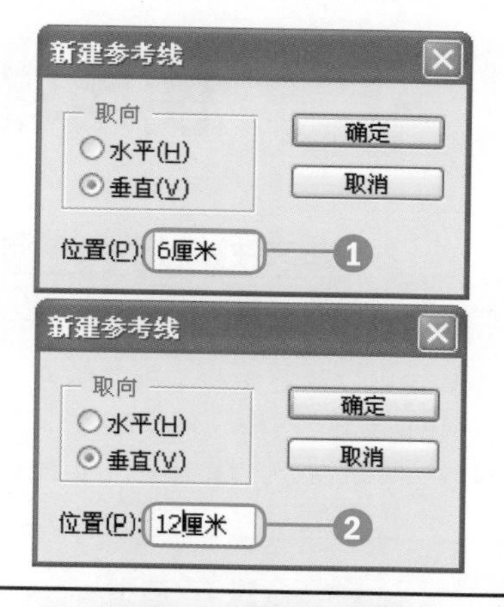

STEP 04 创建水平参考线

❶执行"视图>新建参考线"命令，打开"新建参考线"对话框，选中"水平"单选按钮，设置"位置"为"8.4厘米"，单击"确定"按钮。

❷执行"视图>新建参考线"命令，打开"新建参考线"对话框，选中"水平"单选按钮，设置"位置"为"16.8厘米"，单击"确定"按钮。

❸创建两条水平参考线。

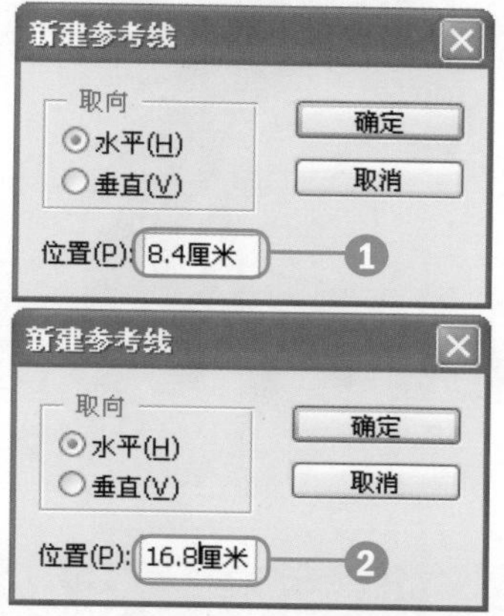

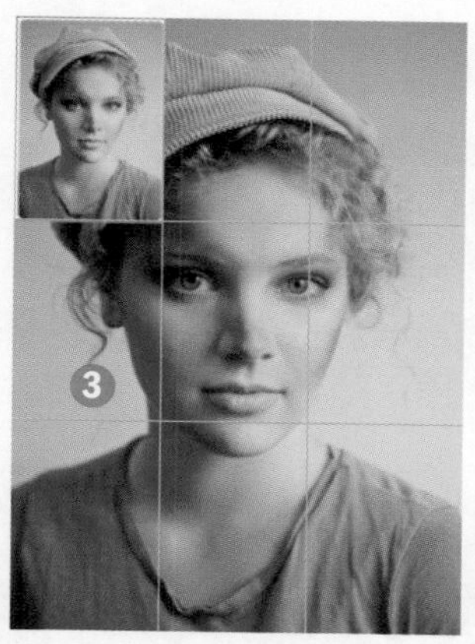

STEP 05 复制多个图像

❶选择"图层1"和"图层2"，按快捷键Ctrl+Alt+E盖印合并图层，按快捷键Ctrl+J再复制一个图层，调整其位置。

❷选择"图层2（合并）"图层，复制两个图像。

❸选择"图层1副本"图层，单击"调整"面板上的"色彩平衡"图标，设置参数。

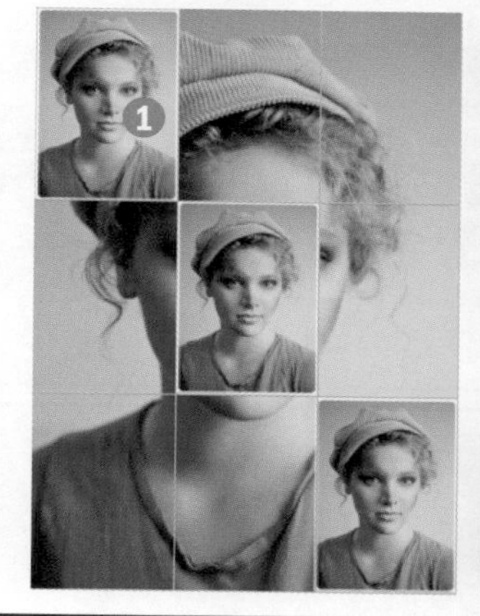

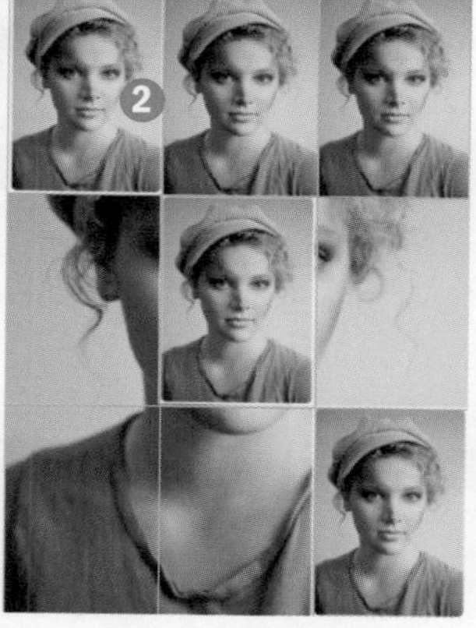

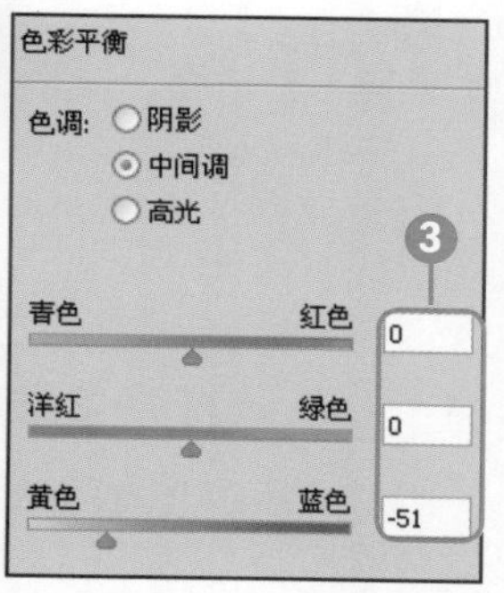

STEP 06 调整复制图像的颜色和位置

❶选择"图层1副本2"图层，单击"调整"面板中的"黑白"图标，设置参数。

❷调整两个图层中的图像颜色。

❸再分别复制两个调整后的图像，调整其位置，再添加边缘效果。

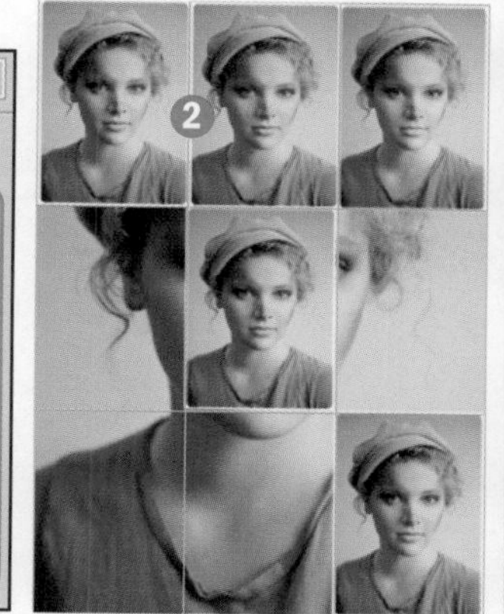

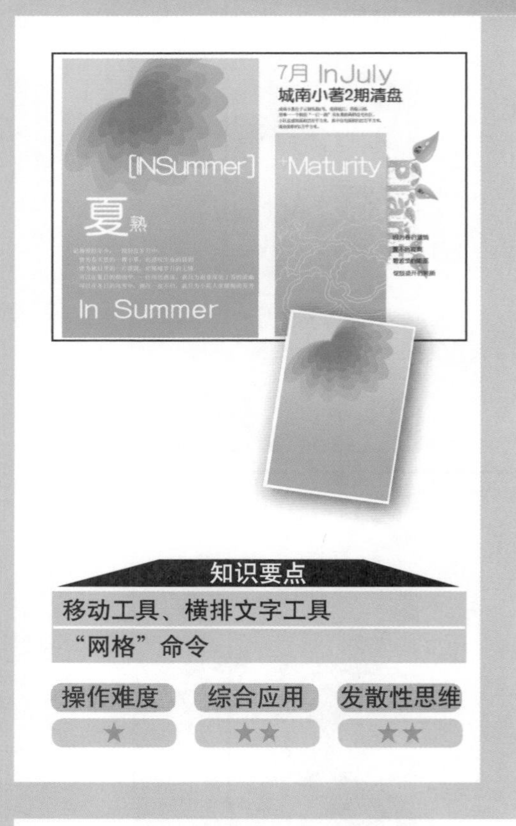

知识要点

移动工具、横排文字工具

“网格”命令

操作难度 ★

综合应用 ★★

发散性思维 ★★

093 使用辅助线进行强制对齐

原始文件 随书光盘\素材\10\93\01.jpg、02.jpg、03.jpg

最终文件 随书光盘\源文件\10\93\制作规整的宣传资料排版效果.psd

1 应用工具箱中的工具并结合菜单命令，设置多个形状图层的编辑。2 执行“视图>显示>网格”菜单命令，打开网格，选取所有图层，执行“视图>对齐到>网格”菜单命令。3 对窗口中的图像进行强制对齐。

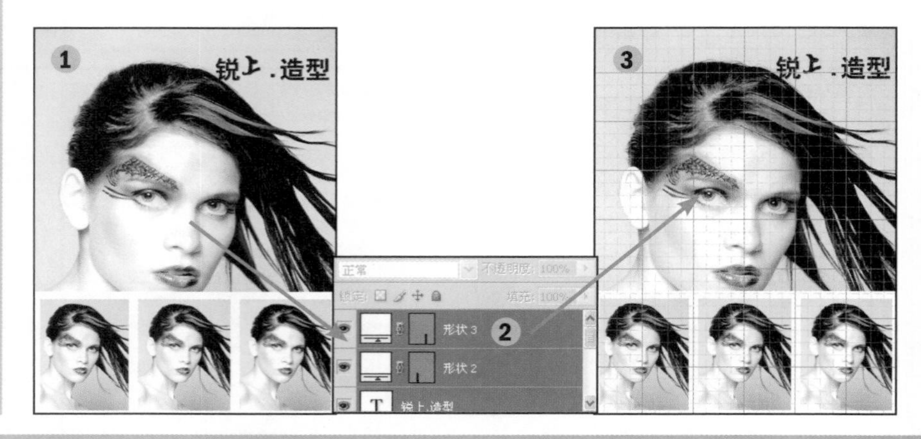

衍生应用——制作规整的宣传资料排版效果

STEP 01 新建图像文件

1执行“文件>新建”菜单命令，打开“新建”对话框，设置参数，单击“确定”按钮。

2新建一个宽10cm、高7cm的空白图像。

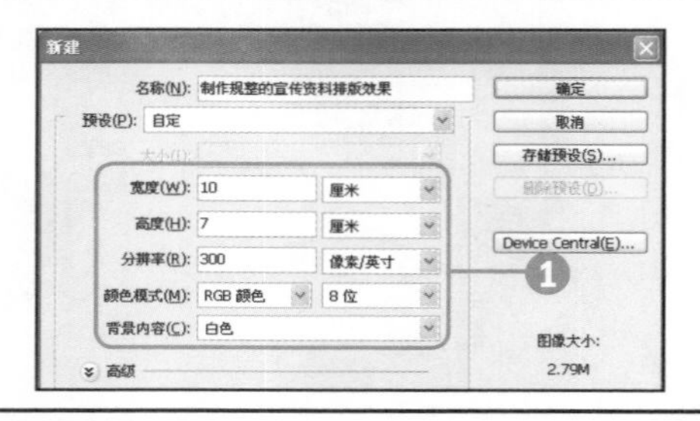

STEP 02 打开多张素材

1打开随书光盘\素材\10\93\01.jpg素材图片。

2打开随书光盘\素材\10\93\02.jpg素材图片。

3打开随书光盘\素材\10\93\03.jpg素材图片。

STEP 03 对图像进行强制对齐

1将3幅素材移至新建图像上，执行“视图>显示>网格”菜单命令，选择“横排文字工具”T，输入文字。

2选择所有图层，执行“视图>对齐到>网格”菜单命令，对图像中的文字和图像进行强制对齐。

094 随意设置标尺的原点

原始文件 随书光盘\素材\10\94\01.jpg、02.jpg

最终文件 随书光盘\源文件\10\94\设置折页的图像效果.psd

❶执行“视图>显示>标尺”菜单命令，或者按快捷键Ctrl+R，显示标尺。❷将光标移至左上角的标尺原点位置上，单击并拖曳鼠标，拖曳至合适位置后释放鼠标，调整标尺的原点位置。

知识要点

矩形工具、横排文字工具

自由变换工具、图层样式

操作难度	综合应用	发散性思维
★★	★★★	★★★

衍生应用——设置折页的图像效果

STEP 01 新建图像并显示网格

❶执行“文件>新建”菜单命令，打开“新建”对话框，设置参数，单击“确定”按钮。

❷新建一个宽10cm、高7cm的空白图像，并按快捷键Ctrl+R显示标尺。

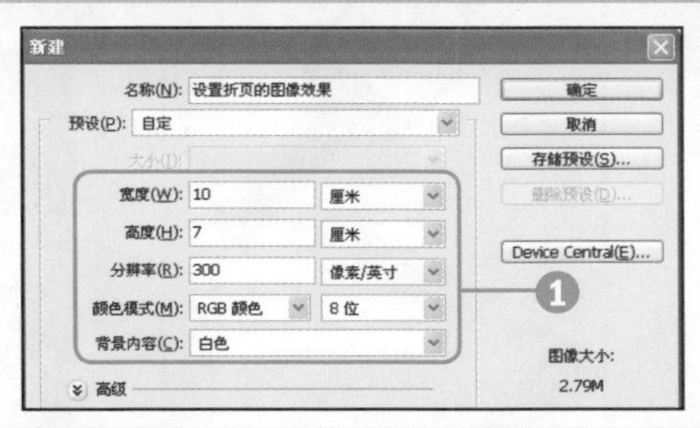

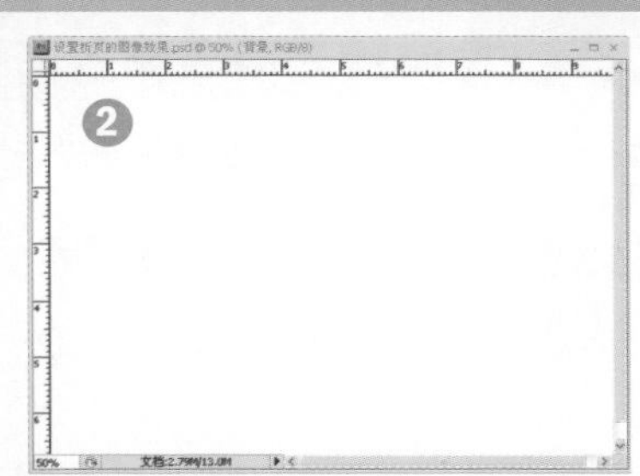

STEP 02 添加参考线和素材

❶从左侧标尺上拖曳创建出参考线。

❷打开随书光盘\素材\10\94\01.jpg素材图片，将其移至新建图像窗口左侧。

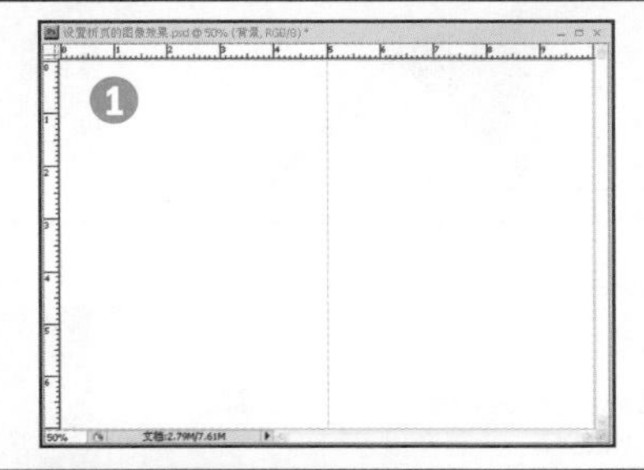

STEP 03 绘制两个矩形图案

❶设置前景色为R150、G54、B56，选择“矩形工具”，绘制红色矩形。

❷设置前景色为R250、G249、B228，选择“矩形工具”，继续绘制矩形。

STEP 04 移动酒瓶并旋转

①打开随书光盘\素材\10\94\01.jpg素材图片，选择“魔棒工具”，单击背景区域，再按快捷键Ctrl+Shift+I反选选区。

②选择“移动工具”，将选区内的图像移至新建图像的右侧，按快捷键Ctrl+T打开自由变换框，等比例缩放图像，并进一步旋转角度。

STEP 05 复制图层输入文字

①按快捷键Ctrl+J复制一个酒瓶图像，并将其移至图像上方。

②选择“横排文字工具”，单击“切换字符和段落面板”按钮，打开“字符”面板，设置文字属性。

③在两个酒瓶的中间位置输入文字。

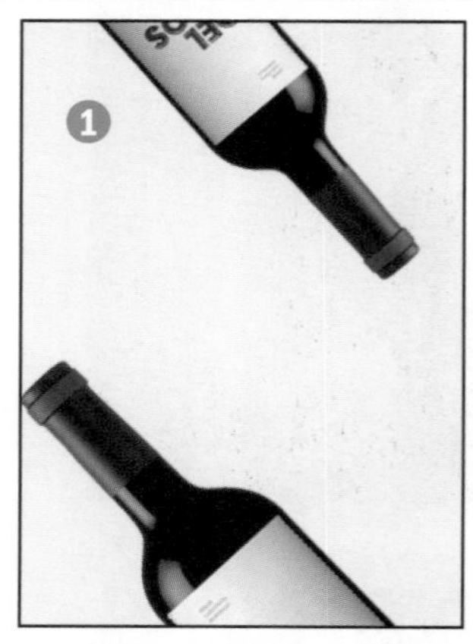

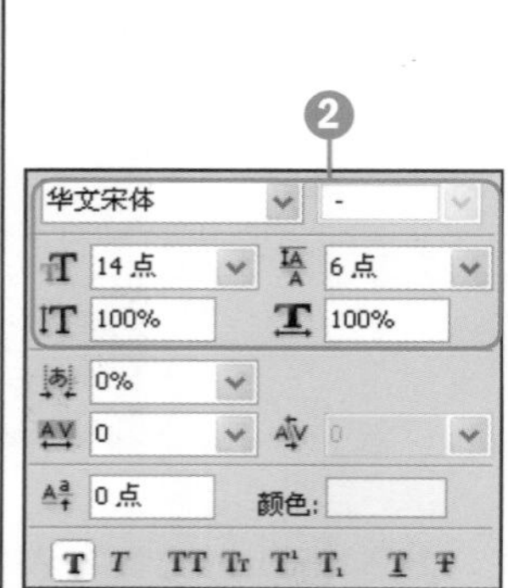

STEP 06 调整并继续输入文字

①按快捷键Ctrl+T打开自由变换框，旋转输入的文字。

②选择“横排文字工具”，在图像上继续输入更多的修饰文字。

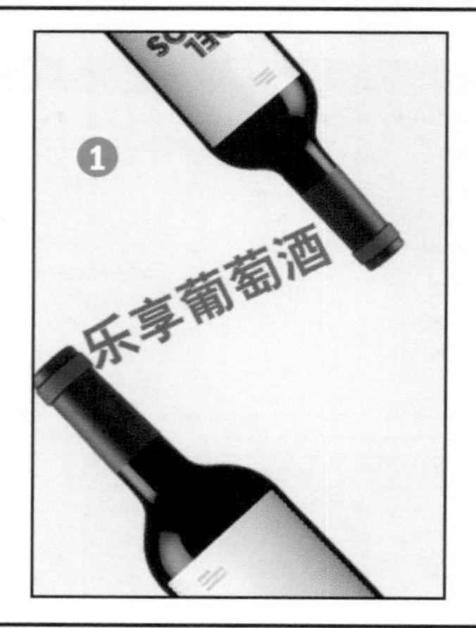

STEP 07 设置内阴影样式

①打开“图层”面板，双击“图层3”，弹出“图层样式”对话框，选择“内阴影”选项，设置参数。

②在图像的中间添加内阴影样式，制作折页效果。

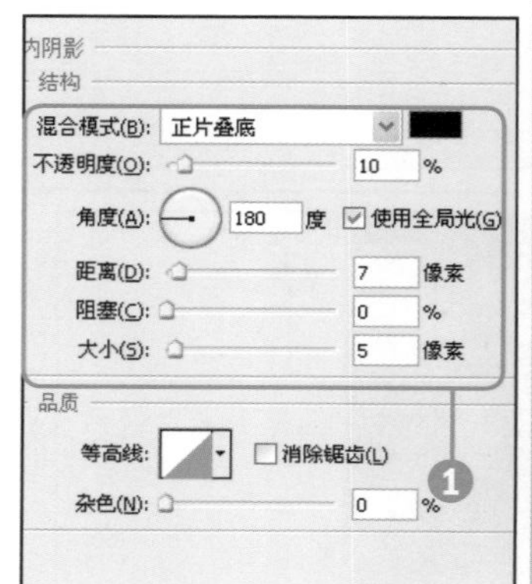

知识要点

创建新动作、播放选定的动作
“调整”命令、图层混合模式

操作难度	综合应用	发散性思维
★★★	★★	★★★

095 将经典的图像处理保存在动作中

原始文件 随书光盘\素材\10\95\01.jpg、02.jpg
最终文件 随书光盘\源文件\10\95\创建对照片进行色彩处理的动作.psd

❶创建新动作，运用形状工具绘制一个特殊的边框效果，选择需要添加艺术边框的图像。❷单击“动作”面板中创建的边框动作，在图像上应用以添加艺术边框。

衍生应用——创建对照片进行色彩处理的动作

STEP 01 打开素材并创建新动作

❶打开随书光盘\素材\10\95\01.jpg素材图片。

❷打开“动作”面板，单击“创建新动作”按钮，弹出“新建动作”对话框，在对话框中输入动作名，单击“记录”按钮。

STEP 02 创建渐变映射效果

❶复制“背景”图层，单击“调整”面板上的“渐变映射”图标，在弹出的面板中单击渐变条，并设置渐变颜色。

❷创建“渐变映射1”调整层，更改图像颜色。

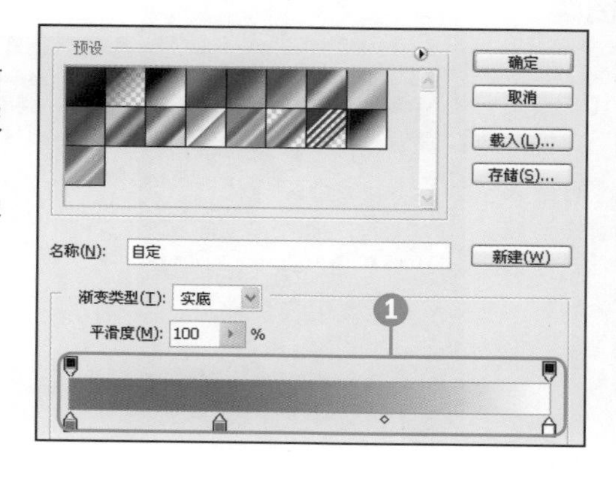

STEP 03 调整曲线

❶选择“渐变映射1”图层，将混合模式设置为“柔光”，以混合图像颜色。

❷单击“调整”面板上的“曲线”图标，选择“红”通道，单击并拖曳曲线。

❸选择“绿”通道，单击并拖曳曲线。

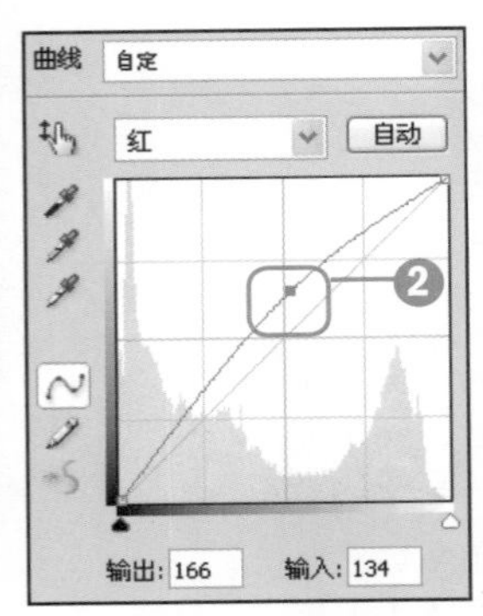

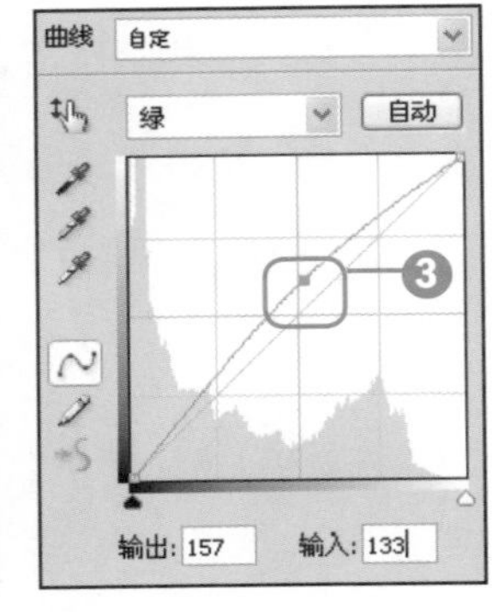

STEP 04 调整颜色设置可选颜色

❶选择“蓝”通道，单击并拖曳曲线。

❷查看调整曲线后人像照片的颜色。

❸按快捷键Ctrl+Shift+Alt+E，盖印生成“图层1”，单击“调整”面板上的“可选颜色”图标，设置可选颜色参数。

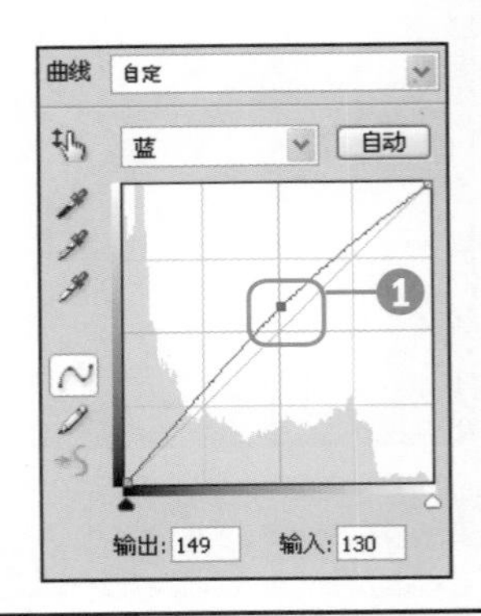

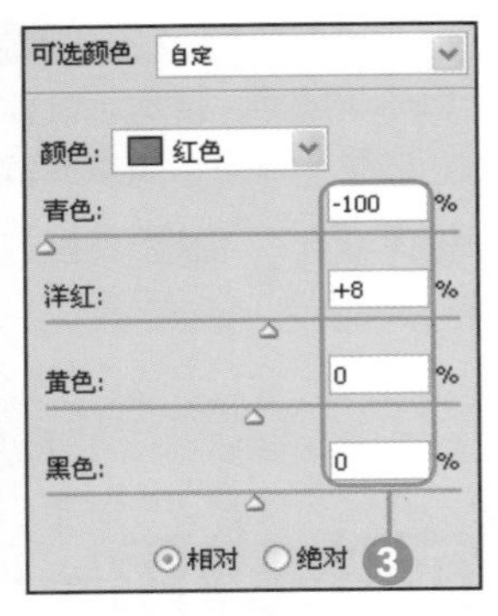

STEP 05 设置混合模式并停止动作的记录

❶按快捷键Ctrl+Shift+Alt+E，盖印生成“图层2”，并将此图层的混合模式设置为“滤色”、“不透明度”设置为20%，调整图像颜色。

❷打开“动作”面板，单击“停止播放/记录”按钮，停止记录动作。

STEP 06 在图像上播放新创建的动作

❶打开随书光盘\素材\10\95\02.jpg素材图片。

❷打开“动作”面板，选取创建的“人像调色”动作，单击“播放选定的动作”按钮。

❸播放选定动作，调整图像颜色。

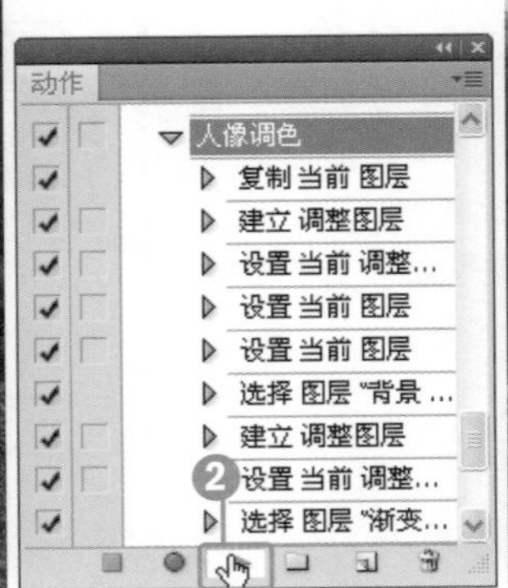

知识要点

"载入动作"命令、播放选定的动作

选取载入的动作

操作难度	综合应用	发散性思维
★	★★	★★

096 导入和导出动作

原始文件 随书光盘\素材\10\96\01.jpg、随书光盘\素材\10\96\动作\gj090703_3.atn

最终文件 随书光盘\源文件\10\96\载入新动作进行图像处理.psd

❶单击"动作"面板右上角的扩展按钮，在弹出的面板菜单中选择"载入动作"命令，载入动作。❷选取载入的新动作，在图像上应用动作。❸通过播放选定的动作，可以更改图像颜色等效果。

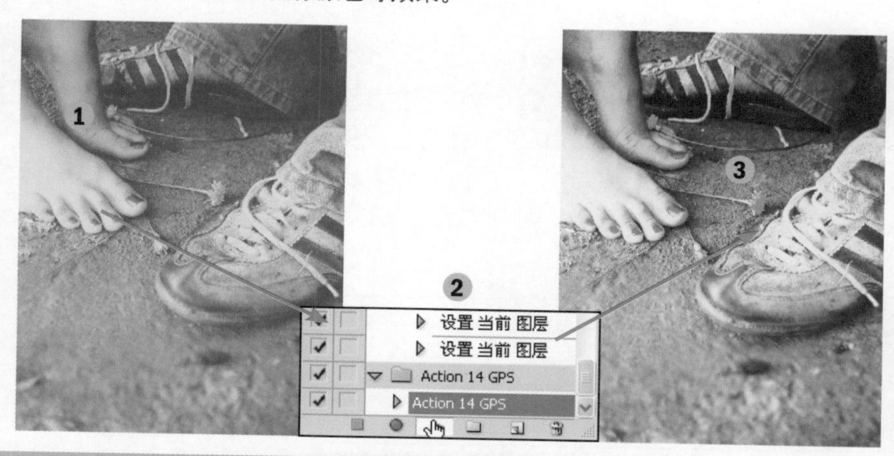

衍生应用——载入新动作进行图像处理

STEP 01 打开素材并选择"载入动作"命令

❶打开随书光盘\素材\10\96\01.jpg素材图片。

❷执行"窗口>动作"菜单命令，打开"动作"面板。

❸单击面板右上角的扩展按钮，在弹出的面板菜单中选择"载入动作"命令。

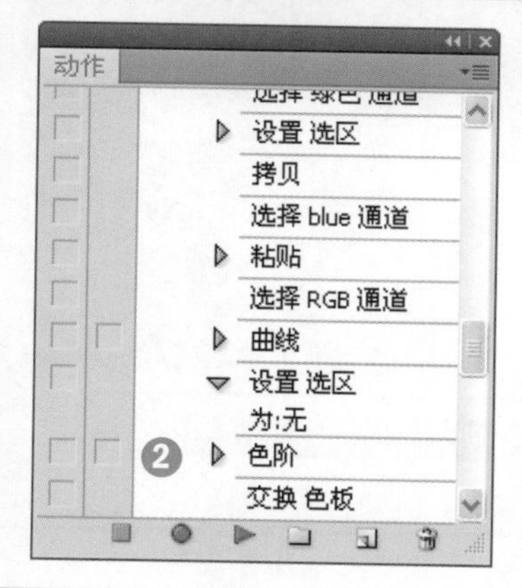

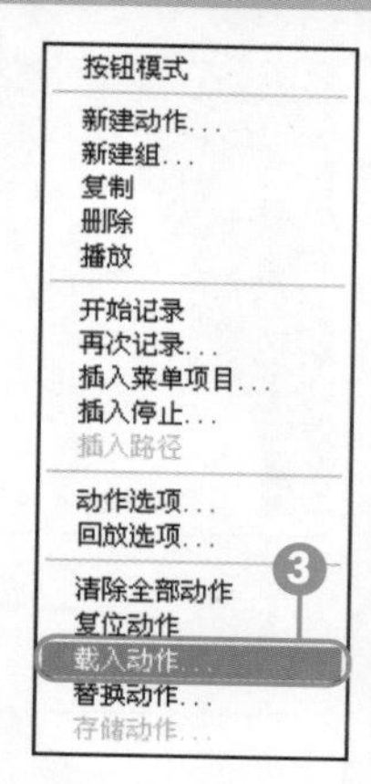

STEP 02 载入并播放动作

❶弹出"载入"对话框，选择需要载入的动作，单击"载入"按钮，载入动作。

❷打开"动作"面板，选择动作组中所载入的动作，单击"播放选定的动作"按钮。

❸播放载入的动作，调整图像颜色。

第11章 图像的批处理和输出

在进行图像的处理时，要同时对多张图像进行编辑，可以应用Photoshop CS4提供的“自动化”和“脚本”命令来完成，同时还可以在对图像完成编辑时优化图像并导出最终的图像。

利用“批处理”命令能够使用动作对多个图像进行同一色调的处理；图像处理器用于对图像进行批量的转换，同时还可以通过设置限制转换图像的大小；为了查看各个图层中的信息，可以使用“将图层导出到文件”命令将最终效果的图像导出到指定的文件夹中；在Photoshop中编辑图像后，通过优化图像，可以得到最终的图像输出效果。

招式示意

设置动作对图像进行批量处理

将图像导出到指定文件夹

优化图像设置颜色

097 对多个图像进行相同色调的处理

原始文件 随书光盘\素材\11\97\01.jpg、02.jpg

最终文件 随书光盘\源文件\11\97\设置动作对图像进行批量处理1.psd、设置动作对图像进行批量处理2.psd

❶打开多张用于色调处理的图像。❷执行“文件>自动>批处理”菜单命令，弹出“批处理”对话框，在对话框上方选择图像的色调，对图像进行色调的调整。

知识要点

设置动作

利用“选择”按钮选择存储文件位置

操作难度	综合应用	发散性思维
★★	★★★	★★★

衍生应用——设置动作对图像进行批量处理

STEP 01 打开素材

❶打开随书光盘\素材\11\97\01.jpg素材图片。

❷打开随书光盘\素材\11\97\02.jpg素材图片。

STEP 02 设置动作及存储位置

❶执行“文件>自动>批处理”菜单命令，打开“批处理”对话框，在“源”下拉列表中选择“打开的文件”选项。

❷单击目标文件夹下方的“选择”按钮，选择处理后的文件位置。

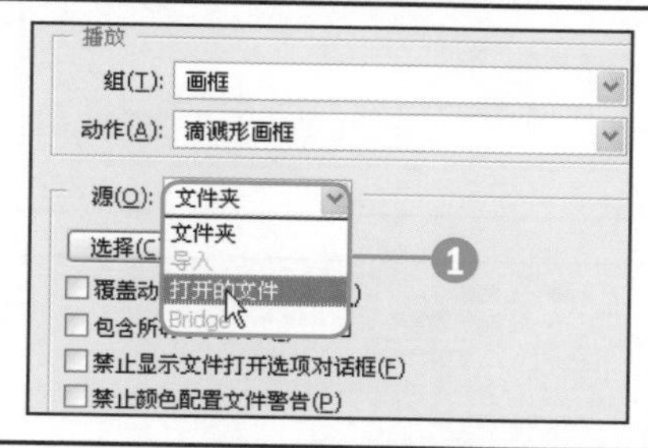

STEP 03 批处理图像

❶单击“确定”按钮，开始批处理打开的01图像。

❷继续处理02素材图像。

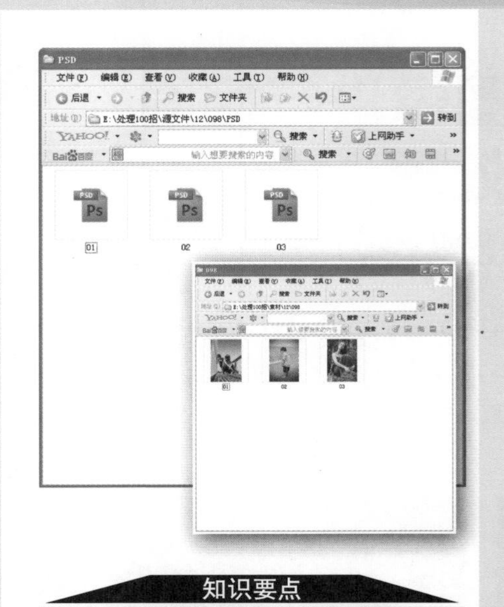

098 批量进行图像转换

原始文件 随书光盘\素材\11\98\01.jpg、02.jpg

最终文件 随书光盘\源文件\11\98\PSD\01.psd、02.psd、03.psd

❶执行“文件>脚本>图像处理器”菜单命令，打开“图像处理器”对话框。❷在对话框中选择要转换的文件类型，可以将图像存储为JPEG图像、PSD源文件和TIFF图像中的任意一种类型，或者同时存储为这3种类型。

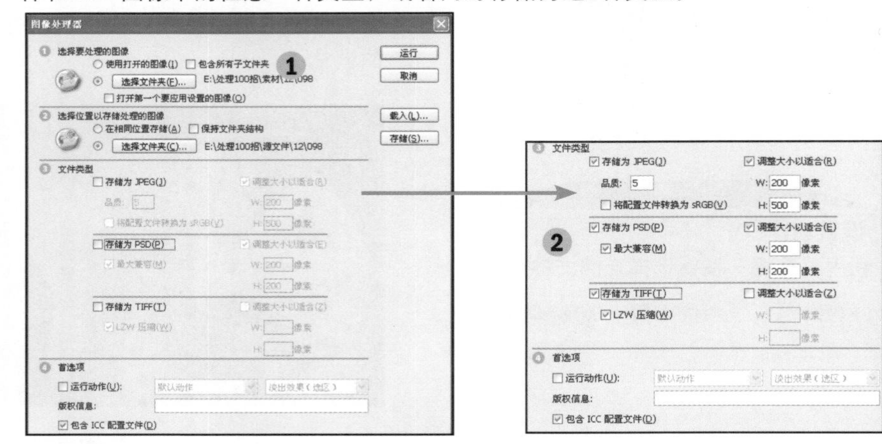

知识要点

选择需要处理的文件夹和存储处理后的文件夹、设置文件转换格式

操作难度	综合应用	发散性思维
★★	★★★	★★★

衍生应用——对一批图像进行限制大小操作

STEP 01 选择文件夹位置

❶执行“文件>脚本>图像处理器”菜单命令，打开“图像处理器”对话框，在“选择要处理的图像”区域单击“选择文件夹”按钮，选择要处理的图像。

❷在“选择位置以存储处理的图像”区域单击“选择文件夹”按钮，设置存储图像的位置。

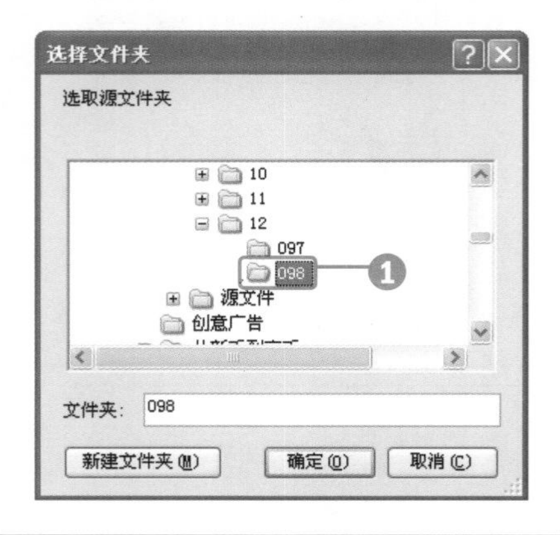

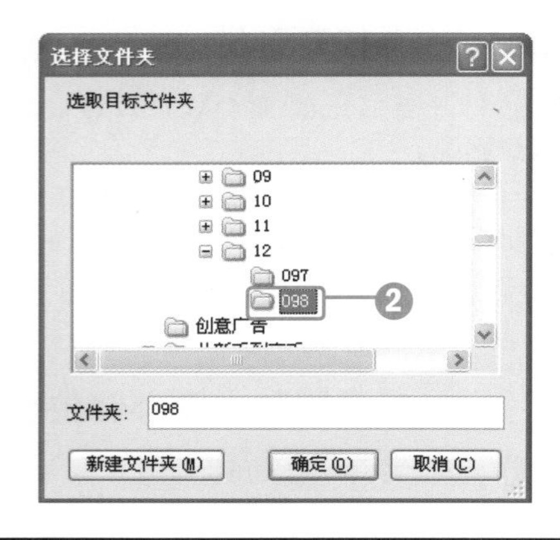

STEP 02 设置存储文件格式

❶设置要处理的图像后，继续在对话框下方的“文件类型”区域选中“存储为PSD”复选框，再设置图像大小，单击“确定”按钮。

❷打开处理后图像所在的文件夹，可以看到将图像均转换成了PSD文件。

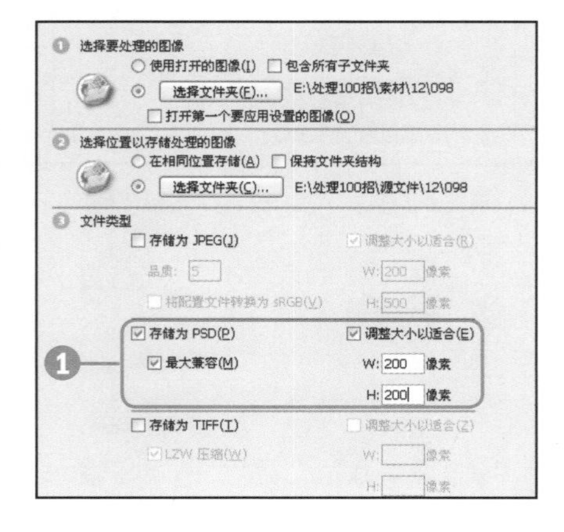

知识要点

“将图层导出到文件”命令

选择导出文件夹的位置、文件类型

操作难度	综合应用	发散性思维
★	★★	★★

099 文件的导出

原始文件 随书光盘\素材\11\99\01.psd

最终文件 随书光盘\源文件\11\99\将图像导出到指定文件夹

❶执行“文件>脚本>将图层导出到文件”菜单命令，打开“将图层导出到文件”对话框，选择导出文件格式，单击“浏览”按钮。❷弹出“选择文件夹”对话框，选择导出文件的存储位置。

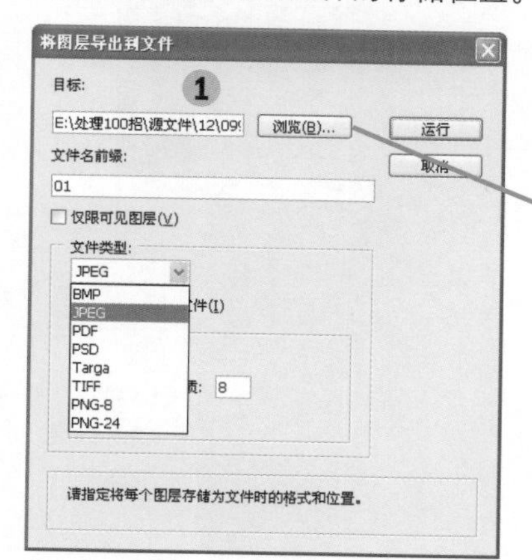

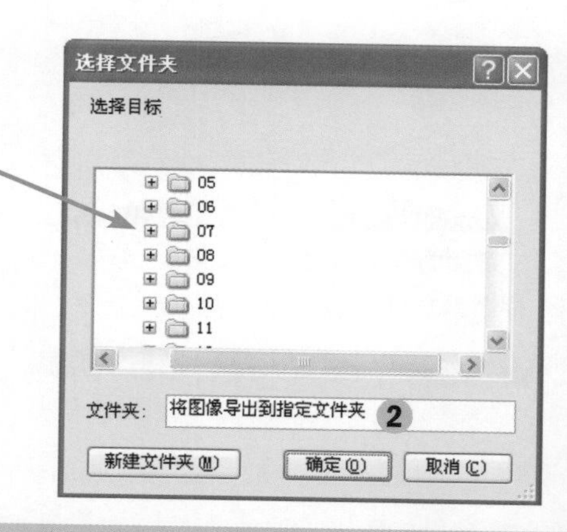

衍生应用——将图像导出到指定文件夹

STEP 01 打开素材并执行菜单命令

❶打开随书光盘\素材\11\99\01.psd素材图片。

❷执行“文件>脚本>将图层导出到文件”菜单命令，打开“将图层导出到文件”对话框，选择JPEG格式，单击“浏览”按钮。

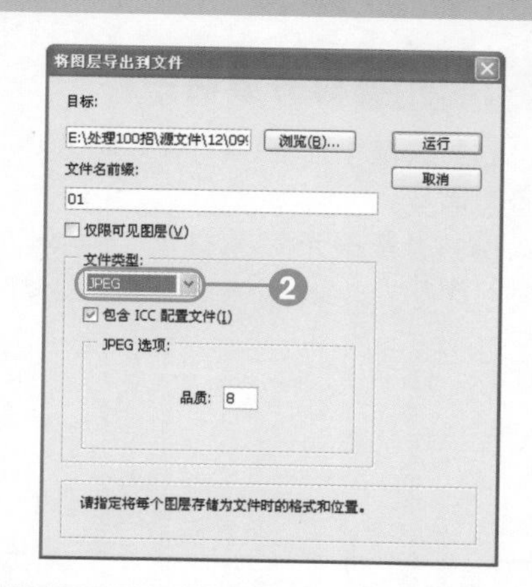

STEP 02 设置存储文件格式

❶打开“选择文件夹”对话框，在对话框中选择被导出图层的存储位置，单击“确定”按钮。

❷导出图层，导出完成后，弹出“脚本警告”对话框，提示导出操作成功，单击“确定”按钮。

❸打开存储导出图像的文件夹，即可查看所有导出的图像。

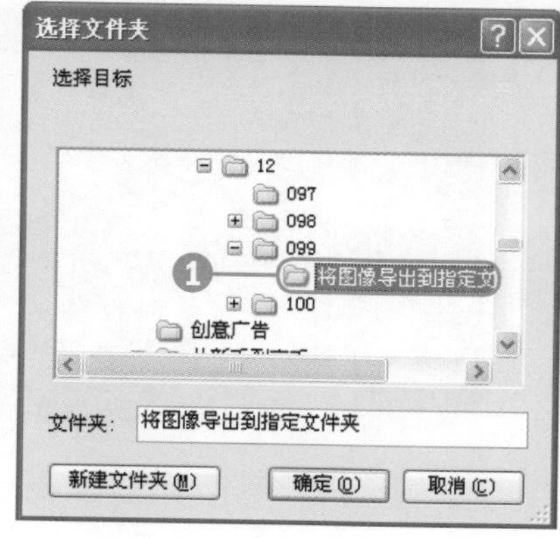

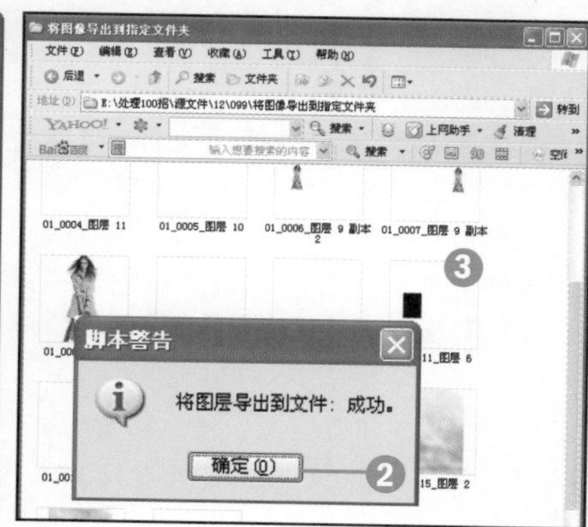

知识要点

"存储为Web和设备所用格式"命令

存储颜色表、载入颜色表

操作难度 ★★

综合应用 ★★★

发散性思维 ★★★

100 优化图像的优势

原始文件 随书光盘\素材\11\100\01.jpg、02.jpg

最终文件 随书光盘\源文件\11\100\优化图像设置颜色.html

❶执行"文件>存储为Web和设备所用格式"菜单命令。❷打开"存储为Web和设备所用格式"对话框，在对话框中设置优化参数。❸优化图像中的颜色信息。

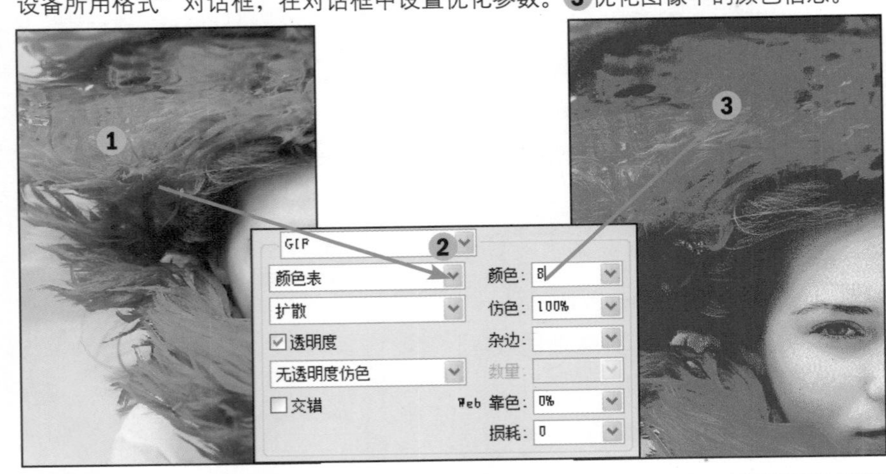

衍生应用——优化图像设置颜色

STEP 01 打开素材

❶打开随书光盘\素材\11\100\01.jpg素材图片。

❷打开随书光盘\素材\11\100\02.jpg素材图片。

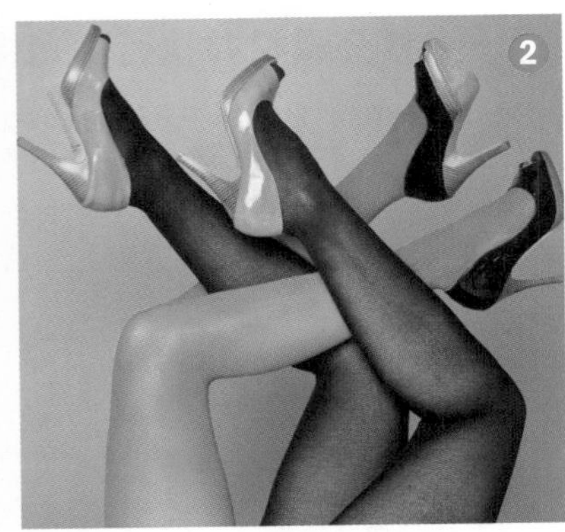

STEP 02 选择"存储颜色表"命令

❶选择01图像，执行"文件>存储为Web和设备所用格式"菜单命令，打开"存储为Web和设备所用格式"对话框。

❷单击颜色表右侧的扩展按钮，在弹出的菜单中选择"存储颜色表"命令。

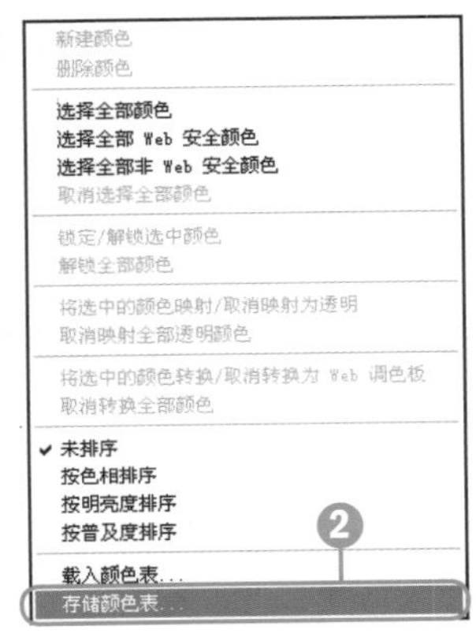

STEP 03 存储颜色表

❶弹出“存储颜色表”对话框，输入文件名“颜色表”，单击“保存”按钮存储颜色表，返回“存储为Web和设备所用格式”对话框，单击“完成”按钮。

❷返回图像窗口，切换至02素材图像。

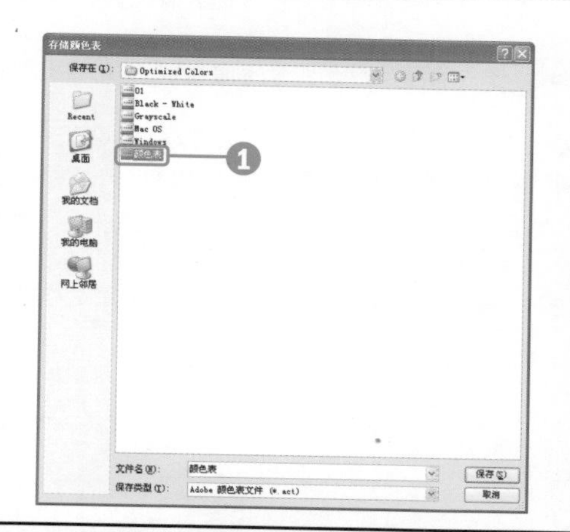

STEP 04 选择“载入颜色表”命令

❶执行“文件>存储为Web和设备所用格式”菜单命令，打开“存储为Web和设备所用格式”对话框。

❷单击颜色表右侧的扩展按钮，在弹出的菜单中选择“载入颜色表”命令。

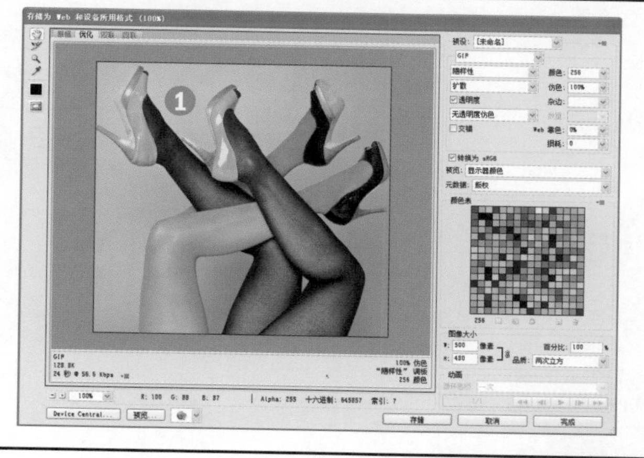

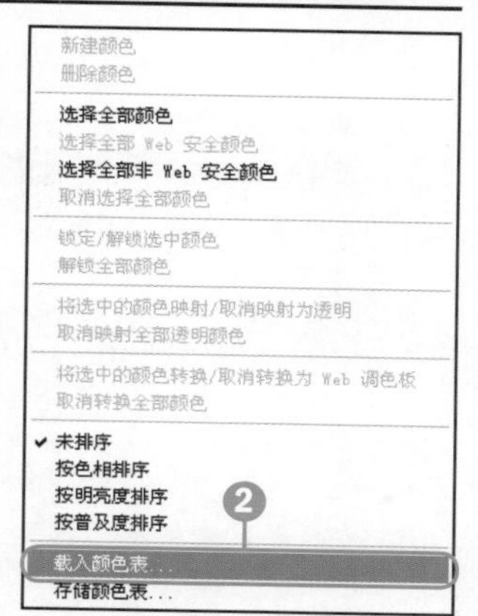

STEP 05 载入颜色表

❶弹出“载入颜色表”对话框，选择已存储的颜色表，单击“打开”按钮。

❷返回“存储为Web和设备所用格式”对话框，此时图像颜色已被更改，单击“存储”按钮。

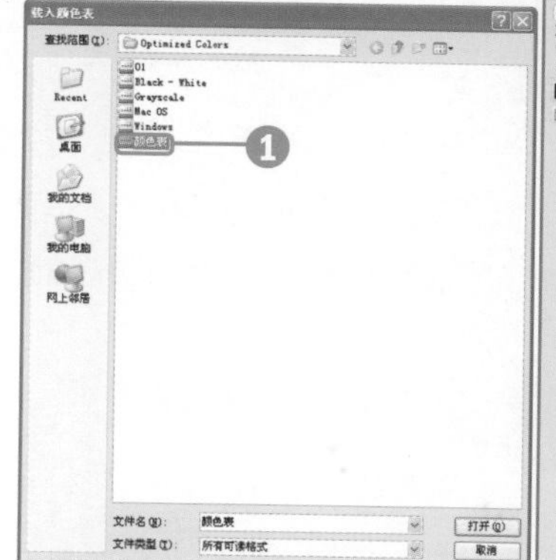

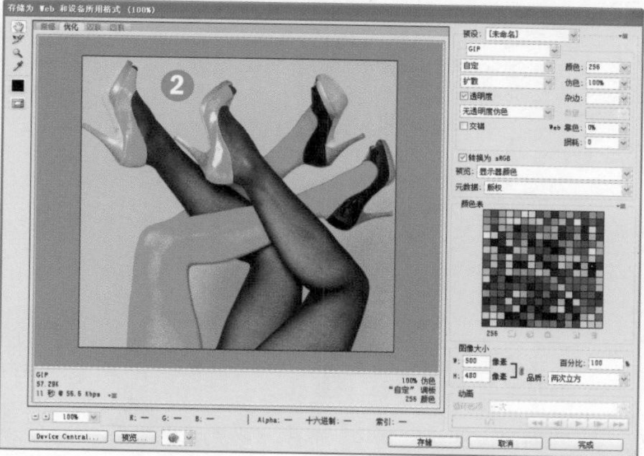

STEP 06 存储优化后的图像

❶弹出“将优化结果存储为”对话框，单击“保存”按钮，弹出警告对话框，单击“确定”按钮。

❷应用Web浏览器打开并查看变换颜色后的图像。

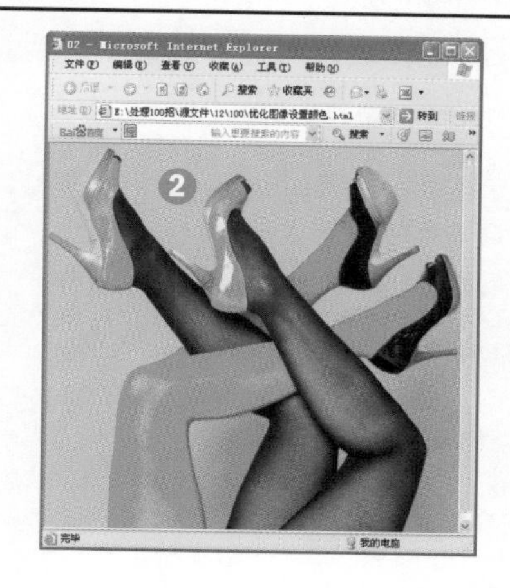

读者服务

亲爱的读者：

衷心感谢您购买和阅读了我们的图书。为了给您提供更好的服务，帮助我们改进和完善图书出版，请填写本读者意见调查表，十分感谢。

您可以通过以下方式之一反馈给我们。

① 邮　　寄：北京市朝阳区大屯路风林西奥中心B座20层　中国科学出版集团新世纪书局

办公室　收　（邮政编码：100061）

② 电子信箱：ncpress_market@vip.sina.com

我们将从中选出意见中肯的热心读者，赠与您另外一本相关图书。同时，我们将充分考虑您的建议，并尽可能给您满意的答复。谢谢！

读者资料

姓　名：＿＿＿＿　性　别：□男 □女　年　龄：＿＿＿＿

职　业：＿＿＿＿　文化程度：＿＿＿＿　电　话：＿＿＿＿

通信地址：＿＿＿＿　电子信箱：＿＿＿＿

意见调查

◎ 您是如何得知本书的：
□别人推荐　□书店　□出版社图书目录
□杂志、报纸等的介绍（请指明）　□其他（请指明）

◎ 影响您购买本书的因素重要性（请排序）：
(1) 封面封底　(2) 版式装帧　(3) 价格　(4) 前言及目录
(5) 出版社声誉　(6) 作者声誉　(7) 内容的权威性　(8) 内容针对性
(9) 实用性　(10) 书评广告　(11) 讲解的可操作性

对本书的总体评价

◎ 在您选购本书的时候哪一点打动了您，使您购买了这本书而非同类其他书？

◎ 阅读本书之后，您对本书的总体满意度：□5分　□4分　□3分　□2分　□1分

◎ 本书令您最满意和最不满意的地方是：

关于本书的装帧形式

◎ 您对本书的封面设计及装帧设计的满意度：□5分　□4分　□3分　□2分　□1分

◎ 您对本书正文版式的满意度：□5分　□4分　□3分　□2分　□1分

◎ 您对本书的印刷工艺及装订质量的满意度：□5分　□4分　□3分　□2分　□1分

◎ 您的建议：

关于本书的内容方面

◎ 您对本书整体结构的满意度：□5分　□4分　□3分　□2分　□1分

◎ 您对本书的实例制作的技术水平或艺术水平的满意度：□5分　□4分　□3分　□2分　□1分

◎ 您对本书的文字水平和讲解方式的满意度：□5分　□4分　□3分　□2分　□1分

◎ 您的建议：

作者的阅读习惯调查

◎ 您喜欢阅读的图书类型：□实例类　□入门类　□提高类　□技巧类　□手册类

◎ 您现在最想买而买不到的是什么书？

特别说明

如果您是学校或者培训班教师，选用了本书作为教材，请在这里注明您对本书作为教材的评价，我们会尽力为您提供更多方便教学的材料，谢谢！